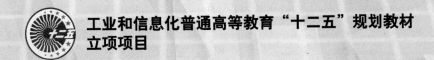

工业和信息化普通高等教育"十二五"规划教材
立项项目

微积分

（经管类）

（下册）

顾聪 姜永艳 主 编

王宁 李晓 卜维春 丁箭飞 何建营 副主编

U0132791

人民邮电出版社
北 京

图书在版编目（ＣＩＰ）数据

微积分：经管类．下册／顾聪，姜永艳主编． --
北京：人民邮电出版社，2013.8
ISBN 978-7-115-32035-3

Ⅰ．①微… Ⅱ．①顾… ②姜… Ⅲ．①微积分－教材
Ⅳ．①O172

中国版本图书馆CIP数据核字(2013)第142398号

内 容 提 要

本套《微积分（经管类）》教材共有 10 章，分上、下两册．本书为下册部分，具体内容包括不定积分、定积分、二重积分组成的积分学的内容，还包括无穷级数、微分方程与差分方程，最后是微积分在经济学中的应用．

本书的主要特点是：突出专业的特点和特色，按照专业需要进行教学内容的组织和教材的编写，突出应用性，解决实际问题，着重培养应用型人才的数学素养和创新能力，本教材打破传统教材的编排特点，将一元函数和多元函数的微分学作为一个完整的体系编排在上册，而将一元函数和多元函数的积分学编排在下册，更加有利于学生对于微分学和积分学的学习方法和理论的延续和类比．

本教材可作为高等学校经济与管理等非数学本科专业的高等数学或微积分课程的教材，也可作为部分专科学校的同类课程教材使用．

◆ 主　　编　顾　聪　姜永艳
　　副主编　王　宁　李　晓　卜维春　丁箭飞　何建营
　　责任编辑　李海涛
　　责任印制　彭志环　杨林杰

◆ 人民邮电出版社出版发行　　北京市崇文区夕照寺街 14 号
　　邮编　100061　电子邮件　315@ptpress.com.cn
　　网址　http://www.ptpress.com.cn
　　北京鑫正大印刷有限公司印刷

◆ 开本：700×1000　1/16
　　印张：12.75　　　　　　　　　2013 年 8 月第 1 版
　　字数：238 千字　　　　　　　　2013 年 8 月北京第 1 次印刷

定价：35.00 元

读者服务热线：(010)67170985　印装质量热线：(010)67129223
反盗版热线：(010)67171154

前言
Preface

《国家中长期教育改革与发展规划纲要（2010—2020）》指出，未来 10 年我国将在进一步提高高等教育大众化水平的基础上，全面提高高等教育的质量和人才培养质量. 作为高等教育质量建设的重要组成部分，课程建设处于质量建设的首要位置. 高等数学作为公共基础课程，在整个课程体系中处于核心地位. 高等数学(微积分)是高等院校理工类、经管类、农林类与医药类等各个专业的公共基础课程. 即使是以前对数学要求较低的某些纯文科类专业，也普遍开设了大学数学课程. 在应用型人才培养中，高等数学是本科院校的一门重要的基础理论课，对培养和提高学生的素质、能力、知识结构、逻辑思维、创新思维等方面起着极其重要的作用，直接关系到未来建设者能否适应现代社会经济、科学技术等方面发展变化的要求.

目前应用型高等院校所使用的高等数学或微积分课程的教材大多直接选自传统普通高校教材，教学内容多为理工类专业高等数学教学内容的精简和压缩，在知识体系大体相同，教学时间却大幅压缩的情况下，普遍存在重结论轻证明、重知识轻思想、重应用轻推导的授课方式，无法直接有效地满足实际教学需要. 另一方面，教学内容缺乏和经济管理知识的有机联系，难以达到"为经管类专业后续课程提供必要的数学工具"这一目标. 根据当前经管类专业学生的人才培养方案和高等数学等课程的实际开设情况，为了更好地适应国家关于应用型高校本科层次的教学要求，更好地培养经济管理类复合型人才，以专业服务和应用为目的，亟需编写本套教材.

本教材以保证理论基础、注重应用为基本原则，在保证知识体系的科学性、系统性和严密性的基础上，有如下特点.

（1）当前中学数学教学改革力度加大，造成了现有高等数学教材内容与中学数学内容有不少脱节和重复. 例如中学数学教学内容中未列入"极坐标"、"数学归纳法"、"反三角函数"等，却已讲过"极限"、"导数"等内容. 因此，本教材的选取和编写更加注重中学数学与高等数学的教学衔接.

（2）强调数学工具为经管类专业知识学习服务，不过于强调数学理论的完整性，淡化纯数学的抽象性，突出专业的特点和特色，按照专业需要进行教学内容的组织和教材的编写，突出应用性，解决实际问题，从培养应用型人才的数学素养和创新能力角度来考虑. 例如把微积分在经济学中的应用作为完整独立的一章，既可以不打破微积分学知识体系的完整性，又可以为经管类学生提供重新认识微积分的应用价值的全新视角.

（3）传统的教材在教学内容上基本都是将一元函数微积分学和多元函数微积分学分开安排在上、下册，造成了学生经过一个学期的时间学习了一元函数微积分学之后，第二个学期在学习多元函数微积分学时，许多概念和公式需要重新复习对比. 本教材打破传统教材的编排特点，将一元函数和多元函数的微分学作为一个完成的体系编排在上册，而将一元函数和多元函数的积分学编排在下册，更加有利于学生对于微分学和积分学的学习方法和理论的延续和类比.

（4）应用型本科院校的学生在中学阶段的数学基础不一样，进入大学后数学知识水平参差不齐，致使学生的接受水平和接受能力存在差异，因而需要实行分层次教学，因材施教. 本教材在编写上由浅入深，设置部分带*号的内容以适应分层次教学的需要，并在附录中加入预备知识等，供学生查阅. 同时在复习题的选取上，分为基本题（A 级）和提高题（B 级）两级，A 级以教学大纲为本，B 级则和考研的要求接轨.

全书共分 10 章内容，分上、下两册. 上册由第 1 章到第 4 章组成，包括函数与极限、导数与微分、微分中值定理（作为一元函数微分学的组成部分），以及在此基础上的多元函数微分学. 下册由第 5 章到第 10 章组成，包括不定积分、定积分、二重积分（组成积分学的内容），还包括无穷级数、微分方程与差分方程，最后是微积分在经济学中的应用.

本书可作为应用型高等学校经济与管理等非数学本科专业的高等数学或微积分课程的教材，也可作为部分专科学校的同类课程教材使用.

编　者
2013 年 5 月

目录

Contents

第5章 不定积分

前面已经介绍了已知函数求导数，现在我们反过来做，怎么由已知导数求其函数，也就是求一个未知函数，使其导数恰恰是某已知函数，这种由导数或者微分求原函数的逆运算称为不定积分．定积分和不定积分构成了微积分学的积分学部分．

第1节 不定积分的概念与性质

一、原函数与不定积分的概念

定义 1　如果在区间 I 上，可导函数 $F(x)$ 的导函数为 $f(x)$，即对 $x \in I$ 时，$F'(x) = f(x)$，则称 $F(x)$ 为 $f(x)$ 在 I 上的原函数．

两点说明：

第一，如果函数 $f(x)$ 在区间 I 上有原函数 $F(x)$，那么 $f(x)$ 就有无限多个原函数．$F(x) + C$ 都是 $f(x)$ 的原函数，其中 C 是任意常数．

第二，$f(x)$ 的任意两个原函数之间只差一个常数，即如果 $\Phi(x)$ 和 $F(x)$ 都是 $f(x)$ 的原函数，则 $\Phi(x) - F(x) = C$（C 为某个常数）.

定义 2　在区间 I 上，所有 $f(x)$ 的原函数称为 $f(x)$ 的不定积分，记作 $\int f(x)\mathrm{d}x$，其中记号 $\int$ 称为积分号，$f(x)$ 称为被积函数，$f(x)\mathrm{d}x$ 称为被积表达式，x 称为积分变量．原函数与不定积分的关系如下．

(1) 原函数与不定积分是个别与全体的关系，或元素与集合的关系．

(2) 如果 $F(x)$ 是 $f(x)$ 的一个原函数，则 $\int f(x)\mathrm{d}x = F(x) + C$．

几何意义：由不定积分的定义，$f(x)$ 的不定积分 $F(x) + C$ 是一簇曲线，称之为积分曲线簇．只要作出其中一条曲线 $y = F(x)$ 的图，通过沿 y 轴的上下平移，即可得到所有的积分曲线 $y = F(x) + C$ 的图形．

例1　求 $\int 2x^2 \mathrm{d}x$．

解　因为 $\left(\dfrac{2x^3}{3}\right)' = 2x^2$，即 $\dfrac{2x^3}{3}$ 是 $2x^2$ 的一个原函数，

所以 $\int 2x^2 \mathrm{d}x = \dfrac{2x^3}{3} + C$．

例2　求 $\int \dfrac{1}{x} \mathrm{d}x$．

解　$x > 0$ 时，有 $(\ln x)' = \dfrac{1}{x}$，所以在 $(0, +\infty)$ 内 $\dfrac{1}{x}$ 的　个原函数是 $\ln x$；

$x < 0$ 时，有 $[\ln(-x)]' = \dfrac{1}{x}$，所以在 $(-\infty, 0)$ 内 $\dfrac{1}{x}$ 的一个原函数是 $\ln(-x)$；

所以在 $(-\infty, 0) \bigcup (0, +\infty)$ 上，$\dfrac{1}{x}$ 的原函数是 $\ln|x|$．

所以 $\displaystyle\int \dfrac{1}{x}\mathrm{d}x = \ln|x| + C$．

二、不定积分的性质

性质 1　和差的积分等于积分的和差，即
$$\int \left[f(x) \pm g(x) \right]\mathrm{d}x = \int f(x)\mathrm{d}x \pm \int g(x)\mathrm{d}x .$$

证　设 $F'(x) = f(x)$，$G'(x) = g(x)$，由定义得
$$\int f(x)\mathrm{d}x \pm \int g(x)\mathrm{d}x = \left(F(x) + c_1 \right) \pm \left(G(x) + c_2 \right) = F(x) \pm G(x) + C ,$$
$$\left[F(x) \pm G(x) \right]' = F'(x) \pm G'(x) = f(x) \pm g(x) ,$$

表明 $F(x) \pm G(x)$ 是 $f(x) \pm g(x)$ 的一个原函数，则
$$\int \left[f(x) \pm g(x) \right]\mathrm{d}x = F(x) \pm G(x) + C = \int f(x)\mathrm{d}x \pm \int g(x)\mathrm{d}x .$$

性质 2　非零常数因子可以从积分号中提出来，即
$$\int k f(x)\mathrm{d}x = k \int f(x)\mathrm{d}x.$$

性质 3　积分与微分（导数）的关系为
$$\left[\int f(x)\mathrm{d}x \right]' = f(x) , \qquad \int f'(x)\mathrm{d}x = f(x) + C ,$$
$$\mathrm{d}\left[\int f(x)\mathrm{d}x \right] = f(x)\mathrm{d}x , \qquad \int \mathrm{d}f(x) = f(x) + C .$$

注：① 在忽略任意常数的基础上，积分与微分互为逆运算；

② 对于性质 $\displaystyle\int f'(x)\mathrm{d}x = f(x) + C$，不能写成 $\displaystyle\int f'(x)\mathrm{d}x = f(x)$；

③ 性质 3 可由原函数与不定积分的关系直接推导出．

例 3　已知 $\displaystyle\int f(x)\mathrm{d}x = x^2 \mathrm{e}^{2x} + C$，求 $f(x)$．

解　对等式两端求导，即得
$$f(x) = 2x(1+x)\mathrm{e}^{2x} .$$

三、基本积分公式

根据不定积分的定义，即若 $F'(x) = f(x)$，则 $\displaystyle\int f(x)\mathrm{d}x = F(x) + C$ 以及已知的基本初等函数的导数公式，直接推出以下基本积分公式．

（1）$\displaystyle\int k\mathrm{d}x = kx + C$（$k$ 是常数）．　　　　（2）$\displaystyle\int x^{\mu}\mathrm{d}x = \dfrac{1}{\mu+1}x^{\mu+1} + C$．

（3）　$\displaystyle\int\frac{1}{x}\mathrm{d}x=\ln|x|+C.$　　　　（4）　$\displaystyle\int\mathrm{e}^x\mathrm{d}x=\mathrm{e}^x+C.$

（5）　$\displaystyle\int a^x\mathrm{d}x=\frac{a^x}{\ln a}+C.$　　　　（6）　$\displaystyle\int\cos x\mathrm{d}x=\sin x+C.$

（7）　$\displaystyle\int\sin x\mathrm{d}x=-\cos x+C.$　　　（8）　$\displaystyle\int\frac{1}{\cos^2 x}\mathrm{d}x=\int\sec^2 x\mathrm{d}x=\tan x+C.$

（9）　$\displaystyle\int\frac{1}{\sin^2 x}\mathrm{d}x=\int\csc^2 x\mathrm{d}x=-\cot x+C.$　（10）　$\displaystyle\int\frac{1}{1+x^2}\mathrm{d}x=\arctan x+C.$

（11）　$\displaystyle\int\frac{1}{\sqrt{1-x^2}}\mathrm{d}x=\arcsin x+C.$　　（12）　$\displaystyle\int\sec x\tan x\mathrm{d}x=\sec x+C.$

（13）　$\displaystyle\int\csc x\cot x\mathrm{d}x=-\csc x+C.$　（14）　$\displaystyle\int\mathrm{sh}\,x\mathrm{d}x=\mathrm{ch}\,x+C.$

（15）　$\displaystyle\int\mathrm{ch}\,x\,\mathrm{d}x=\mathrm{sh}\,x+C.$　　　（16）　$\displaystyle\int\tan x\mathrm{d}x=-\ln|\cos x|+C.$

（17）　$\displaystyle\int\cot x\mathrm{d}x=\ln|\sin x|+C.$　　　（18）　$\displaystyle\int\sec x\mathrm{d}x=\ln|\sec x+\tan x|+C.$

（19）　$\displaystyle\int\csc x\mathrm{d}x=\ln|\csc x-\cot x|+C.$　（20）　$\displaystyle\int\frac{1}{a^2+x^2}\mathrm{d}x=\frac{1}{a}\arctan\frac{x}{a}+C.$

（21）　$\displaystyle\int\frac{1}{x^2-a^2}\mathrm{d}x=\frac{1}{2a}\ln\left|\frac{x-a}{x+a}\right|+C.$　　（22）　$\displaystyle\int\frac{1}{\sqrt{a^2-x^2}}\mathrm{d}x=\arcsin\frac{x}{a}+C.$

（23）　$\displaystyle\int\frac{\mathrm{d}x}{\sqrt{x^2+a^2}}=\ln(x+\sqrt{x^2+a^2})+C.$　（24）　$\displaystyle\int\frac{\mathrm{d}x}{\sqrt{x^2-a^2}}=\ln|x+\sqrt{x^2-a^2}|+C.$

注： ① 利用基本积分公式时，必须严格按照公式的形式. 如已知 $\int\sin x\mathrm{d}x=-\cos x+C$，但 $\int\sin 2x\mathrm{d}x\neq-\cos 2x+C$.

② $\dfrac{1}{x}$ 的原函数是 $\ln|x|$，即 $\displaystyle\int\frac{1}{x}\mathrm{d}x=\ln|x|+C$，为了书写简便，$\displaystyle\int\frac{1}{x}\mathrm{d}x=\ln|x|+C$ 也常被写作 $\displaystyle\int\frac{1}{x}\mathrm{d}x=\ln x+C.$

③ 为了检验积分的结果是否正确，可利用 $F'(x)=f(x).$

例 4　求 $\displaystyle\int\sqrt{x}\left(x^2-5\right)\mathrm{d}x.$

解　$\displaystyle\int\sqrt{x}\left(x^2-5\right)\mathrm{d}x=\int(x^{5/2}-5x^{1/2})\mathrm{d}x=\frac{2}{7}x^{7/2}-\frac{10}{3}x^{3/2}+C.$

例 5　求 $\displaystyle\int(2^x+3^x)^2\,\mathrm{d}x.$

解　$\displaystyle\int(2^x+3^x)^2\mathrm{d}x=\int(2^{2x}+3^{2x}+2\cdot 2^x\cdot 3^x)\mathrm{d}x$

$\displaystyle=\int(4^x+9^x+2\cdot 6^x)\mathrm{d}x\ =\frac{1}{2\ln 2}4^x+\frac{1}{2\ln 3}9^x+\frac{2}{\ln 6}6^x+C.$

例 6　求 $\displaystyle\int\frac{\mathrm{d}x}{x^2(1+x^2)}.$

解 因为 $\dfrac{1}{x^2(1+x^2)} = \dfrac{1}{x^2} - \dfrac{1}{1+x^2}$ ，

所以 $\displaystyle\int \dfrac{\mathrm{d}x}{x^2(1+x^2)} = \int\left(\dfrac{1}{x^2} - \dfrac{1}{1+x^2}\right)\mathrm{d}x = -\dfrac{1}{x} - \arctan x + C$.

例 7 求 $\displaystyle\int \dfrac{x^6}{x^2+1}\mathrm{d}x$.

解 因为 $\dfrac{x^6}{x^2+1} = \dfrac{(x^6+1)-1}{x^2+1} = x^4 - x^2 + 1 - \dfrac{1}{x^2+1}$ ，

所以 $\displaystyle\int \dfrac{x^6}{x^2+1}\mathrm{d}x = \int\left(x^4 - x^2 + 1 - \dfrac{1}{x^2+1}\right)\mathrm{d}x = \dfrac{x^5}{5} - \dfrac{x^3}{3} + x - \arctan x + C$.

例 8 求 $\displaystyle\int \dfrac{1}{\sin^2 x \cos^2 x}\mathrm{d}x$.

解 因为 $\dfrac{1}{\sin^2 x \cos^2 x} = \dfrac{\sin^2 x + \cos^2 x}{\sin^2 x \cos^2 x} = \sec^2 x + \csc^2 x$ ，

所以 $\displaystyle\int \dfrac{1}{\sin^2 x \cos^2 x}\mathrm{d}x = \int(\sec^2 x + \csc^2 x)\,\mathrm{d}x = \tan x - \cot x + C$.

例 9 求 $\displaystyle\int \tan^2 x\mathrm{d}x$.

解 $\displaystyle\int \tan^2 x\mathrm{d}x = \int(\sec^2 x - 1)\mathrm{d}x = \tan x - x + C$.

例 10 求 $\displaystyle\int\left(10^x + 3\cos x + \dfrac{1}{\sqrt{x}}\right)\mathrm{d}x$.

解 $\displaystyle\int\left(10^x + 3\cos x + \dfrac{1}{\sqrt{x}}\right)\mathrm{d}x = \dfrac{1}{\ln 10}10^x + 3\sin x + 2\sqrt{x} + C$.

例 11 计算积分 $\displaystyle\int \sqrt{1-\cos^2 x}\mathrm{d}x$.

解 $\sqrt{1-\cos^2 x} = |\sin x|$ ；在不定积分中，约定 $\sqrt{A^2} = A$ ，即 $\sqrt{1-\cos^2 x} = \sin x$ ，
从而 $\displaystyle\int \sqrt{1-\cos^2 x}\mathrm{d}x = \int \sin x\mathrm{d}x = -\cos x + C$.

习题 5-1

求以下不定积分.

1. $\displaystyle\int \dfrac{(1-x)^3}{x^2}\mathrm{d}x$ ；

2. $\displaystyle\int \dfrac{5^x - 2^x}{3^x}\mathrm{d}x$ ；

3. $\displaystyle\int \dfrac{1+x+x^2}{x\left(1+x^2\right)}\mathrm{d}x$ ；

4. $\displaystyle\int \dfrac{1+x^4}{1+x^2}\mathrm{d}x$ ；

5. $\int \dfrac{\cos 2x}{\cos x - \sin x} \mathrm{d}x$ ；

6. $\int \dfrac{1}{\sin^2 \dfrac{x}{2} \cos^2 \dfrac{x}{2}} \mathrm{d}x$ ；

7. $\int \left(\sin \dfrac{x}{2} + \cos \dfrac{x}{2} \right)^2 \mathrm{d}x$ ；

8. $\int \dfrac{1}{\cos^2 x \sin^2 x} \mathrm{d}x$ ；

9. $\int \dfrac{(2x-1)^2}{\sqrt{x}} \mathrm{d}x$.

第 2 节　求不定积分的几种基本方法

不定积分 $\int \sin 2x \mathrm{d}x$ 就不能直接用基本积分公式 $\int \sin x \mathrm{d}x = -\cos x + C$ 来计算，因此还必须介绍计算不定积分的一些方法.

一、凑微分法（第一换元法）

定理 1　设 $F(u)$ 是 $f(u)$ 的一个原函数，且 $u = \varphi(x)$ 可导，则
$$\int f\big[\varphi(x)\big]\varphi'(x)\mathrm{d}x = F\big[\varphi(x)\big] + C .$$

证　因为 $F'(u) = f(u)$ ，而 $F\big[\varphi(x)\big]$ 是由 $F(u)$ 、 $u = \varphi(x)$ 复合而成，故
$$\big\{F\big[\varphi(x)\big]\big\}' = F'(u)\varphi'(x) = f(u)\varphi'(x) = f\big[\varphi(x)\big]\varphi'(x) ,$$
由不定积分的定义，得
$$\int f\big[\varphi(x)\big]\varphi'(x)\mathrm{d}x = F\big[\varphi(x)\big] + C .$$

注： ①　$\int f\big[\varphi(x)\big]\varphi'(x)\mathrm{d}x \underline{\underline{\quad u = \varphi(x) \quad}} \int f(u)\mathrm{d}u = F(u) + C = F\big[\varphi(x)\big] + C$ ，称此法为第一换元法，其特点是将被积函数中的部分函数视为一个新的变量.

②　$\int f\big[\varphi(x)\big]\varphi'(x)\mathrm{d}x = \int f\big[\varphi(x)\big]\mathrm{d}\varphi(x) = F\big[\varphi(x)\big] + C$ ，因此，第一换元法也称为凑微分法.

③　如果利用了第一换元法，积分完成后应当变量回代.

例 1　求 $\int \mathrm{e}^{3x}\mathrm{d}x$.

解　因为 e^{3x} 是一个复合函数，中间变量 $u = 3x$ ，

$\mathrm{d}u = \mathrm{d}(3x) = 3\mathrm{d}x$ ，　所以 $\mathrm{d}x = \dfrac{1}{3}\mathrm{d}u$ ，有

$$\int \mathrm{e}^{3x}\mathrm{d}x = \int \mathrm{e}^u \dfrac{1}{3}\mathrm{d}u = \dfrac{1}{3}\mathrm{e}^u + C = \dfrac{1}{3}\mathrm{e}^{3x} + C .$$

例 2 求 $\int \cos 2x \, dx$.

解 令 $u = 2x$ ，显然 $du = 2dx$ 或 $dx = \dfrac{1}{2} du$ ，

则 $\int \cos 2x \, dx = \int \cos u \cdot \dfrac{1}{2} du = \dfrac{1}{2} \sin u + C = \dfrac{1}{2} \sin 2x + C$.

例 3 求 $\int (3x-2)^5 \, dx$.

解 如将 $(3x-2)^5$ 展开很复杂，不如把 $3x-2$ 作为中间变量，由 $d(3x-2) = 3dx$ ，有

$$\int (3x-2)^5 \, dx = \int (3x-2)^5 \cdot \dfrac{1}{3} d(3x-2) = \dfrac{1}{18}(3x-2)^6 + C .$$

例 4 求 $\int \dfrac{dx}{\sqrt{a^2 - x^2}}$ $(a > 0)$.

解 $\int \dfrac{dx}{\sqrt{a^2 - x^2}} = \int \dfrac{1}{\sqrt{1 - \left(\dfrac{x}{a}\right)^2}} d\left(\dfrac{x}{a}\right) = \arcsin \dfrac{x}{a} + C$.

例 5 求 $\int \dfrac{dx}{x^2 - x - 12}$.

解 因为 $\dfrac{1}{x^2 - x - 12} = \dfrac{1}{7} \cdot \dfrac{(x+3)-(x-4)}{(x+3)(x-4)} = \dfrac{1}{7}\left(\dfrac{1}{x-4} - \dfrac{1}{x+3}\right)$ ，

所以 $\int \dfrac{dx}{x^2 - x - 12} = \dfrac{1}{7} \int \dfrac{d(x-4)}{x-4} - \dfrac{1}{7} \int \dfrac{d(x+3)}{x+3} = \dfrac{1}{7} \ln \left| \dfrac{x-4}{x+3} \right| + C$.

例 6 求 $\int \dfrac{\sin \dfrac{1}{x}}{x^2} \, dx$.

解 因为 $d\left(\dfrac{1}{x}\right) = -\dfrac{1}{x^2} dx$ ，

所以 $\int \dfrac{\sin \dfrac{1}{x}}{x^2} \, dx = -\int \sin \dfrac{1}{x} d\left(\dfrac{1}{x}\right) = \cos \dfrac{1}{x} + C$.

例 7 求 $\int e^x \cos e^x \, dx$.

解 $\int e^x \cos e^x \, dx = \int \cos e^x d(e^x) = \sin e^x + C$.

例 8 求 $\int \dfrac{6^x}{4^x + 9^x} dx$.

解 $\int \dfrac{6^x}{4^x + 9^x} dx = \int \dfrac{\left(\dfrac{3}{2}\right)^x}{1 + \left(\dfrac{3}{2}\right)^{2x}} dx = \dfrac{1}{\ln \dfrac{3}{2}} \int \dfrac{d\left[\left(\dfrac{3}{2}\right)^x\right]}{1 + \left(\dfrac{3}{2}\right)^{2x}} = \dfrac{1}{\ln 3 - \ln 2} \arctan \left(\dfrac{3}{2}\right)^x + C$.

例9 求 $\int \tan^3 x dx$.

解 $\int \tan^3 x dx = \int \tan x (\sec^2 x - 1) dx = \int \tan x \sec^2 x dx - \int \dfrac{\sin x}{\cos x} dx$

$$= \int \tan x d(\tan x) + \int \dfrac{d(\cos x)}{\cos x} = \dfrac{1}{2} \tan^2 x + \ln |\cos x| + C .$$

另解 $\int \tan^3 x dx = -\int \dfrac{1 - \cos^2 x}{\cos^3 x} d(\cos x) = \dfrac{1}{2 \cos^2 x} + \ln |\cos x| + C .$

例10 求 $\int \dfrac{(\arctan x)^3}{1 + x^2} dx$.

解 $\int \dfrac{(\arctan x)^3}{1 + x^2} dx = \int (\arctan x)^3 d(\arctan x) = \dfrac{1}{4} (\arctan x)^4 + C .$

由以上例题可以看出,第一换元法是一种非常灵活的计算方法,始终贯穿着"逆向思维"的特点,因此对初学者较难适应,学生应熟悉这些基本例题. 当然也有一些题,它们不属于这些基本题型,但我们也可以通过观察找到解题的途径.

二、变量代换法（第二换元法）

在第一换元法中,代换 $u = \varphi(x)$,使得积分由 $\int f(\varphi(x)) \varphi'(x) dx$ 变为积分 $\int f(u) du$,从而利用 $f(u)$ 的原函数求出积分. 但是对于这样一类积分如 $\int \sqrt{1 - x^2} dx$,若仍然采用代换 $u = \varphi(x)$,则总是无法完成积分的计算,因此必须寻求新的积分方法.

定理2 设函数 $x = \varphi(t)$ 单调、可导且 $\varphi'(t) \neq 0$,函数 $f(\varphi(t)) \varphi'(t)$ 的一个原函数为 $F(t)$,则有

$$\int f(x) dx = F\left[\varphi^{-1}(x)\right] + C.$$

事实上, $F\left[\varphi^{-1}(x)\right]$ 由函数 $F(t)$ 与 $t = \varphi^{-1}(x)$ 复合而成,故

$$\left\{F\left[\varphi^{-1}(x)\right]\right\}' = F'(t) \cdot \left(\varphi^{-1}(x)\right)' = f(\varphi(t)) \varphi'(t) \cdot \dfrac{1}{\varphi'(t)} = f(\varphi(t)) = f(x).$$

注: $\int f(x) dx \underline{\quad x = \varphi(t) \quad} \int f(\varphi(t)) \varphi'(t) dt = F(t) + C = F\left[\varphi^{-1}(x)\right] + C$,相当于作了代换 $x = \varphi(t)$,称此换元的方法为第二换元法,其特点是将积分变量 x 视为某个新的函数.

第二换元法常用于如下基本类型.

类型1 被积函数中含有 $\sqrt{a^2 - x^2}$ $(a > 0)$,可令 $x = a \sin t$ $\left(并约定 t \in \left[-\dfrac{\pi}{2}, \dfrac{\pi}{2}\right]\right)$,则 $\sqrt{a^2 - x^2} = a \cos t$, $dx = a \cos t dt$,可将原积分化作三角有理函数的积分,利用基

本公式计算.

例 11 求 $\int \sqrt{a^2 - x^2}\,\mathrm{d}x\ (a > 0)$.

解 令 $x = a\sin t$，$x \in \left[-\dfrac{\pi}{2}, \dfrac{\pi}{2}\right]$，则 $\sqrt{a^2 - x^2} = a\cos t$，$\mathrm{d}x = a\cos t\,\mathrm{d}t$，于是

$$\int \sqrt{a^2 - x^2}\,\mathrm{d}x = \int a\cos t \cdot a\cos t\,\mathrm{d}t = a^2 \int \left(\frac{1}{2} + \frac{1}{2}\cos 2t\right)\mathrm{d}t = \frac{a^2}{2}t + \frac{a^2}{2}\sin t\cos t + C$$

$$= \frac{a^2}{2}\arcsin\frac{x}{a} + \frac{x}{2}\sqrt{a^2 - x^2} + C.$$

注：积分中为了化掉根式是否一定采用三角代换（或双曲代换）并不是绝对的，需根据被积函数的情况来定.

例 12 求 $\int \dfrac{x^2}{\sqrt{4 - x^2}}\,\mathrm{d}x$.

解 令 $x = 2\sin t$，则 $\sqrt{4 - x^2} = 2\cos t$，$\mathrm{d}x = 2\cos t\,\mathrm{d}t$，于是

$$\int \frac{x^2}{\sqrt{4 - x^2}}\,\mathrm{d}x = \int \frac{4\sin^2 t}{2\cos t} \cdot 2\cos t\,\mathrm{d}t = \int (2 - 2\cos 2t)\mathrm{d}t = 2t - \sin 2t + C$$

$$= 2t - 2\sin t\cos t + C = 2\arcsin\frac{x}{2} - \frac{x}{2}\sqrt{4 - x^2} + C.$$

类型 2 被积函数中含有 $\sqrt{a^2 + x^2}\,(a > 0)$，可令 $x = a\tan t$，并约定 $t \in \left(-\dfrac{\pi}{2}, \dfrac{\pi}{2}\right)$，则 $\sqrt{a^2 + x^2} = a\sec t$，$\mathrm{d}x = a\sec^2 t\,\mathrm{d}t$，可将原积分化为三角有理函数的积分.

例 13 求 $\int \dfrac{\mathrm{d}x}{\sqrt{x^2 + a^2}}\ (a > 0)$.

解 令 $x = a\tan t$，则 $\sqrt{x^2 + a^2} = a\sec t$，$\mathrm{d}x = a\sec^2 t\,\mathrm{d}t$，于是

$$\int \frac{\mathrm{d}x}{\sqrt{x^2 + a^2}} = \int \sec t\,\mathrm{d}t = \int \frac{\cos t}{1 - \sin^2 t}\,\mathrm{d}t$$

$$= \frac{1}{2}\int \left[\frac{1}{1 + \sin t} + \frac{1}{1 - \sin t}\right]\mathrm{d}(\sin t) = \frac{1}{2}\ln\left|\frac{1 + \sin t}{1 - \sin t}\right| + C$$

$$= \ln\left|\frac{1 + \sin t}{\cos t}\right| + C = \ln|\sec t + \tan t| + C$$

$$= \ln\left|\frac{x}{a} + \frac{\sqrt{x^2 + a^2}}{a}\right| + C = \ln\left|x + \sqrt{x^2 + a^2}\right| + C_1.$$

例 14 求 $\int \dfrac{\mathrm{d}x}{x^2\sqrt{4 + x^2}}$.

解 令 $x = 2\tan t$，则 $\sqrt{4 + x^2} = 2\sec t$，$\mathrm{d}x = 2\sec^2 t\,\mathrm{d}t$，于是

$$\int \frac{\mathrm{d}x}{x^2\sqrt{4+x^2}} = \int \frac{2\sec^2 t}{4\tan^2 t \cdot 2\sec t}\mathrm{d}t = \frac{1}{4}\int \frac{\cos t}{\sin^2 t}\mathrm{d}t$$

$$= -\frac{1}{4}\cdot\frac{1}{\sin t}+C = -\frac{1}{4}\cdot\frac{\sqrt{4+x^2}}{x}+C.$$

类型 3 被积分函数中含有 $\sqrt{x^2-a^2}$ $(a>0)$，当 $x\geqslant a$ 时，可令 $x=a\sec t$，并约定 $t\in\left(0,\dfrac{\pi}{2}\right)$，则 $\sqrt{x^2-a^2}=a\tan t$，$\mathrm{d}x=a\sec t\tan t\mathrm{d}t$，当 $x\leqslant -a$ 时，可令 $u=-x$，则 $u\geqslant a$，可将原积分化为三角有理函数的积分.

例 15 求 $\displaystyle\int \frac{\mathrm{d}x}{\sqrt{x^2-a^2}}$ $(a>0)$.

解 被积函数的定义域为 $(-\infty,-a)\cup(a,+\infty)$，当 $x\in(a,+\infty)$ 时，令 $x=a\sec t$，$t\in\left(0,\dfrac{\pi}{2}\right)$，则 $\sqrt{x^2-a^2}=a\tan t$，$\mathrm{d}x=a\sec t\tan t\mathrm{d}t$，有

$$\int \frac{\mathrm{d}x}{\sqrt{x^2-a^2}} = \int \frac{a\sec t\tan t}{a\tan t}\mathrm{d}t = \int \sec t\mathrm{d}t = \ln(\sec t+\tan t)+C$$

$$= \ln\left(\frac{x}{a}+\frac{\sqrt{x^2-a^2}}{a}\right)+C$$

$$= \ln(x+\sqrt{x^2-a^2})+C_1;$$

当 $x\in(-\infty,-a)$ 时，令 $u=-x$，则 $u\in(a,+\infty)$，有

$$\int \frac{\mathrm{d}x}{\sqrt{x^2-a^2}} = -\int \frac{\mathrm{d}u}{\sqrt{u^2-a^2}} = -\ln(u+\sqrt{u^2-a^2})+C$$

$$= -\ln(-x+\sqrt{x^2-a^2})+C = \ln\frac{1}{-x+\sqrt{x^2-a^2}}+C$$

$$= \ln\frac{-x-\sqrt{x^2-a^2}}{a^2}+C = \ln(-x-\sqrt{x^2-a^2})+C_1.$$

所以当 $x\in(-\infty,-a)\cup(a,+\infty)$ 时

$$\int \frac{\mathrm{d}x}{\sqrt{x^2-a^2}} = \ln\left|x+\sqrt{x^2-a^2}\right|+C.$$

例 16 求 $\displaystyle\int \frac{\mathrm{d}x}{x^2\sqrt{x^2-1}}$.

解 $x\in(1,+\infty)$ 时，令 $x=\sec t$，$t\in\left(0,\dfrac{\pi}{2}\right)$，则 $\sqrt{x^2-1}=\tan t$，$\mathrm{d}x=\sec t\tan t\mathrm{d}t$，有

$$\int \frac{\mathrm{d}x}{x^2\sqrt{x^2-1}} = \int \frac{\sec t\tan t}{\sec^2 t\tan t}\mathrm{d}t = \int \cos t\mathrm{d}t = \sin t+C = \frac{\sqrt{x^2-1}}{x}+C;$$

当 $x\in(-\infty,1)$ 时，令 $u=-x$，则 $u\in(1,+\infty)$，有

$$\int \frac{\mathrm{d}x}{x^2\sqrt{x^2-1}} = \int \frac{\mathrm{d}u}{u^2\sqrt{u^2-1}} = -\frac{\sqrt{u^2-1}}{u} + C = \frac{\sqrt{x^2-1}}{x} + C .$$

所以无论 $x<-1$ 或 $x>1$，均有 $\int \dfrac{\mathrm{d}x}{x^2\sqrt{x^2-1}} = \dfrac{\sqrt{x^2-1}}{x} + C$.

注：① 以上三种三角代换，目的是将无理式的积分化为三角有理函数的积分.

② 在将积分的结果化为 x 的函数时，常常用到同角三角函数的关系，一种较简单和直接的方法是用"辅助三角形".

③ 在既可用第一换元法也可用第二换元法的时候，用第一换元法将使计算更为简洁.

三、分部积分法

对积分 $\int x\mathrm{e}^x\mathrm{d}x$，无论怎样换元均无法求出其原函数. 下面介绍一种新的积分方法——分部积分法.

设函数 $u = u(x)$、$v = v(x)$ 均可微，由两个函数乘积的求导公式：

$$[u(x)v(x)]' = v(x)u'(x) + u(x)v'(x) ,$$
$$u(x)v'(x) = [u(x)v(x)]' - v(x)u'(x) ,$$

两端对 x 积分得

$$\int uv'\mathrm{d}x = \int (uv)'\mathrm{d}x - \int u'v\mathrm{d}x = uv - \int u'v\mathrm{d}x ,$$

于是

$$\int uv'\mathrm{d}x = uv - \int u'v\mathrm{d}x \quad \text{或} \quad \int u\mathrm{d}v = uv - \int v\mathrm{d}u ,$$

即为不定积分的分部积分公式.

注：① 显然，分部积分法是乘积求导的逆运算，使用分部积分法的关键是正确选择 u 和 v.

② 使用此公式时，首先应将被积函数分成两部分，即 $f(x) = uv'$.

③ 一般应注意使积分 $\int u'v\mathrm{d}x$ 较积分 $\int uv'\mathrm{d}x$ 容易计算.

由函数的特点，分部积分法的应用主要有如下几种基本类型.

类型 1 被积函数为 x^n 与指数（三角）函数的乘积，由于指数（三角）函数凑进 $\mathrm{d}x$ 仍是指数（三角）函数的微分，而对 x^n 求导时，将使幂函数的次数降低. 故对此类型一般是将 x^n 作为 u，把指数（三角）函数作为 v，其"凑微分"的方法是：

$$\mathrm{e}^{ax}\mathrm{d}x = \frac{1}{a}\mathrm{d}(\mathrm{e}^{ax}), \quad \cos ax\mathrm{d}x = \frac{1}{a}\mathrm{d}(\sin ax)\cdots\cdots$$

例 17 求积分 $\int x\sin 2x\mathrm{d}x$.

解 $f(x) = x\sin 2x$，令 $u = x$，$v' = \sin 2x$，则 $u' = 1$，$v = -\dfrac{1}{2}\cos 2x$，则

$$\int x \sin 2x dx = -\frac{1}{2}x \cos 2x - \int -\frac{1}{2}\cos 2x dx = -\frac{1}{2}x \cos 2x + \frac{1}{4}\sin 2x + C \ .$$

例 18　求 $\int x^2 \mathrm{e}^x \mathrm{d}x$.

解　$\int x^2 \mathrm{e}^x \mathrm{d}x = \int x^2 \mathrm{d}(\mathrm{e}^x) = x^2 \mathrm{e}^x - \int \mathrm{e}^x \cdot 2x \mathrm{d}x$,

再一次用分部积分法，有

$$\int x^2 \mathrm{e}^x \mathrm{d}x = x^2 \mathrm{e}^x - \int \mathrm{e}^x \cdot 2x \mathrm{d}x = x^2 \mathrm{e}^x - 2\int x \mathrm{d}(\mathrm{e}^x) = x^2 \mathrm{e}^x - 2\left(x \mathrm{e}^x - \int \mathrm{e}^x \mathrm{d}x\right)$$

$$= x^2 \mathrm{e}^x - 2x \mathrm{e}^x + 2\mathrm{e}^x + C = \mathrm{e}^x(x^2 - 2x + 2) + C.$$

例 19　求 $\int (x^2 + 1)\mathrm{e}^{-x} \mathrm{d}x$.

解　$\int (x^2 + 1)\mathrm{e}^{-x} \mathrm{d}x = -\int (x^2 + 1)\mathrm{d}(\mathrm{e}^{-x}) = -\left[(x^2 + 1)\mathrm{e}^{-x} - \int \mathrm{e}^{-x} \cdot 2x \mathrm{d}x\right]$

$$= -(x^2 + 1)\mathrm{e}^{-x} - 2\int x \mathrm{d}(\mathrm{e}^{-x}) = -(x^2 + 1)\mathrm{e}^{-x} - 2\left(x \mathrm{e}^{-x} - \int \mathrm{e}^{-x} \mathrm{d}x\right)$$

$$= -(x^2 + 1)\mathrm{e}^{-x} - 2x \mathrm{e}^{-x} - 2\mathrm{e}^{-x} + C = -(x^2 + 2x + 3)\mathrm{e}^{-x} + C \ .$$

类型 2　被积函数为幂函数与对数（反三角）函数的乘积，由于 $(\ln x)' = \frac{1}{x}$ ，

$(\arctan x)' = \frac{1}{1 + x^2}$ 不再是对数（反三角）函数，而幂函数"凑进" $\mathrm{d}x$ ，$x^\alpha \mathrm{d}x = \frac{1}{\alpha + 1}\mathrm{d}(x^{\alpha+1})$

仍是幂函数，故对此类型一般是把对数（反三角）函数作为 u ，把幂函数作为 v .

例 20　求 $\int x^2 \ln x \mathrm{d}x$.

解　$\int x^2 \ln x \mathrm{d}x = \frac{1}{3}\int \ln x \mathrm{d}(x^3) = \frac{1}{3}\left[x^3 \ln x - \int x^3 \frac{1}{x}\mathrm{d}x\right] = \frac{x^3}{3}\ln x - \frac{x^3}{9} + C \ .$

例 21　求 $\int \ln^2 x \mathrm{d}x$.

解　由于没有 x^n 凑进 $\mathrm{d}x$ ，可直接把 $\mathrm{d}x$ 作为 $\mathrm{d}v$ ，则

$$\int \ln^2 x \mathrm{d}x = x \ln^2 x - \int x \cdot 2 \ln x \cdot \frac{1}{x}\mathrm{d}x$$

$$= x \ln^2 x - 2\left[x \ln x - \int x \cdot \frac{1}{x}\mathrm{d}x\right]$$

$$= x \ln^2 x - 2x \ln x + 2x + C.$$

例 22　求 $\int \arccos x \mathrm{d}x$.

解　把 $\arccos x$ 作为 u ，$\mathrm{d}x$ 作为 $\mathrm{d}v$ ，则

$$\int \arccos x \mathrm{d}x = x \arccos x - \int x\left(-\frac{1}{\sqrt{1 - x^2}}\right)\mathrm{d}x$$

$$= x \arccos x - \sqrt{1 - x^2} + C.$$

例 23　求 $\int x^2 \arctan x \mathrm{d}x$.

解　$\int x^2 \arctan x \mathrm{d}x = \frac{1}{3}\int \arctan x \mathrm{d}(x^3)$

$$= \frac{1}{3}\left[x^3 \arctan x - \int x^3 \frac{1}{1+x^2} dx \right]$$

$$= \frac{x^3}{3} \arctan x - \frac{x^2}{6} + \frac{1}{6} \ln(1+x^2) + C.$$

例 24 求 $\int \frac{\arctan x}{x^2} dx$.

解 $\int \frac{\arctan x}{x^2} dx = -\int \arctan x d\left(\frac{1}{x}\right) = -\left[\frac{1}{x} \arctan x - \int \frac{1}{x} \cdot \frac{1}{1+x^2} dx \right]$

$$= -\frac{\arctan x}{x} + \int\left(\frac{1}{x} - \frac{x}{1+x^2} \right) dx$$

$$= -\frac{\arctan x}{x} + \ln|x| - \frac{1}{2}\ln(1+x^2) + C.$$

例 25 求 $\int x \ln(x-2) dx$.

解 $\int x \ln(x-2) dx = \frac{1}{2}\int \ln(x-2) d(x^2)$

$$= \frac{1}{2}\left[x^2 \ln(x-2) - \int x^2 \frac{1}{x-2} dx \right]$$

$$= \frac{x^2}{2}\ln(x-2) - \frac{1}{2}\int\left(x+2+\frac{4}{x-2} \right) dx$$

$$= \frac{x^2}{2}\ln(x-2) - \frac{x^2}{4} - x - 2\ln(x-2) + C.$$

除了以上的基本类型，还有其他一些积分，也可以用分部积分法.

例 26 求 $\int e^{ax} \sin bx dx$.

解 $\int e^{ax} \sin bx dx = \frac{1}{a}\int \sin bx d(e^{ax})$

$$= \frac{1}{a}[e^{ax} \sin bx - b\int e^{ax} \cos bx dx]$$

$$= \frac{1}{a}e^{ax} \sin bx - \frac{b}{a^2}\int \cos bx d(e^{ax})$$

$$= \frac{1}{a}e^{ax} \sin bx - \frac{b}{a^2}[e^{ax} \cos bx + b\int e^{ax} \sin bx dx] ,$$

移项后，由于等式右端已不包含积分项，应加常数 C_1 ，

$$\frac{a^2+b^2}{a^2}\int e^{ax} \sin bx dx = \frac{e^{ax}}{a^2}[a\sin bx - b\cos bx] + C_1 ,$$

$$\int e^{ax} \sin bx dx = \frac{e^{ax}}{a^2+b^2}[a\sin bx - b\cos bx] + C .$$

例 27 设函数 $f(x)$ 的一个原函数是 $\dfrac{\sin x}{x}$，求积分 $\displaystyle\int xf'(x)\mathrm{d}x$.

解 利用分部积分公式，有

$$\int xf'(x)\mathrm{d}x = \int x\mathrm{d}f(x) = xf(x) - \int f(x)\mathrm{d}x;$$

由条件可知

$$\int f(x)\mathrm{d}x = \frac{\sin x}{x} + C_1 \text{ 及 } f(x) = \left(\frac{\sin x}{x}\right)' = \frac{x\cos x - \sin x}{x^2},$$

所以

$$\int xf'(x)\mathrm{d}x = xf(x) - \int f(x)\mathrm{d}x$$

$$= x \cdot \frac{x\cos x - \sin x}{x^2} - \frac{\sin x}{x} + C = \cos x - \frac{2\sin x}{x} + C.$$

注：① 采用分部积分法时，函数与 $\mathrm{d}x$ 凑成微分 $\mathrm{d}v$ 的顺序一般为反三角函数、对数函数、幂函数、指数函数、三角函数.

② 第一换元法与分部积分法的共同点是第一步都是凑微分，即

$$\int f\big[\varphi(x)\big]\varphi'(x)\mathrm{d}x = \int f\big[\varphi(x)\big]\mathrm{d}\varphi(x) \xrightarrow{\text{令 }\varphi(x)=u} \int f(u)\,\mathrm{d}u;$$

$$\int u(x)v'(x)\mathrm{d}x = \int u(x)\mathrm{d}v(x) = u(x)v(x) - \int v(x)\,\mathrm{d}u(x).$$

习题 5-2

求下列不定积分.

1. $\displaystyle\int \sin^2 x\mathrm{d}x$；

2. $\displaystyle\int \frac{\mathrm{d}x}{4x^2 + 4x + 17}$；

3. $\displaystyle\int \frac{x}{1+x^2}\mathrm{d}x$；

4. $\displaystyle\int x\mathrm{e}^{-x^2}\mathrm{d}x$；

5. $\displaystyle\int \frac{x}{x^2 + 2x + 10}\mathrm{d}x$；

6. $\displaystyle\int \frac{\mathrm{d}x}{\mathrm{e}^x + \mathrm{e}^{-x}}$；

7. $\displaystyle\int \frac{\mathrm{d}x}{x\ln x}$；

8. $\displaystyle\int \frac{1}{x}(2\ln x + 5)^4\mathrm{d}x$；

9. $\displaystyle\int \cos x\mathrm{e}^{\sin x}\mathrm{d}x$；

10. $\int \dfrac{\mathrm{d}x}{\sqrt{(1-x^2)\arcsin x}}$;

11. $\int \dfrac{1-\sin x}{x+\cos x}\mathrm{d}x$;

12. $\int \tan x\mathrm{d}x$;

13. $\int x\cos x\mathrm{d}x$;

14. $\int \dfrac{x}{\cos^2 x}\mathrm{d}x$;

15. $\int x\cos\dfrac{x}{2}\mathrm{d}x$;

16. $\int x\mathrm{e}^{-x}\mathrm{d}x$.

第 3 节　某些特殊类型的不定积分

一、有理函数 $R(x)$ 的不定积分

定义　由多项式的商所构成的函数称为有理函数或有理分式，如

$$R(x)=\frac{P(x)}{Q(x)}=\frac{a_0 x^n+a_1 x^{n-1}+\cdots+a_{n-1}x+a_n}{b_0 x^m+b_1 x^{m-1}+\cdots+b_{m-1}x+b_m}\quad(a_0 b_0\neq 0).$$

如果 $n<m$，称上式为真分式；如果 $n\geqslant m$，称上式为假分式. 利用多项式的除法，可以将假分式化为多项式与真分式的和.

因此，研究有理函数 $R(x)$ 的积分主要是研究真分式的积分.

设 $R(x)=\dfrac{P(x)}{Q(x)}$ 是真分式，即 $n<m$，则在实数范围内，可以将分母 $Q(x)$ 因式分解成为若干单因式如 $(x-a)^k$（k 重）与二次质因式如 $\left(x^2+px+q\right)^s$（$p^2-4q<0$）（s 重）的乘积.

（1）如果 $Q(x)$ 分解后含有 k 重的单因式 $(x-a)^k$，则 $R(x)=\dfrac{P(x)}{Q(x)}$ 分解成为部分分式后，必然含有 k 项之和：$\dfrac{A_1}{(x-a)}+\dfrac{A_2}{(x-a)^2}+\cdots+\dfrac{A_{k-1}}{(x-a)^{k-1}}+\dfrac{A_k}{(x-a)^k}$ ；

特别当 $k=1$ 时，分解后有 $\dfrac{A}{x-a}$.

（2）如果 $Q(x)$ 分解后含有 s 重的二次因式 $\left(x^2+px+q\right)^s$（$p^2-4q<0$），则 $R(x)=\dfrac{P(x)}{Q(x)}$ 分解成为部分分式后，必然含有 s 项之和：

$$\frac{A_1 x + B_1}{(x^2 + px + q)} + \frac{A_2 x + B_2}{(x^2 + px + q)^2} + \cdots + \frac{A_{s-1} x + B_{s-1}}{(x^2 + px + q)^{s-1}} + \frac{A_s x + B_s}{(x^2 + px + q)^s};$$

如果 $s = 1$，则分解后有 $\dfrac{Ax + B}{x^2 + px + q}$．

上述过程称为将真分式化为最简分式之和．分析上述结果，有理函数的积分只要解决以下的几类积分即可．

$$\int \frac{A}{x - a} dx; \qquad \int \frac{A}{(x - a)^k} dx; \qquad \int \frac{Ax + B}{x^2 + px + q} dx; \qquad \int \frac{Ax + B}{(x^2 + px + q)^s} dx.$$

且

$$\int \frac{A}{x - a} dx = A \ln |x - a| + C;$$

$$\int \frac{A}{(x - a)^k} dx = \frac{A}{1 - k} \cdot \frac{1}{(x - a)^{k-1}} + C (k \neq 1);$$

$\displaystyle\int \frac{Ax + B}{x^2 + px + q} dx$ 与 $\displaystyle\int \frac{Ax + B}{(x^2 + px + q)^s} dx$ 可先变分子为 $\dfrac{A}{2}(2x + p) + B - \dfrac{Ap}{2}$，再分

项积分．

例 1　计算不定积分 $\displaystyle\int \frac{1}{x(x-1)^2} dx$．

解　令 $\dfrac{1}{x(x-1)^2} = \dfrac{A}{x} + \dfrac{B}{x-1} + \dfrac{C}{(x-1)^2}$，通分后比较分子，得恒等式

$$A(x-1)^2 + Bx(x-1) + Cx = 1,$$

用待定系数法有

$$A + B = 0, \quad -2A - B + C = 0, \quad A = 1.$$

解得 $A = 1$，$B = -1$，$C = 1$，则

$$\int \frac{1}{x(x-1)^2} dx = \int \left[\frac{1}{x} - \frac{1}{x-1} + \frac{1}{(x-1)^2} \right] dx = \ln x - \ln (x-1) - \frac{1}{x-1} + C.$$

例 2　求不定积分 $\displaystyle\int \frac{1}{x^3 + 1} dx$．

解　因为 $x^3 + 1 = (x+1)(x^2 - x + 1)$，故 $\dfrac{1}{x^3 + 1} = \dfrac{A}{x+1} + \dfrac{Bx + C}{x^2 - x + 1}$，通分后得到恒

等式 $A(x^2 - x + 1) + (Bx + C)(x + 1) = 1$，比较等式两端 x 的同次幂的系数，有

$$\begin{cases} A + B = 0, \\ -A + B + C = 0, \\ A + C = 1, \end{cases} \text{解得 } A = \frac{1}{3}, \quad B = -\frac{1}{3}, \quad C = \frac{2}{3}, \text{ 从而}$$

$$\int \frac{1}{x^3+1} dx = \frac{1}{3} \int \left(\frac{1}{x+1} - \frac{x-2}{x^2-x+1} \right) dx = \frac{1}{3} \ln(x+1) - \frac{1}{6} \int \frac{2x-1-3}{x^2-x+1} dx$$

$$= \frac{1}{3} \ln(x+1) - \frac{1}{6} \int \frac{2x-1}{x^2-x+1} dx + \frac{1}{2} \int \frac{1}{x^2-x+1} dx$$

$$= \frac{1}{3} \ln(x+1) - \frac{1}{6} \int \frac{d(x^2-x+1)}{x^2-x+1} + \frac{1}{2} \int \frac{1}{\left(x-\frac{1}{2}\right)^2 + \frac{3}{4}} d\left(x-\frac{1}{2}\right)$$

$$= \frac{1}{3} \ln(x+1) - \frac{1}{6} \ln(x^2-x+1) + \frac{1}{2} \cdot \frac{2}{\sqrt{3}} \arctan\left(\frac{x-\frac{1}{2}}{\frac{\sqrt{3}}{2}} \right) + C$$

$$= \frac{1}{3} \ln(x+1) - \frac{1}{6} \ln(x^2-x+1) + \frac{1}{\sqrt{3}} \arctan\left(\frac{2x-1}{\sqrt{3}} \right) + C.$$

例3 计算积分 $\int \frac{3x+7}{x^2+6x+5} dx$.

解 因为 $x^2+6x+5 = (x+5)(x+1)$ ，故用待定系数法，有

$$\frac{3x+7}{x^2+6x+5} = \frac{A}{x+5} + \frac{B}{x+1} ,$$

通分后比较两端的分子有 $3x+7 \equiv A(x+1) + B(x+5)$ ，即应有 $A+B=3$ ， $A+5B=7$ ，解得 $A=2$ ， $B=1$ ，即

$$\frac{3x+7}{x^2+6x+5} = \frac{2}{x+5} + \frac{1}{x+1} .$$

$$\int \frac{3x+7}{x^2+6x+5} dx = \int \left(\frac{2}{x+5} + \frac{1}{x+1} \right) dx = 2\ln(x+5) + \ln(x+1) + C .$$

例4 计算积分 $\int \frac{3x+7}{x^2+6x+25} dx$.

解 分母 $x^2+6x+25$ 的判别式 $\Delta = 36 - 4 \times 25 = -64 < 0$ ，故不能进行因式分解，其求解方法如下.

第一步 因为分母是二次的，其导数则是一次的；而分子恰好是一次函数，故首先在分子上凑出分母的导数： $(x^2+6x+25)' = 2x+6$ ，即分子部分可以写为

$$3x+7 = \frac{3}{2}(2x) + 7 = \frac{3}{2}(2x+6-6) + 7 = \frac{3}{2}(2x+6) - 2 ,$$

$$\int \frac{3x+7}{x^2+6x+25} dx = \frac{3}{2} \int \frac{2x+6}{x^2+6x+25} dx - 2 \int \frac{1}{x^2+6x+25} dx$$

$$= \frac{3}{2} \ln(x^2+6x+25) - 2 \int \frac{1}{x^2+6x+25} dx.$$

第二步 对于积分 $\int \frac{1}{x^2+6x+25} dx$ ，分母是二次的，而分子则是常数；解法是

将分母的一部分配成完全平方：$x^2+6x+25=(x+3)^2+16$，然后再积分

$$\int\frac{1}{x^2+6x+25}dx=\int\frac{1}{(x+3)^2+16}d(x+3)=\frac{1}{4}\arctan\frac{x+3}{4}+C .$$

综合以上两步，有

$$\begin{aligned}\int\frac{3x+7}{x^2+6x+25}dx&=\frac{3}{2}\ln(x^2+6x+25)-2\int\frac{1}{x^2+6x+25}dx\\&=\frac{3}{2}\ln(x^2+6x+25)-\frac{1}{2}\arctan\frac{x+3}{4}-2C\\&=\frac{3}{2}\ln(x^2+6x+25)-\frac{1}{2}\arctan\frac{x+3}{4}+C .\end{aligned}$$

二、三角函数的有理式的不定积分

三角函数有理式是指由三角函数和常数经过有限次四则运算所构成的函数，其特点是分子分母都包含三角函数的和差和乘积运算．由于各种三角函数都可以用 $\sin x$ 及 $\cos x$ 的有理式表示，故三角函数有理式也就是 $\sin x$、$\cos x$ 的有理式．

把 $\sin x$、$\cos x$ 表示成 $\tan\frac{x}{2}$ 的函数，然后作变换 $u=\tan\frac{x}{2}$：

$$\sin x=2\sin\frac{x}{2}\cos\frac{x}{2}=\frac{2\tan\frac{x}{2}}{\sec^2\frac{x}{2}}=\frac{2\tan\frac{x}{2}}{1+\tan^2\frac{x}{2}}=\frac{2u}{1+u^2} ;$$

$$\cos x=\cos^2\frac{x}{2}-\sin^2\frac{x}{2}=\frac{1-\tan^2\frac{x}{2}}{\sec^2\frac{x}{2}}=\frac{1-u^2}{1+u^2} .$$

变换后原积分变成了有理函数的积分，由 $\sin x$、$\cos x$ 以及常数经过有限次四则运算所构成的函数，记作 $R(\sin x,\cos x)$，积分 $\int R(\sin x,\cos x)dx$ 称为三角函数有理式的积分．

作代换 $u=\tan\frac{x}{2}$，则 $x=2\arctan u$，$dx=2\frac{1}{1+u^2}du$，且

$$\sin x=\frac{2u}{1+u^2} ,\quad \cos x=\frac{1-u^2}{1+u^2} ,$$

所以 $$\int R(\sin x,\cos x)dx=\int R\left(\frac{2u}{1+u^2},\frac{1-u^2}{1+u^2}\right)\frac{2}{1+u^2}du .$$

例 5 计算不定积分 $\int\frac{1}{\sin x+\cos x}dx$．

解 万能代换：$\sin x=\frac{2u}{1+u^2}$，$\cos x=\frac{1-u^2}{1+u^2}$，$dx=2\frac{1}{1+u^2}du$，则

$$\int \frac{1}{\sin x + \cos x} dx = \int \frac{1}{\frac{2u}{1+u^2} + \frac{1-u^2}{1+u^2}} \cdot \frac{2}{1+u^2} du$$

$$= -2 \int \frac{1}{u^2 - 2u - 1} du = -2 \int \frac{1}{(u-1-\sqrt{2})(u-1+\sqrt{2})} du$$

$$= -\frac{2}{2\sqrt{2}} \int \left(\frac{1}{u-1-\sqrt{2}} - \frac{1}{u-1+\sqrt{2}} \right) du$$

$$= -\frac{1}{\sqrt{2}} \ln \frac{u-1-\sqrt{2}}{u-1+\sqrt{2}} + C$$

$$= -\frac{\sqrt{2}}{2} \ln \frac{\tan \frac{x}{2} - 1 - \sqrt{2}}{\tan \frac{x}{2} - 1 + \sqrt{2}} + C.$$

例 6 计算不定积分 $\int \frac{1}{(2+\cos x)\sin x} dx$.

解 万能代换：$\sin x = \frac{2u}{1+u^2}$，$\cos x = \frac{1-u^2}{1+u^2}$，$dx = 2\frac{1}{1+u^2} du$，则

$$\int \frac{1}{(2+\cos x)\sin x} dx = \int \frac{1}{\left(2 + \frac{1-u^2}{1+u^2}\right) \frac{1u}{1+u^2}} \cdot \frac{2du}{1+u^2}$$

$$= \int \frac{1+u^2}{(3+u^2)u} du = \int \left(\frac{Au+B}{3+u^2} + \frac{C}{u} \right) du$$

$$= \int \left(\frac{2}{3} \cdot \frac{u}{3+u^2} + \frac{1}{3} \cdot \frac{1}{u} \right) du = \frac{1}{3} \ln (3+u^2) + \frac{1}{3} \ln u + C$$

$$= \frac{1}{3} \ln \left(3 + \tan^2 \frac{x}{2} \right) + \frac{1}{3} \ln \tan \frac{x}{2} + C.$$

注：① 上述代换称为万能代换，经过万能代换后，三角函数有理式的积分变为有理函数的积分，转化为有理函数积分后，一定可以求出其原函数.

② 当三角函数的幂次较高时，采用万能代换计算量非常大，一般应首先考虑是否可以用其他的积分方法.

习题 5-3

求下列不定积分.

1. $\int \frac{1}{(1+2x)(1+x^2)} dx$；

2. $\int \frac{1}{x+\sqrt{x}} dx$；

3. $\int \dfrac{16x+11}{(x^2+2x+2)^2}dx$;

4. $\int \dfrac{1}{5-4\cos x}dx$;

5. $\int \dfrac{1}{2+\sin x}dx$;

6. $\int \dfrac{\sin x}{1+\sin x+\cos x}dx$;

7. $\int \dfrac{1+\sin x}{\sin 3x+\sin x}dx$.

本 章 小 结

定积分和不定积分构成了微积分学的积分学部分,本章首先介绍了原函数和不定积分的定义,函数 $f(x)$ 有无限多个原函数,任意两个原函数之间只差一个常数;原函数与不定积分是个别与全体的关系,或元素与集合的关系,不定积分的几何意义是积分曲线簇.

对于一些不定积分不能直接用基本积分公式来计算,本章介绍了计算不定积分的一些方法:第一换元法、第二换元法、分部积分法. 第一换元法是一种非常灵活的计算方法,始终贯穿着"逆向思维"的特点.

最后,介绍了有理函数 $R(x)$ 的不定积分、三角函数的有理式的不定积分. 三角函数有理式是指由三角函数和常数经过有限次四则运算所构成的函数,其特点是分子分母都包含三角函数的和差和乘积运算. 由于各种三角函数都可以用 $\sin x$ 及 $\cos x$ 的有理式表示,故三角函数有理式也就是 $\sin x$、$\cos x$ 的有理式.

总习题5

(A)

求下列不定积分.

1. $\int \dfrac{dx}{a^2+x^2}$ $(a>0)$;

2. $\int \dfrac{dx}{9x^2+12x+4}$;

3. $\int \dfrac{dx}{e^x+1}$;

4. $\int \dfrac{dx}{\sin^4 x\cos^2 x}$;

5. $\int \dfrac{\sin x}{\sin x + \cos x}dx$;

6. $\int \ln x dx$;

7. $\int x\cos^2 x dx$;

8. $\int \dfrac{\ln x}{x^2}dx$;

9. $\int \dfrac{dx}{\sqrt{(1-x^2)^3}}$;

10. $\int \dfrac{\sqrt{x^2-9}}{x}dx$;

11. $\int \dfrac{1}{3+\sin^2 x}dx$;

12. $\int \dfrac{\cos x}{\sin^3 x}dx$.

（B）

1. 设 $f(x)$ 在 $(-\infty, +\infty)$ 连续，求 $d\left[\int f(x)dx\right]$.

2. 设 $f'(\ln x) = 1 - x$ ，求 $f(x)$.

3. 求 $\int \dfrac{dx}{(x^2+x)(x^2+1)}$.

4. 求 $\int \dfrac{dx}{x^4\sqrt{x^2+1}}$.

5. 求 $\int \max\{1, |x|\}dx$.

6. 设 $y(x-y)^2 = x$ ，求 $\int \dfrac{1}{x-3y}dx$.

第6章 定 积 分

定积分是微积分部分的重要章节，与上一章讲述的不定积分共称为一元积分学．但定积分与不定积分又是完全不同的两个概念，与此同时它们又相互有着重要的联系．希望在本章的学习中，认真学习和领会数学家们在实践中抽象出来的数学思想，以及解决问题的手法．

第1节 定积分的概念与性质

一、定积分的定义

关于定积分的定义，首先我们给出两个引例．

引例1 曲边梯形的面积

设 $y = f(x)$ 在区间 $[a,b]$ 上非负、连续，由直线 $x = a, x = b, y = 0$ 及曲线 $y = f(x)$ 所围成的图形称为**曲边梯形**（见图 6-1）．

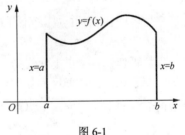

图 6-1

由于曲边梯形的高是变动的，所以不能直接用矩形的面积公式进行计算．而如下考虑：将区间 $[a,b]$ 划分为很多小区间，在每个小区间上用其中某一点处的高来近似地代替同一个小区间上的窄曲边梯形的变高，那么，每个窄曲边梯形就可以近似地看成这样得到的窄矩形，而将这些所有窄矩形的面积之和作为曲边梯形面积的近似值，并把区间 $[a,b]$ 无限细分下去，使得每个区间的长度都趋于零，则这时所有窄矩形的面积之和的极限值就可定义为曲边梯形的面积．具体的计算方法详述如下．

（1）分割．

在 $[a,b]$ 中任意插入 $n-1$ 个分点 $a = x_0 < x_1 < \cdots < x_{n-1} < x_n = b$，把区间 $[a,b]$ 分成 n 个小区间 $[x_0,x_1],[x_1,x_2],\cdots,[x_{i-1},x_i],\cdots,[x_{n-1},x_n]$，其中第 i 个区间的长度为

$$\Delta x_i = x_i - x_{i-1}, i = 1,2,\cdots,n.$$

（2）近似代替（以直代曲，用小矩形的面积代替曲边梯形的面积）．

在每个小区间 $[x_{i-1},x_i]$ 上任取一点 ξ_i，以 $[x_{i-1},x_i]$ 为底、$f(\xi_i)$ 为高的窄矩形近似地替代第 i 个窄曲边梯形，则每个小矩形的面积为

$$\Delta S_i = f(\xi_i)\Delta x_i, i = 1,2,\cdots,n.$$

（3）求和.

按照以上方式得到的 n 个小矩形的面积之和作为所求曲边梯形面积 S 的近似值，即

$$S \approx \sum_{i=1}^{n} f(\xi_i) \Delta x_i .$$

（4）取极限.

由上述做法可知，面积 S 依然与选取的区间长度有关，若分割的方式更加稠密，也即让 n 充分大，那么小矩形的面积和就能表示为曲边梯形的面积 S．我们选取 $\lambda = \max\limits_{1 \leqslant i \leqslant n} \{\Delta x_i\}$，若 $\lambda \to 0$，则可以让区间分割得更加细，此时对于上述和式取极限，便得曲边梯形的面积

$$S = \lim_{\lambda \to 0} \sum_{i=1}^{n} f(\xi_i) \Delta x_i .$$

引例 2　变速直线运动的路程问题

已知物体直线运动的速度 $v = v(t)$ 是时间 t 的连续函数，且 $v(t) \geqslant 0$，要计算物体在时间段 $[T_0, T_1]$ 内所经过的路程 s．

（1）分割.

在 $[T_0, T_1]$ 中插入 $n-1$ 个分点 $T_0 = t_0 < t_1 < \cdots < t_{n-1} < t_n = T_1$，把区间 $[T_0, T_1]$ 分成 n 个小时间区间 $[t_0, t_1], [t_1, t_2], \cdots, [t_{i-1}, t_i], \cdots, [t_{n-1}, t_n]$，其中第 i 个区间的长度为

$$\Delta t_i = t_i - t_{i-1}, i = 1, 2, \cdots, n .$$

（2）近似代替（以不变代变）.

在每一个小的时间区间 $[t_{i-1}, t_i]$ 上选取某一时刻 τ_i，此时刻的速度 $v(\tau_i)$ 作为这个小时间区间上的速度，由路程公式，可知每个小时间区间上的路程为

$$\Delta s_i = v(\tau_i) \Delta t_i, i = 1, 2, \cdots, n.$$

（3）求和.

在 $[T_0, T_1]$ 上的路程 s 可以近似地表示为所有小时间区间的路程和，即

$$s \approx \sum_{i=1}^{n} v(\tau_i) \Delta t_i .$$

（4）取极限.

对 $[T_0, T_1]$ 无限细分，取 $\lambda = \max\limits_{1 \leqslant i \leqslant n} \{\Delta t_i\}$，使每个小时间间隔 Δt_i 都趋于零，便可得路程

$$s = \lim_{\lambda \to 0} \sum_{i=1}^{n} v(\tau_i) \Delta t_i .$$

上述两个引例，一个是几何问题，一个是物理问题，这两个引例的解决方法是完全相同的，如果我们不考虑其问题背景，只从解决方法上来抽象概括，就可以得到定积分的概念.

定义 设函数 $f(x)$ 在 $[a,b]$ 上有界，在 $[a,b]$ 中任意插入 $n-1$ 个分点

$$a = x_0 < x_1 < x_2 < \cdots < x_{n-1} < x_n = b ,$$

把区间 $[a,b]$ 分成 n 个小区间 $[x_0,x_1],[x_1,x_2],\cdots,[x_{i-1},x_i],\cdots,[x_{n-1},x_n]$，各区间长度为

$$\Delta x_1 = x_1 - x_0, \Delta x_2 = x_2 - x_1, \cdots, \Delta x_i = x_i - x_{i-1}, \cdots, \Delta x_n = x_n - x_{n-1}.$$

在每个小区间 $[x_{i-1},x_i]$ 上任取一点 ξ_i，取函数值 $f(\xi_i)$ 与小区间的长度 Δx_i 的乘积，并作和

$$S_n = \sum_{i=1}^{n} f(\xi_i)\Delta x_i .$$

记 $\lambda = \max\{\Delta x_1, \Delta x_2, \cdots, \Delta x_n\}$，不管区间采取如何的分法，$\xi_i$ 如何选取，只要 $\lambda \to 0$ 时，上述的和式 S_n 有确定的极限 I，我们称这个极限 I 为函数 $f(x)$ 在区间 $[a,b]$ 上的定积分，记为

$$\int_a^b f(x)\mathrm{d}x = I = \lim_{\lambda \to 0} \sum_{i=1}^{n} f(\xi_i)\Delta x_i.$$

其中，$f(x)$ 叫作被积函数，$f(x)\mathrm{d}x$ 叫作被积表达式，x 叫作积分变量，$[a,b]$ 叫作被积区间，a 叫作积分下限，b 叫作积分上限.

关于定积分需要做以下几点说明.

（1）如果上述的和式 S_n 极限存在，也即定积分存在，为一个确定的常数. 那么这个常数只和被积函数 $f(x)$ 和区间 $[a,b]$ 长度有关，而与积分变量用哪个字母无关，即

$$\int_a^b f(x)\mathrm{d}x = \int_a^b f(t)\mathrm{d}t = \int_a^b f(u)\mathrm{d}u .$$

（2）定义中区间的分法和 ξ_i 的选取是任意的，这种选取在和式 S_n 极限存在的情况下已经不重要了，因为不管 ξ_i 怎么来取值，最后 S_n 的极限值为一个固定的值，即为定积分.

（3）若 $f(x)$ 在区间 $[a,b]$ 的定积分存在，我们就称 $f(x)$ 在区间 $[a,b]$ 上是可积的，否则称为不可积的，相应地刚才的和式 S_n 通常也被称为积分和.

此时有一个问题需要解决：是不是任意的函数 $f(x)$ 都是可积的呢？这个问题本书不作深入的讨论，只给出下面两个充分条件.

定理1 设函数 $f(x)$ 在区间 $[a,b]$ 上连续，则函数 $f(x)$ 在区间 $[a,b]$ 上可积.

定理2 设函数 $f(x)$ 在区间 $[a,b]$ 上有界，且只有有限个间断点，则函数 $f(x)$ 在区间 $[a,b]$ 上可积.

注：以上两个只是充分条件，不是必要条件.

二、定积分的几何意义

若 $f(x)$ 在区间 $[a,b]$ 上有 $f(x) \geqslant 0$，则 $\int_a^b f(x)\mathrm{d}x$ 表示介于 x 轴、函数曲线 $y = f(x)$ 的图形及两条直线 $x = a$ 与 $x = b$ 之间的曲边梯形的面积.

若 $f(x)$ 在区间 $[a,b]$ 上有 $f(x) \leqslant 0$，则 $\int_a^b f(x) \mathrm{d}x$ 表示介于 x 轴、函数曲线 $y = f(x)$ 的图形及两条直线 $x = a$ 与 $x = b$ 之间的曲边梯形的面积的相反数.

若 $f(x)$ 在区间 $[a,b]$ 上任意，则 $\int_a^b f(x) \mathrm{d}x$ 表示介于 x 轴、函数曲线 $y = f(x)$ 的图形及两条直线 $x = a$ 与 $x = b$ 之间的曲边梯形的面积的代数和.

三、定积分的基本性质

为以后计算定积分以及应用，这里先对定积分做以下两点补充.

（1）当 $a = b$ 时，$\int_a^b f(x) \mathrm{d}x = 0$.

（2）当 $a > b$ 时，$\int_a^b f(x) \mathrm{d}x = -\int_b^a f(x) \mathrm{d}x$.

在以下讨论性质中，均假设被积函数在给定区间上是可积的.

性质 1 $\int_a^b [f(x) \pm g(x)] \mathrm{d}x = \int_a^b f(x) \mathrm{d}x \pm \int_a^b g(x) \mathrm{d}x$.

证 $\int_a^b [f(x) \pm g(x)] \mathrm{d}x = \lim_{\lambda \to 0} \sum_{i=1}^n [f(\xi_i) \pm g(\xi_i)] \Delta x_i$

$$= \lim_{\lambda \to 0} \sum_{i=1}^n f(\xi_i) \Delta x_i \pm \lim_{\lambda \to 0} \sum_{i=1}^n g(\xi_i) \Delta x_i$$

$$= \int_a^b f(x) \mathrm{d}x \pm \int_a^b g(x) \mathrm{d}x.$$

这个性质对于任意有限个函数都是成立的.

性质 2 $\int_a^b kf(x) \mathrm{d}x = k \int_a^b f(x) \mathrm{d}x$（$k$ 是常数）.

证明略，可仿照性质 1 类似证明.

注：性质 1 与性质 2 可结合成 $\int_a^b [k_1 f(x) \pm k_2 g(x)] \mathrm{d}x = k_1 \int_a^b f(x) \mathrm{d}x \pm k_2 \int_a^b g(x) \mathrm{d}x$，也称为线性关系式.

性质 3（区间可加性） $\int_a^b f(x) \mathrm{d}x = \int_a^c f(x) \mathrm{d}x + \int_c^b f(x) \mathrm{d}x$. 其中 a, b, c 位置任意.

证 （1）当 $a < c < b$ 时，因为 $f(x)$ 在区间 $[a,b]$ 上可积，所以无论如何拆分区间 $[a,b]$，积分和的极限总是不变的，即对于和式

$$\sum_{[a,b]} f(\xi_i) \Delta x_i = \sum_{[a,c]} f(\xi_i) \Delta x_i + \sum_{[c,b]} f(\xi_i) \Delta x_i,$$

令 $\lambda \to 0$，取极限后可得

$$\int_a^b f(x) \mathrm{d}x = \int_a^c f(x) \mathrm{d}x + \int_c^b f(x) \mathrm{d}x.$$

（2）当 $a < b < c$ 时，$f(x)$ 在区间 $[a,c]$ 上可积.

由（1）可知 $\int_a^c f(x) \mathrm{d}x = \int_a^b f(x) \mathrm{d}x + \int_b^c f(x) \mathrm{d}x$，

移项得

$$\int_a^b f(x)\mathrm{d}x = \int_a^c f(x)\mathrm{d}x - \int_b^c f(x)\mathrm{d}x$$
$$= \int_a^c f(x)\mathrm{d}x + \int_c^b f(x)\mathrm{d}x .$$

其他情形可以类似证明.

性质 4 若在区间 $[a,b]$ 上, $f(x) \equiv 1$, 则 $\int_a^b 1\mathrm{d}x = \int_a^b \mathrm{d}x = b-a$.

此性质由定积分的几何性质很容易得到, 证明略.

性质 5 若在区间 $[a,b]$ 上, $f(x) \geqslant 0$, 则 $\int_a^b f(x)\mathrm{d}x \geqslant 0$ $(a < b)$.

证 因为 $f(x) \geqslant 0$, 则 $f(\xi_i) \geqslant 0$, 又 $\Delta x_i \geqslant 0$, 故

$$S_n = \sum_{i=1}^n f(\xi_i)\Delta x_i \geqslant 0 ,$$

根据极限的保号性, 可得 $\int_a^b f(x)\mathrm{d}x \geqslant 0$.

推论 1 若在区间 $[a,b]$ 上, $f(x) \geqslant g(x)$, 则 $\int_a^b f(x)\mathrm{d}x \geqslant \int_a^b g(x)\mathrm{d}x$ $(a < b)$.

证 令 $F(x) = f(x) - g(x)$, 根据性质 5 和性质 1 便可直接得到要证明的不等式.

推论 2 $\left| \int_a^b f(x)\mathrm{d}x \right| \leqslant \int_a^b |f(x)|\mathrm{d}x$ $(a < b)$.

证 因为 $-|f(x)| \leqslant f(x) \leqslant |f(x)|$,

由推论 1 和性质 2 可得

$$-\int_a^b |f(x)|\mathrm{d}x \leqslant \int_a^b f(x)\mathrm{d}x \leqslant \int_a^b |f(x)|\mathrm{d}x ,$$

也即

$$\left| \int_a^b f(x)\mathrm{d}x \right| \leqslant \int_a^b |f(x)|\mathrm{d}x .$$

性质 6（估值定理） 若 m, M 分别是 $f(x)$ 在 $[a,b]$ 上的最小值与最大值, 则

$$m(b-a) \leqslant \int_a^b f(x)\mathrm{d}x \leqslant M(b-a) \quad (a < b) .$$

由性质 2 与性质 4 易证明此性质.

注：此性质注意其几何意义的解释.

例 估计定积分 $\int_{\frac{\pi}{4}}^{\frac{\pi}{2}} \frac{\sin x}{x}\mathrm{d}x$ 的值.

解 设 $f(x) = \frac{\sin x}{x}$, 则 $f'(x) = \frac{x\cos x - \sin x}{x^2} = \frac{\cos x(x - \tan x)}{x^2} < 0 \left(x \in \left(\frac{\pi}{4}, \frac{\pi}{2} \right) \right)$.

故 $f(x) = \frac{\sin x}{x}$ 在 $\left(\frac{\pi}{4}, \frac{\pi}{2} \right)$ 单减. 因 $f\left(\frac{\pi}{2} \right) < f(x) < f\left(\frac{\pi}{4} \right)$,

从而

$$\frac{2}{\pi} < \frac{\sin x}{x} < \frac{2\sqrt{2}}{\pi} ,$$

由估值定理便得

$$\frac{1}{2} < \int_{\frac{\pi}{4}}^{\frac{\pi}{2}} \frac{\sin x}{x}\mathrm{d}x < \frac{\sqrt{2}}{2} .$$

性质 7（定积分中值定理） 若 $f(x)$ 在 $[a,b]$ 上连续，则在 $[a,b]$ 上存在一点 ξ，使得

$$\int_a^b f(x)\mathrm{d}x = f(\xi)(b-a)，\quad \xi \in [a,b].$$

证 将性质 6 中的不等式同时除以区间长度 $b-a$，得到

$$m \leqslant \frac{1}{(b-a)} \int_a^b f(x)\mathrm{d}x \leqslant M，$$

此式表明数值 $\dfrac{1}{(b-a)} \displaystyle\int_a^b f(x)\mathrm{d}x$ 介于函数 $f(x)$ 的最小值和最大值之间．由介值定理可知，在区间 $[a,b]$ 上至少存在一点 ξ，使得

$$\frac{1}{(b-a)} \int_a^b f(x)\mathrm{d}x = f(\xi)，$$

即

$$\int_a^b f(x)\mathrm{d}x = f(\xi)(b-a)，\quad \xi \in [a,b].$$

若 $f(x)$ 在 $[a,b]$ 上连续，我们把数值 $\dfrac{1}{(b-a)} \displaystyle\int_a^b f(x)\mathrm{d}x$ 称为函数 $f(x)$ 在区间 $[a,b]$ 上的平均值．

习题 6-1

1．利用几何意义求定积分．

（1） $\displaystyle\int_0^2 3x\mathrm{d}x$；

（2） $\displaystyle\int_0^1 \sqrt{4-x^2}\mathrm{d}x$．

2．比较积分值的大小．

（1） $\displaystyle\int_{\frac{2}{3}} 2x^2\mathrm{d}x$ 与 $\displaystyle\int_{\frac{2}{3}} 3x^3 dx$；

（2） $\displaystyle\int_0^2 (\mathrm{e}^x-1)\mathrm{d}x$ 与 $\displaystyle\int_0^2 x\mathrm{d}x$；

（3） $\displaystyle\int_0^2 \sin x\mathrm{d}x$ 与 $\displaystyle\int_0^2 x\mathrm{d}x$．

3．估计下列积分值．

（1） $\displaystyle\int_0^3 (x^2-2x+3)\mathrm{d}x$；

（2） $\displaystyle\int_0^3 \mathrm{e}^{x^2-x}\mathrm{d}x$；

（3） $\displaystyle\int_1^2 \frac{x}{1+x^2}\mathrm{d}x$；

（4） $\displaystyle\int_1^3 x\mathrm{e}^x\mathrm{d}x$．

第 2 节　定积分基本定理

上节内容中我们给出了定积分的定义以及一系列性质，但是并没有给出一个有效的计算方法，在第 5 章中我们也学习了不定积分，那么这两部分有什么联系吗？牛顿和莱布尼茨找到了这两个概念之间存在着深刻的内在联系，即所谓的"微积分基本定理"，并发现了求定积分的新途径——牛顿-莱布尼茨公式．

一、积分上限的函数

定义 设函数 $f(x)$ 在区间 $[a,b]$ 上连续,于是,对于任意的 $x \in [a,b]$,$\int_a^x f(t)\mathrm{d}t$ 存在且是一个确定的值,从而,

$$\Phi(x) = \int_a^x f(t)\,\mathrm{d}t$$

为定义在 $[a,b]$ 上的一个函数,称之为变上限的定积分或积分上限的函数(见图 **6-2**). 类似地,我们称 $\int_x^b f(t)\mathrm{d}t$ 为变下限的定积分或积分下限函数,同时把这两类函数称之为变限积分.

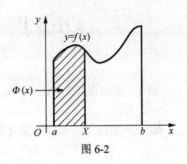

图 6-2

定理 1(微积分基本定理) 设函数 $f(x)$ 在区间 $[a,b]$ 上连续,则 $\Phi(x) = \int_a^x f(t)\,\mathrm{d}t$ 在 $[a,b]$ 上可导,且

$$\Phi'(x) = \frac{\mathrm{d}}{\mathrm{d}x}\int_a^x f(t)\mathrm{d}t = f(x)\,,\quad x \in [a,b]\,.$$

证 设 $x, x+\Delta x \in [a,b]$,$\Phi(x) = \int_a^x f(t)\mathrm{d}t$,$\Phi(x+\Delta x) = \int_a^{x+\Delta x} f(t)\mathrm{d}t$,

$$\begin{aligned}
\Phi(x+\Delta x) - \Phi(x) &= \int_a^{x+\Delta x} f(t)\mathrm{d}t - \int_a^x f(t)\mathrm{d}t \\
&= \int_a^x f(t)\mathrm{d}t + \int_x^{x+\Delta x} f(t)\mathrm{d}t - \int_a^x f(t)\mathrm{d}t \\
&= \int_x^{x+\Delta x} f(t)\mathrm{d}t.
\end{aligned}$$

$$\Phi'(x) = \lim_{\Delta x \to 0} \frac{\Phi(x+\Delta x) - \Phi(x)}{\Delta x} = \lim_{\Delta x \to 0} \frac{1}{\Delta x}\int_x^{x+\Delta x} f(t)\mathrm{d}t.$$

由积分中值定理,存在 $\xi \in [x, \Delta x]$,使得 $\int_x^{x+\Delta x} f(t)\mathrm{d}t = f(\xi)\Delta x$.

当 $\Delta x \to 0$ 时,即 $\xi \to x$,可得

$$\Phi'(x) = \lim_{\xi \to x} f(\xi) = f(x)\,.$$

同理,对于积分下限函数 $\int_x^b f(t)\mathrm{d}t$,依然有

$$\frac{\mathrm{d}}{\mathrm{d}x}\int_x^b f(t)\mathrm{d}t = -\frac{\mathrm{d}}{\mathrm{d}x}\int_b^x f(t)\mathrm{d}t = -f(x)\,.$$

推论 设函数 $f(x)$ 在区间 $[a,b]$ 上连续,$\varphi(x), \psi(x)$ 在区间 $[a,b]$ 上可导,则有

$$\frac{\mathrm{d}}{\mathrm{d}x}\int_{\psi(x)}^{\varphi(x)} f(t)\mathrm{d}t = f[\varphi(x)]\varphi'(x) - f[\psi(x)]\psi'(x)\,.$$

证明略(利用区间可加性和复合函数求导法则).

例 1 求下列函数的导数.

（1）$f(x)=\int_0^x \dfrac{1-u+u^2}{1+u+u^2}\mathrm{d}u$；　　　　（2）$f(x)=\int_0^{x^2}\sin u^2\mathrm{d}u$．

解　（1）由定理 1 可得

$$f'(x)=\frac{1-x+x^2}{1+x+x^2}.$$

（2）可设 $f(x)=\int_0^t \sin u^2\mathrm{d}u$，$t=x^2$，由复合函数求导法则可得

$$f'(x)=2x\sin x^4.$$

例 2　求极限 $\lim\limits_{x\to 0}\dfrac{\int_{\cos x}^1 t\ln t\mathrm{d}t}{x^4}$．

解　此题属于 $\dfrac{0}{0}$ 型，可采用洛必达法则．

$$
\begin{aligned}
\lim_{x\to 0}\frac{\int_{\cos x}^1 t\ln t\mathrm{d}t}{x^4}
&=\lim_{x\to 0}-\frac{\cos x\ln\cos x\cdot(-\sin x)}{4x^3}\\
&=\frac{1}{4}\lim_{x\to 0}\cos x\cdot\lim_{x\to 0}\frac{\sin x}{x}\cdot\lim_{x\to 0}\frac{\ln\cos x}{x^2}\\
&=\frac{1}{4}\lim_{x\to 0}\frac{-\sin x}{2x\cdot\cos x}=-\frac{1}{8}.
\end{aligned}
$$

二、牛顿-莱布尼茨公式

实际上，在定理 1 中可以发现，若 $\Phi'(x)=f(x)$，由原函数的定义可以知道，$\Phi(x)$ 是函数 $f(x)$ 的一个原函数，因此我们可以得到下面一个结论．

定理 2（原函数存在定理）　如果函数 $f(x)$ 在区间 $[a,b]$ 上连续，则函数 $\Phi(x)=\int_a^x f(t)\mathrm{d}t$ 就是 $f(x)$ 在 $[a,b]$ 上的一个原函数．

这个定理的重要意义在于：不但肯定了连续函数的原函数的存在性，同时指出了不定积分和定积分之间的关系．

定理 3（微积分基本公式）　设 $f(x)$ 在 $[a,b]$ 上连续，$F(x)$ 是 $f(x)$ 的一个原函数，则

$$\int_a^b f(x)\mathrm{d}x=F(b)-F(a).$$

证　已知 $F(x)$ 是 $f(x)$ 的一个原函数，$\Phi(x)=\int_a^x f(t)\mathrm{d}t$ 也是 $f(x)$ 的一个原函数，由原函数的概念可知，同一函数的任意两个原函数只相差一个常数，则在 $[a,b]$ 上有

$$F(x)-\Phi(x)=C,$$

由于 $\Phi(a)=0$，即 $F(a)-0=C$，故 $F(a)=C$，

则 $$F(x) = \Phi(x) + F(a),$$

或 $$\Phi(x) = \int_a^x f(t)\mathrm{d}t = F(x) - F(a).$$

特别地，令 $x = b$，即得.

注： $\int_a^b f(x)\mathrm{d}x = \left[F(x) \right]_a^b = F(x)\big|_a^b = F(b) - F(a)$.

牛顿-莱布尼茨公式的重要性在于建立了定积分和原函数之间的联系，同时也给出了计算定积分有效的方法.

例3 求下列定积分.

（1） $\int_0^1 x^2 \mathrm{d}x$ ； （2） $\int_{-2}^{-1} \dfrac{1}{x} \mathrm{d}x$ ； （3） $\int_0^{2\pi} |\sin x| \mathrm{d}x$.

解 （1） $\int_0^1 x^2 \mathrm{d}x = \dfrac{1}{3} x^3 \Big|_0^1 = \dfrac{1}{3}$ ；

（2） $\int_{-2}^{-1} \dfrac{1}{x} \mathrm{d}x = \ln |x| \big|_{-2}^{-1} = -\ln 2$ ；

（3） $\int_0^{2\pi} |\sin x| \mathrm{d}x = \int_0^{\pi} \sin x \mathrm{d}x - \int_{\pi}^{2\pi} \sin x \mathrm{d}x = -\cos x \big|_0^{\pi} + \cos x \big|_{\pi}^{2\pi} = 4$.

注： 若计算 $\int_{-1}^1 \dfrac{1}{x^2} \mathrm{d}x = -\dfrac{1}{x} \Big|_{-1}^1 = -2$ ，这种计算就是错的，正确解法在第 5 节中再给出.

例4 已知方程 $x^3 - \int_0^{y^2} \mathrm{e}^{-t^2} \mathrm{d}t + y^3 + 4 = 0$ 确定隐函数 $y = f(x)$ ，求 y' .

解 利用隐函数求导法则可得

$$3x^2 - 2yy'\mathrm{e}^{-y^4} + 3y^2 y' = 0,$$

化简即得 $$y' = \frac{3x^2}{2y\mathrm{e}^{-y^4} - 3y^2}.$$

例5 设 $f(x) = \begin{cases} x^2, & x \in [0, \ 1], \\ x, & x \in [1, \ 2], \end{cases}$ 求 $\Phi(x) = \int_0^x f(t)\mathrm{d}t, x \in [0, 2]$.

解 当 $0 \leqslant x \leqslant 1$ 时， $\Phi(x) = \int_0^x f(t)\mathrm{d}t = \int_0^x t^2 \mathrm{d}t = \dfrac{1}{3} x^3$ ，

当 $1 \leqslant x \leqslant 2$ 时， $\Phi(x) = \int_0^x f(t)\mathrm{d}t = \int_0^1 f(t)\mathrm{d}t + \int_1^x f(t)\mathrm{d}t$

$$= \int_0^1 t^2 \mathrm{d}t + \int_1^x t\,\mathrm{d}t = \frac{1}{3} + \frac{x^2 - 1}{2} = \frac{x^2}{2} - \frac{1}{6}.$$

故 $$\Phi(x) = \begin{cases} \dfrac{x^3}{3}, & 0 \leqslant x \leqslant 1, \\ \dfrac{x^2}{2} - \dfrac{1}{6}, & 1 \leqslant x \leqslant 2. \end{cases}$$

习题 6-2

1. 求下列函数的导数.

（1） $\dfrac{\mathrm{d}}{\mathrm{d}x}\displaystyle\int_0^x \sqrt{1+t^3}\,\mathrm{d}t$;　　　（2） $\dfrac{\mathrm{d}}{\mathrm{d}x}\displaystyle\int_{x^2}^{\pi} \dfrac{\sin t}{t^2}\,\mathrm{d}t$;　　　（3） $\dfrac{\mathrm{d}}{\mathrm{d}x}\displaystyle\int_{\cos x}^{\sin x} \sin(\pi y)\,\mathrm{d}y$.

2. 求下列极限.

（1） $\displaystyle\lim_{x\to 0}\dfrac{\displaystyle\int_0^x \cos t^2\,\mathrm{d}t}{x}$;　　（2） $\displaystyle\lim_{x\to 0}\dfrac{\displaystyle\int_0^x \arctan t\,\mathrm{d}t}{1-\cos x}$;　　（3） $\displaystyle\lim_{x\to 0}\dfrac{\left(\displaystyle\int_0^x \mathrm{e}^{t^2}\,\mathrm{d}t\right)^2}{\displaystyle\int_0^x t\mathrm{e}^{2t^2}\,\mathrm{d}t}$.

3. 求下列定积分的值.

（1） $\displaystyle\int_1^8 \dfrac{\mathrm{d}x}{\sqrt[3]{x}}$;　　　　（2） $\displaystyle\int_0^3 \dfrac{\mathrm{d}x}{\sqrt{9-x^2}}$;

（3） $\displaystyle\int_{-2}^1 \left|x^2-x\right|\mathrm{d}x$;　　（4） $\displaystyle\int_{\frac{\pi}{6}}^{\frac{\pi}{3}} (\tan x)^2\,\mathrm{d}x$.

4. 设由方程 $\displaystyle\int_1^{y^2}\ln t\,\mathrm{d}t+\int_x^3 \sin 2t\,\mathrm{d}t=1$ 所确定的隐函数为 $y=y(x)$ ，求其导数 $\dfrac{\mathrm{d}y}{\mathrm{d}x}$.

5. 设函数 $f(x)=\begin{cases} x, & 0\leqslant x\leqslant \dfrac{\pi}{2}, \\ \sin x, & x>\dfrac{\pi}{2}, \end{cases}$ 求 $\displaystyle\int_0^{\pi} f(x)\,\mathrm{d}x$.

第 3 节　定积分的计算

由上节的牛顿-莱布尼茨公式可知，计算定积分的有效、简便的方法就是求出相应函数的原函数，那么第 5 章中的换元积分法、分部积分法也应在定积分的计算中适用，这一节用这两种方法讨论定积分的计算.

一、定积分的换元积分法

定理 1　设 $f(x)$ 在 $[a,b]$ 上连续，$x=\varphi(t)$ 满足下列条件：

（1） $x=\varphi(t)$ 在区间 $[a,b]$ 上单调且有连续导数；

（2） $\varphi(\alpha)=a$ ，　$\varphi(\beta)=b$ ，且当 t 在区间 $[\alpha,\beta]$ 上变化时，x 在 $[a,b]$ 上变化，

则有

$$\int_a^b f(x)\mathrm{d}x=\int_\alpha^\beta f(\varphi(t))\varphi'(t)\mathrm{d}t .$$

此即为定积分的换元积分公式.

证　由上式两边被积函数连续，原函数存在，设 $F(x)$ 是 $f(x)$ 的一个原函数，则

$$\int_a^b f(x)\mathrm{d}x = F(b) - F(a),$$

而 $\Phi(t) = F\big[\varphi(t)\big]$ 是 $f\big(\varphi(t)\big)\varphi'(t)$ 的原函数，则

$$\int_\alpha^\beta f\big(\Phi(t)\big)\Phi'(t)\mathrm{d}t = \Phi(\beta) - \Phi(\alpha)$$
$$= F[\varphi(\beta)] - F[\varphi(\alpha)]$$
$$= F(b) - F(a).$$

由上两式可得定理结论.

注：① 用 $x = \varphi(t)$ 把原来的变量 x 代换成新变量 t 时，积分限也要换成相应于新变量 t 的积分限.

② 求出 $f\big(\varphi(t)\big)\varphi'(t)$ 的一个原函数 $\Phi(x)$ 后，不必要再把 $\Phi(x)$ 变换成原来变量 x 的函数，而只要把新变量 t 的上、下限分别代入 $\Phi(t)$ 相减就可以了.

例1 计算 $\int_0^{\frac{\pi}{2}} \cos^5 x \sin x\mathrm{d}x$.

解 $\int_0^{\frac{\pi}{2}} \cos^5 x \sin x\mathrm{d}x = -\int_0^{\frac{\pi}{2}} \cos^5 x\mathrm{d}(\cos x)$

$$= -\left[\frac{\cos^6 x}{6}\right]_0^{\frac{\pi}{2}} = -\left(0 - \frac{1}{6}\right) = \frac{1}{6}.$$

注：在此例中，如果我们不明显地写出新变量 t，那么定积分的上、下限就不要变更.

例2 计算 $\int_0^a \sqrt{a^2 - x^2}\,\mathrm{d}x \ (a > 0)$.

解 设 $x = a\sin t$，则 $\mathrm{d}x = a\cos t\mathrm{d}t$，且当 $x = 0$ 时，$t = 0$，当 $x = a$ 时，$t = \frac{\pi}{2}$，于是

$$\int_0^a \sqrt{a^2 - x^2}\,\mathrm{d}x = a^2 \int_0^{\frac{\pi}{2}} \cos^2 t\mathrm{d}t = \frac{a^2}{2} \int_0^{\frac{\pi}{2}} (1 + \cos 2t)\mathrm{d}t$$

$$= \frac{a^2}{2}\left[t + \frac{1}{2}\sin 2t\right]_0^{\frac{\pi}{2}} = \frac{\pi a^2}{4}.$$

例3 证明：（1）若函数 $f(x)$ 在区间 $[-a, a]$ 上连续且为偶函数，则

$$\int_{-a}^a f(x)\mathrm{d}x = 2\int_0^a f(x)\mathrm{d}x.$$

（2）若函数 $f(x)$ 在区间 $[-a, a]$ 上连续且为奇函数，则

$$\int_{-a}^a f(x)\mathrm{d}x = 0.$$

证 $\int_{-a}^a f(x)\mathrm{d}x = \int_{-a}^0 f(x)\mathrm{d}x + \int_0^a f(x)\mathrm{d}x$,

对积分 $\int_{-a}^0 f(x)\mathrm{d}x$ 作代换 $x = -t$，则可得

$$\int_{-a}^{0} f(x)\mathrm{d}x = -\int_{a}^{0} f(-t)\mathrm{d}t = \int_{0}^{a} f(-t)\mathrm{d}t = \int_{0}^{a} f(-x)\mathrm{d}x,$$

所以

$$\int_{-a}^{a} f(x)\mathrm{d}x = \int_{0}^{a} f(-x)\mathrm{d}x + \int_{0}^{a} f(x)\mathrm{d}x$$

$$= \int_{0}^{a} [f(x) + f(-x)]\mathrm{d}x.$$

（1）若 $f(x)$ 为偶函数，则

$$f(x) + f(-x) = 2f(x),$$

所以

$$\int_{-a}^{a} f(x)\mathrm{d}x = 2\int_{0}^{a} f(x)\mathrm{d}x.$$

（2）若 $f(x)$ 为奇函数，则

$$f(x) + f(-x) = 0,$$

所以

$$\int_{-a}^{a} f(x)\mathrm{d}x = 0.$$

注：利用本例，常可简化计算奇函数、偶函数在对称区间上的定积分.

例4　设 $f(x)$ 在区间 $[0,1]$ 上连续，证明：

（1）　$\int_{0}^{\frac{\pi}{2}} f(\sin x)\mathrm{d}x = \int_{0}^{\frac{\pi}{2}} f(\cos x)\mathrm{d}x$.

（2）　$\int_{0}^{\pi} xf(\sin x)\mathrm{d}x = \frac{\pi}{2}\int_{0}^{\pi} f(\sin x)\mathrm{d}x = \pi\int_{0}^{\frac{\pi}{2}} f(\sin x)\mathrm{d}x$.

证　（1）令 $x = \frac{\pi}{2} - u$，则

$$\int_{0}^{\frac{\pi}{2}} f(\sin x)\mathrm{d}x = -\int_{\frac{\pi}{2}}^{0} f(\cos u)\mathrm{d}u = \int_{0}^{\frac{\pi}{2}} f(\cos x)\mathrm{d}x.$$

（2）令 $x = \pi - u$，$\mathrm{d}x = -\mathrm{d}u$，

$$\int_{0}^{\pi} xf(\sin x)\mathrm{d}x = \int_{0}^{\pi} (\pi - u)f(\sin u)\mathrm{d}u = \int_{0}^{\pi} \pi f(\sin u)\mathrm{d}u - \int_{0}^{\pi} uf(\sin u)\mathrm{d}u,$$

移项即得

$$\int_{0}^{\pi} xf(\sin x)\mathrm{d}x = \frac{\pi}{2}\int_{0}^{\pi} f(\sin x)\mathrm{d}x.$$

又

$$\int_{0}^{\pi} xf(\sin x)\mathrm{d}x = \int_{0}^{\frac{\pi}{2}} xf(\sin x)\mathrm{d}x + \int_{\frac{\pi}{2}}^{\pi} xf(\sin x)\mathrm{d}x,$$

令 $x = \pi - u$，$\mathrm{d}x = -\mathrm{d}u$，

$$\int_{\frac{\pi}{2}}^{\pi} xf(\sin x)\mathrm{d}x = \int_{0}^{\frac{\pi}{2}} \pi f(\sin u)\mathrm{d}u - \int_{0}^{\frac{\pi}{2}} uf(\sin u)\mathrm{d}u,$$

于是

$$\int_{0}^{\pi} xf(\sin x)\mathrm{d}x = \pi\int_{0}^{\frac{\pi}{2}} f(\sin x)\mathrm{d}x.$$

例如，$\displaystyle\int_0^\pi \frac{x\sin x}{1+\cos^2 x}\mathrm{d}x = \frac{\pi}{2}\int_0^\pi \frac{\sin x}{1+\cos^2 x}\mathrm{d}x = \frac{\pi}{2}\left[-\arctan\cos x\right]_0^\pi = \frac{\pi^2}{4}$.

二、定积分的分部积分法

定理 2 设 $u(x)$，$v(x)$ 在 $[a,b]$ 上连续可导，则有分部积分公式：

$$\int_a^b u(x)v'(x)\mathrm{d}x = u(x)v(x)\Big|_a^b - \int_a^b u'(x)v(x)\mathrm{d}x$$

或

$$\int_a^b u\mathrm{d}v = uv\Big|_a^b - \int_a^b v\mathrm{d}u .$$

证 由 $(uv)' = u'v + uv'$，等式两边积分可得

$$\int_a^b uv'\mathrm{d}x = \int_a^b (uv)'\mathrm{d}x - \int_a^b u'v\mathrm{d}x ,$$

即得

$$\int_a^b u(x)v'(x)\mathrm{d}x = u(x)v(x)\Big|_a^b - \int_a^b u'(x)v(x)\mathrm{d}x .$$

例 5 计算 $\displaystyle\int_0^{\frac{1}{2}} \arcsin x\,\mathrm{d}x$.

解 $\displaystyle\int_0^{\frac{1}{2}} \arcsin x\,\mathrm{d}x = x\arcsin x\Big|_0^{\frac{1}{2}} - \int_0^{\frac{1}{2}} \frac{x}{\sqrt{1-x^2}}\mathrm{d}x$

$$= \frac{1}{2}\cdot\frac{\pi}{6} + \sqrt{1-x^2}\Big|_0^{\frac{1}{2}} = \frac{\pi}{12} + \frac{\sqrt{3}}{2} - 1 .$$

例 6 计算 $\displaystyle I_n = \int_0^{\frac{\pi}{2}} \sin^n x\,\mathrm{d}x$.

解 $\displaystyle I_n = \int_0^{\frac{\pi}{2}} -\sin^{n-1} x\,\mathrm{d}\cos x = -\cos x\sin^{n-1} x\Big|_0^{\frac{\pi}{2}} + \int_0^{\frac{\pi}{2}} (n-1)\sin^{n-2} x\cos^2 x\,\mathrm{d}x$

$$= (n-1)\int_0^{\frac{\pi}{2}} \sin^{n-2} x\,\mathrm{d}x - (n-1)\int_0^{\frac{\pi}{2}} \sin^n x\,\mathrm{d}x$$

$$= (n-1)I_{n-2} - (n-1)I_n .$$

依此类推 $\displaystyle I_n = \frac{(n-1)}{n}I_{n-2} = \frac{(n-1)(n-3)}{n(n-2)}I_{n-4} = \cdots$

又因为 $\displaystyle I_0 = \int_0^{\frac{\pi}{2}} \mathrm{d}x = \frac{\pi}{2}$，$\displaystyle I_1 = \int_0^{\frac{\pi}{2}} \sin x\,\mathrm{d}x = 1$，

根据 $\displaystyle\int_0^{\frac{\pi}{2}} f(\sin x)\mathrm{d}x = \int_0^{\frac{\pi}{2}} f(\cos x)\mathrm{d}x$，于是有

$$\int_0^{\frac{\pi}{2}} \sin^n x\,\mathrm{d}x = \int_0^{\frac{\pi}{2}} \cos^n x\,\mathrm{d}x = \begin{cases} \dfrac{n-1}{n}\cdot\dfrac{n-3}{n-2}\cdots\dfrac{2}{3}, & n\text{为奇数,} \\[2mm] \dfrac{n-1}{n}\cdot\dfrac{n-3}{n-2}\cdots\dfrac{1}{2}\cdot\dfrac{\pi}{2}, & n\text{为偶数.} \end{cases}$$

注：此公式也称为华里士公式.

例7 利用例 6 的结果计算以下定积分.

（1）$\int_0^{\frac{\pi}{2}} \sin^5 x \mathrm{d}x$ ；

（2）$\int_0^{\pi} \cos^8 x \mathrm{d}x$ ；

（3）$\int_0^{\frac{\pi}{4}} \cos^7 2x \mathrm{d}x$ ；

（4）$\int_0^{\pi} \sin^6 \left(\dfrac{x}{2}\right) \mathrm{d}x$.

解　（1）$\int_0^{\frac{\pi}{2}} \sin^5 x \mathrm{d}x = \dfrac{4}{5} \cdot \dfrac{2}{3} = \dfrac{8}{15}$ ；

（2）$\int_0^{\pi} \cos^8 x \mathrm{d}x = 2 \int_0^{\frac{\pi}{2}} \cos^8 x \mathrm{d}x = 2 \cdot \dfrac{7}{8} \cdot \dfrac{5}{6} \cdot \dfrac{3}{4} \cdot \dfrac{1}{2} \cdot \dfrac{\pi}{2} = \dfrac{35\pi}{128}$ ；

（3）令 $t = 2x$，$\mathrm{d}x = \dfrac{1}{2} \mathrm{d}t$ ，且由 $x = 0$ ，得 $t = 0$ ；由 $x = \dfrac{\pi}{4}$ ，得 $t = \dfrac{\pi}{2}$.

故　　$\int_0^{\frac{\pi}{4}} \cos^7 2x \mathrm{d}x = \int_0^{\frac{\pi}{2}} \cos^7 t \cdot \dfrac{1}{2} \mathrm{d}t = \dfrac{1}{2} \int_0^{\frac{\pi}{2}} \cos^7 t \mathrm{d}t = \dfrac{1}{2} \cdot \dfrac{6}{7} \cdot \dfrac{4}{5} \cdot \dfrac{2}{3} = \dfrac{8}{35}$ ；

（4）令 $t = \dfrac{x}{2}$ ，得

$$\int_0^{\pi} \sin^6 \left(\dfrac{x}{2}\right) \mathrm{d}x = 2 \int_0^{\frac{\pi}{2}} \sin^6 t \mathrm{d}t = 2 \cdot \dfrac{5}{6} \cdot \dfrac{3}{4} \cdot \dfrac{1}{2} \cdot \dfrac{\pi}{2} = \dfrac{5\pi}{16}$$.

习题 6-3

1. 用换元积分法计算以下积分.

（1）$\int_1^2 \dfrac{1}{(5x+1)^2} \, \mathrm{d}x$ ；

（2）$\int_0^{\frac{\pi}{2}} \cos\alpha \sin^3 \alpha \mathrm{d}\alpha$ ；

（3）$\int_0^2 \dfrac{2x^3}{x^2+1} \, \mathrm{d}x$ ；

（4）$\int_1^{\mathrm{e}^3} \dfrac{\mathrm{d}x}{x\sqrt{1+\ln x}}$ ；

（5）$\int_0^{\sqrt{3}} \sqrt{3-x^2} \, \mathrm{d}x$ ；

（6）$\int_{-\frac{\pi}{2}}^{\frac{\pi}{2}} \sqrt{\cos x - \cos^3 x} \, \mathrm{d}x$ ；

（7）$\int_{\frac{\sqrt{3}}{3}}^{1} \dfrac{\mathrm{d}x}{x^2 \sqrt{1+x^2}}$ ；

（8）$\int_{\ln 2}^{\ln 4} \dfrac{\mathrm{d}x}{\mathrm{e}^x - \mathrm{e}^{-x}}$ ；

（9）$\int_3^4 \dfrac{\mathrm{d}x}{x^2 + x - 2}$.

2. 用分部积分法计算以下积分.

（1）$\int_1^4 \dfrac{\ln x}{\sqrt{x}} \mathrm{d}x$ ；

（2）$\int_0^1 x \arctan x \mathrm{d}x$ ；

（3）$\int_0^1 x \mathrm{e}^{-x} \mathrm{d}x$ ；

（4）$\int_{\frac{\pi}{4}}^{\frac{\pi}{3}} \dfrac{x}{\sin^2 x} \mathrm{d}x$ ；

（5）$\int_{\frac{1}{\mathrm{e}}}^{\mathrm{e}} |\ln x| \mathrm{d}x$ ；

（6）$\int_0^{2\pi} |x \sin x| \mathrm{d}x$.

3．计算以下积分．

（1）$\int_{-1}^{1}\dfrac{2+\sin x}{1+x^2}\mathrm{d}x$；

（2）$\int_{-2}^{2}\dfrac{x+\mid x\mid}{2+x^2}\mathrm{d}x$；

（3）$\int_{\frac{\pi}{3}}^{\frac{\pi}{3}}\sin^2 x\left[1+\ln(x+\sqrt{1+x^2})\right]\mathrm{d}x$．

4．证明：$\int_{0}^{1}x^m(1-x)^n\mathrm{d}x=\int_{0}^{1}x^n(1-x)^m\mathrm{d}x$，（其中 m,n 为任意常数）．

第4节　定积分的几何应用

定积分的应用十分广泛，我们在本节主要解决一些几何问题中的应用，关于在经济理论中的应用将在第 10 章中专题来讲．通过本节的学习，不仅要掌握计算某些实际问题的公式，更要领会定积分解决问题的方法——微元法．

一、微元法

在利用定积分求解曲边梯形的面积和变速直线运动的路程中，我们经过了"分割、近似代替、求和、取极限"的过程，而这种方法也是用定积分解决其他应用问题的手段，我们把这种手段称为微元法．

这个方法的主要条件如下．

（1）所求量 U 与变量 x 的变化区间 $[a,b]$ 有关．

（2）所求量 U 对 $[a,b]$ 具有可加性：$U=\sum\Delta U$．

在 $[a,b]$ 中的任意小区间 $[x,x+\mathrm{d}x]$ 上找出 U 的部分量的近似值 $\mathrm{d}U=f(x)\mathrm{d}x$，则微分的无限积累即 $U=\int_{a}^{b}f(x)\mathrm{d}x$．

求量 U 这种方法叫作定积分的微元法（或元素法）．其中 $\mathrm{d}U=f(x)\mathrm{d}x$ 称为量 U 的微元．

二、平面图形的面积

（1）求由上、下两条曲线 $y=f(x)$，$y=g(x)\left(f(x)\geqslant g(x)\right)$ 和 $x=a$，$x=b\,(a<b)$ 所围成的图形的面积（见图 6-3）．

在 $[x,x+\mathrm{d}x]$ 上，面积微元为

$$\mathrm{d}A=\left[f(x)-g(x)\right]\mathrm{d}x，$$

所求的面积为

$$A=\int_{a}^{b}\left[f(x)-g(x)\right]\mathrm{d}x，$$

这是以 x 为积分变量的面积表达式．

（2）同理，求由左、右两条曲线 $x=\varphi(y)$，

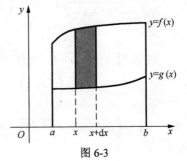

图 6-3

$x = \psi(y) \; (\varphi(y) \geqslant \psi(y))$ 及直线 $y = c$，$y = d$ $(c < d)$ 围成的图形，其面积的微元为
$$dA = \left[\varphi(y) - \psi(y)\right]dy,$$
则所求的面积为
$$A = \int_c^d \left[\varphi(y) - \psi(y)\right]dy,$$
这是以 y 为积分变量的面积表达式.

例1　求由两条抛物线 $y^2 = x$，$y = x^2$ 所围成的图形的面积.

解　由方程组 $\begin{cases} y^2 = x, \\ y = x^2, \end{cases}$ 可以解出两曲线交点（0,0）和（1,1）.

若以 x 为积分变量，面积微元为
$$dA = \left(\sqrt{x} - x^2\right)dx,$$

则
$$A = \int_0^1 \left(\sqrt{x} - x^2\right)dx = \left[\frac{2}{3}x^{\frac{3}{2}} - \frac{1}{3}x^3\right]_0^1 = \frac{1}{3};$$

若以 y 为积分变量，面积微元为
$$dA = \left(\sqrt{y} - y^2\right)dy,$$

则
$$A = \int_0^1 \left(\sqrt{y} - y^2\right)dy = \left[\frac{2}{3}y^{\frac{3}{2}} - \frac{1}{3}y^3\right]_0^1 = \frac{1}{3}.$$

例2　求由抛物线 $y^2 = 2x$ 与直线 $y = x - 4$ 围成的图形的面积.

解　由方程组 $\begin{cases} y^2 = 2x, \\ y = x - 4, \end{cases}$ 可以解出交点坐标为 $(2,-2)$ 与 $(8,4)$，如图 6-4 所示.

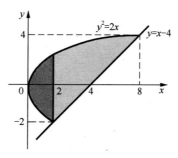

图 6-4

在区间 $[x, x+dx]$ 上，面积微元为
$$dA_1 = \left(\sqrt{2x} - \left(-\sqrt{2x}\right)\right)dx, \quad dA_2 = \left(\sqrt{2x} - x + 4\right)dx,$$

则
$$A = \int_0^2 2\sqrt{2x}dx + \int_2^8 \left(\sqrt{2x} - x + 4\right)dx = \frac{2}{3}(2x)^{\frac{3}{2}}\bigg|_0^2 + \left(\frac{1}{3}(2x)^{\frac{3}{2}} - \frac{1}{2}x^2 + 4x\right)\bigg|_2^8$$

$$= 18.$$

在区间 $[y, y + \mathrm{d}y]$ 上，面积微元为

$$\mathrm{d}A = \left(y + 4 - \frac{1}{2}y^2 \right)\mathrm{d}y,$$

则

$$A = \int_{-2}^{4} \left[(y + 4) - \frac{1}{2}y^2 \right]\mathrm{d}y = \frac{1}{2}(y + 4)^2 \Big|_{-2}^{4} - \frac{1}{6}y^3 \Big|_{-2}^{4}$$

$$= 30 - 12 = 18.$$

三、立体的体积

1. 旋转体体积

旋转体是由某平面内一个图形绕平面内的一条直线旋转一周而成的立体，这条定直线称为旋转体的轴. 常见的旋转体有圆锥（由三角形绕一个直角边旋转一周）、圆柱（由矩形绕一条边旋转一周）、球体（由半圆绕它的直径旋转一周）等.

假设旋转体是由连续曲线 $y = f(x)$ 与直线 $x = a$，$x = b\ (a < b)$ 及 x 轴所围成的曲边梯形绕 x 轴旋转而成（见图 6-5），现计算它的体积 V.

取 x 为积分变量，x 的变化区间为 $[a, b]$，过点 x 且垂直于 x 轴的截面面积为

$$A(x) = \pi y^2 = \pi \left[f(x) \right]^2,$$

旋转体体积为

$$V_x = \int_a^b \pi y^2 \mathrm{d}x \quad \text{或} \quad V_x = \int_a^b \pi f^2(x)\mathrm{d}x.$$

类似地，由连续曲线 $x = g(y)$ 与直线 $y = c$，$y = d\ (c < d)$ 及 y 轴围成的曲边梯形绕 y 轴旋转而成的旋转体的体积为

$$V_y = \int_c^d \pi x^2 \mathrm{d}y \quad \text{或} \quad V_y = \int_c^d \pi g^2(y)\mathrm{d}y.$$

例 3 求由椭圆 $\dfrac{x^2}{a^2} + \dfrac{y^2}{b^2} = 1$ 所围成的图形绕 x 轴旋转而成的旋转椭球体的体积.

解 这个旋转椭球体可看作由上半椭圆 $y = \dfrac{b}{a}\sqrt{a^2 - x^2}$ 及 x 轴围成的图形绕 x 轴旋转而成的立体，取 x 作积分变量，那么 $-a \leqslant x \leqslant a$，体积的微元为

$$\mathrm{d}V_x = \pi \left[\frac{b}{a}\sqrt{a^2 - x^2} \right]^2 \mathrm{d}x = \frac{b^2}{a^2}\pi \left(a^2 - x^2 \right)\mathrm{d}x,$$

则所求体积为

$$V_x = \int_{-a}^{a} \pi \left(\frac{b}{a}\sqrt{a^2 - x^2} \right)^2 \mathrm{d}x = 2\pi \cdot \frac{b^2}{a^2} \int_0^a \left(a^2 - x^2 \right)\mathrm{d}x$$

$$= \frac{4}{3}\pi a b^2.$$

例 4 求 $(x-2)^2 + y^2 = 1$（见图 6-6）绕 y 轴旋转所得旋转体的体积.

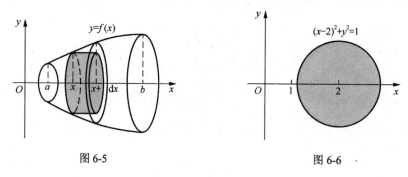

图 6-5 图 6-6

解 此旋转体可以看作由 $x_1 = 2 - \sqrt{1-y^2}$，$x_2 = 2 + \sqrt{1-y^2}$，$(-1 \leqslant y \leqslant 1)$ 绕 y 轴旋转所得旋转体.

那么对于这两部分可以分别求其绕 y 轴旋转所得旋转体体积，即为

$$V_1 = \int_{-1}^{1} \pi x_1^2 \mathrm{d}y，\quad V_2 = \int_{-1}^{1} \pi x_2^2 \mathrm{d}y，$$

则

$$
\begin{aligned}
V = V_2 - V_1 &= \int_{-1}^{1} \pi \left(x_2^2 - x_1^2 \right) \mathrm{d}y \\
&= \int_{-1}^{1} \pi \left[\left(2 + \sqrt{1-y^2} \right)^2 - \left(2 - \sqrt{1-y^2} \right)^2 \right] \mathrm{d}y \\
&= 16\pi \int_{0}^{1} \sqrt{1-y^2} \, \mathrm{d}y \\
&= 16\pi \int_{0}^{\frac{\pi}{2}} \cos^2 \theta \, \mathrm{d}\theta = 4\pi^2.
\end{aligned}
$$

2. 平面截面面积已知的立体体积

假设有一立体，在分别过点 $x = a$，$x = b$ 且垂直于 x 轴的两平面之间，它被垂直于 x 轴的平面所截的截面面积为已知的连续函数 $A(x)$，求该立体的体积.

取 x 为积分变量，积分区间为 $[a,b]$，在 $[a,b]$ 上取一个区间微元 $[x, x+\mathrm{d}x]$，相应于该薄片的体积近似于底面积为 $A(x)$，高为 $\mathrm{d}x$ 的扁柱体体积，即体积微元为

$$\mathrm{d}V = A(x)\mathrm{d}x，$$

则所求立体的体积为

$$V = \int_a^b A(x)\mathrm{d}x.$$

例 5 设有一底圆半径为 R 的圆柱，被一与圆柱面底圆直径交角为 α 的平面所截，求截下的楔形体体积.

解 底圆方程为 $x^2 + y^2 = R^2$，立体中过点 x 且垂直于 x 轴的截面是直角三角

形，其面积为 $A(x)=\dfrac{1}{2}\cdot y\cdot y\tan\alpha=\dfrac{1}{2}\left(R^2-x^2\right)\tan\alpha$ ，故楔形体体积为

$$V=\int_{-R}^{R}A(x)\mathrm{d}x=\int_{-R}^{R}\frac{1}{2}\tan\alpha\left(R^2-x^2\right)\mathrm{d}x=\frac{2}{3}R^3\tan\alpha .$$

习题 6-4

1．求由 $y=3-x^2,y=2x$ 所围成平面图形的面积．

2．求由 $xy=3,y+x=4$ 所围成平面图形的面积．

3．求由 $y=\sin x\left(0\leqslant x\leqslant\dfrac{\pi}{2}\right),y=1,x=0$ 所围成平面图形的面积．

4．求由 $y=\dfrac{x^2}{2},x^2+y^2=8(y>0)$ 所围成平面图形的面积．

5．求由 $y=\sin x,x=0,x=\dfrac{\pi}{2},y=0$ 所围成的平面绕 x 轴旋转所成立体体积 V_x ．

6．求由 $y=\sqrt{x},x=1,x=4,y=0$ 所围成的平面绕 x 轴旋转所成立体体积 V_x ，绕 y 轴旋转所成立体体积 V_y ．

7．求由 $y=2x-x^2,y=0$ 所围成的平面绕 y 轴旋转所成立体体积 V_y ．

8．证明：由平面 $0\leqslant a\leqslant x\leqslant b$ ， $0\leqslant y\leqslant f(x)$ 绕 y 轴旋转所得旋转体的体积为 $V=2\pi\int_{a}^{b}xf(x)\mathrm{d}x$ ．

第5节 反常积分

在前面的定积分讨论中，我们都假设被积区间是有限的和被积函数是有界函数，但是在某些实际应用或者理论研究中，这些假设不一定都成立，因此我们需要进一步把定积分进行推广——无穷区间上的积分和无界函数的积分，我们把这两类积分称为反常积分（或广义积分），相应地，前面讲的定积分称为正常积分（或常义积分）．

一、无穷区间上的反常积分

定义 1　设函数 $f(x)$ 在区间 $[a,+\infty)$ 上连续，如果极限 $\lim\limits_{b\to+\infty}\int_{a}^{b}f(x)\mathrm{d}x$ 存在，则称此极限为函数 $f(x)$ 在无穷区间 $[a,+\infty)$ 上的反常积分（简称为无穷积分），记为 $\int_{a}^{+\infty}f(x)\mathrm{d}x$ ，即

$$\int_{a}^{+\infty}f(x)\mathrm{d}x=\lim_{b\to+\infty}\int_{a}^{b}f(x)\mathrm{d}x .$$

此时也可称反常积分 $\int_{a}^{+\infty}f(x)\mathrm{d}x$ 收敛；如果极限 $\lim\limits_{b\to+\infty}\int_{a}^{b}f(x)\mathrm{d}x$ 不存在，则称反常

积分 $\int_a^{+\infty} f(x)\mathrm{d}x$ 发散.

类似地，可定义函数 $f(x)$ 在无穷区间 $(-\infty, b]$ 上的反常积分：

$$\int_{-\infty}^b f(x)\mathrm{d}x = \lim_{a \to +\infty} \int_a^b f(x)\mathrm{d}x .$$

如果极限 $\lim_{a \to -\infty} \int_a^b f(x)\mathrm{d}x$ 存在，则称反常积分 $\int_{-\infty}^b f(x)\mathrm{d}x$ 收敛，否则称反常积分 $\int_{-\infty}^b f(x)\mathrm{d}x$ 发散.

对于函数 $f(x)$ 在无穷区间 $(-\infty, +\infty)$ 上的反常积分，我们定义为

$$\int_{-\infty}^{+\infty} f(x)\mathrm{d}x = \int_{-\infty}^c f(x)\mathrm{d}x + \int_c^{+\infty} f(x)\mathrm{d}x ,$$

其中 c 为任意实数. 如果上述等式右边两个反常积分都收敛，则称反常积分 $\int_{-\infty}^{+\infty} f(x)\mathrm{d}x$ 是收敛的；如右边两个反常积分有一个不收敛，则称反常积分 $\int_{-\infty}^{+\infty} f(x)\mathrm{d}x$ 发散.

例 1 计算以下反常积分.

（1） $\int_0^{+\infty} t\mathrm{e}^{-pt}\mathrm{d}t$ （其中 p 为常数，且 $p > 0$）；　　　　（2） $\int_{-\infty}^{+\infty} \dfrac{1}{1+x^2}\mathrm{d}x$.

解 （1） $\displaystyle\int_0^{+\infty} t\mathrm{e}^{-pt}\mathrm{d}t = -\frac{1}{p}\int_0^{+\infty} t\mathrm{d}\mathrm{e}^{-pt}$

$$= -\frac{t}{p}\mathrm{e}^{-pt}\Big|_0^{+\infty} + \frac{1}{p}\int_0^{+\infty} \mathrm{e}^{-pt}\mathrm{d}t$$

$$= -\frac{t}{p}\mathrm{e}^{-pt}\Big|_0^{+\infty} - \frac{1}{p^2}\mathrm{e}^{-pt}\Big|_0^{+\infty}$$

$$= -\frac{1}{p}\lim_{t \to +\infty} t\mathrm{e}^{-pt} - 0 - \frac{1}{p^2}(0-1) = \frac{1}{p^2} ;$$

（2） $\displaystyle\int_{-\infty}^{+\infty} \frac{1}{1+x^2}\mathrm{d}x = \lim_{a \to -\infty}\int_a^0 \frac{1}{1+x^2}\mathrm{d}x + \lim_{b \to +\infty}\int_0^b \frac{1}{1+x^2}\mathrm{d}x$

$$= \lim_{a \to -\infty}\arctan x\Big|_a^0 + \lim_{b \to +\infty}\arctan x\Big|_0^b$$

$$= 0 - \left(-\frac{\pi}{2}\right) + \frac{\pi}{2} - 0 = \pi .$$

注：若 $F(x)$ 是 $f(x)$ 的一个原函数，为了书写简单，我们常采用以下记法.

$$\int_a^{+\infty} f(x)\mathrm{d}x = F(x)\Big|_a^{+\infty} = F(+\infty) - F(a) ,$$

$$\int_{-\infty}^b f(x)\mathrm{d}x = F(x)\Big|_{-\infty}^b = F(b) - F(-\infty) ,$$

$$\int_{-\infty}^{+\infty} f(x)\mathrm{d}x = F(x)\Big|_{-\infty}^{+\infty} = F(+\infty) - F(-\infty) .$$

例 2 证明： $\int_a^{+\infty} \dfrac{\mathrm{d}x}{x^p} \ (p>0, a>0)$ ，当 $p>1$ 时该积分收敛，当 $p \leqslant 1$ 时该积

发散.

证　当 $p \neq 1$ 时

$$\int_a^{+\infty} \frac{\mathrm{d}x}{x^p} = \lim_{\eta \to +\infty} \frac{1}{1-p} x^{1-p} \Big|_a^\eta$$

$$= \lim_{\eta \to +\infty} \left[\frac{1}{1-p} (\eta^{1-p} - a^{1-p}) \right],$$

显然，当 $1-p < 0$ 即 $p > 1$ 时，该积分收敛；当 $1-p > 0$ 即 $p < 1$ 时，该积分发散；当 $p = 1$ 时

$$\int_a^{+\infty} \frac{\mathrm{d}x}{x} = \lim_{\eta \to +\infty} \ln x \Big|_a^\eta = \lim_{\eta \to +\infty} (\ln \eta - \ln a),$$

显然，该无穷积分发散.

故结论得证.

二、无界函数的反常积分

定义 2　设 $f(x)$ 在区间 $(a, b]$ 上连续，且 $\lim\limits_{x \to a^+} f(x) = \infty$ ，取 $\forall \varepsilon > 0$ ，若极限

$$\lim_{\varepsilon \to 0^+} \int_{a+\varepsilon}^b f(x) \mathrm{d}x$$

存在，即

$$\int_a^b f(x) \mathrm{d}x = \lim_{\varepsilon \to 0^+} \int_{a+\varepsilon}^b f(x) \mathrm{d}x ,$$

则称 $f(x)$ 在 $(a, b]$ 上的反常积分（或称瑕积分）存在或收敛，称 $x = a$ 为瑕点；否则称该反常积分发散.

类似地，可以定义在 $x = b$ 附近无界函数的广义积分：

$$\int_a^b f(x) \mathrm{d}x = \lim_{\varepsilon \to 0^+} \int_a^{b-\varepsilon} f(x) \mathrm{d}x .$$

若假设 $f(x)$ 在区间 $[a, b]$ 内除了点 c 外都连续，且 $\lim\limits_{x \to c} f(x) = \infty$ ，则定义 $f(x)$ 在区间 $[a, b]$ 上的反常积分如下.

$$\int_a^b f(x) \mathrm{d}x = \int_a^c f(x) \mathrm{d}x + \int_c^b f(x) \mathrm{d}x$$

$$= \lim_{\varepsilon \to 0^+} \int_a^{c-\varepsilon} f(x) \mathrm{d}x + \lim_{\delta \to 0^+} \int_{c+\delta}^b f(x) \mathrm{d}x ,$$

此时反常积分 $\int_a^b f(x) \mathrm{d}x$ 收敛的充分必要条件是右端两个极限都存在，也即右端两个反常积分都收敛.

注：对于区间内部有瑕点的反常积分 $\int_a^b f(x) \mathrm{d}x$ ，形式上很像定积分，因此对于此类积分一定要注意区间内是否有瑕点.

例 3　计算以下反常积分.

（1）$\int_0^1 \frac{\mathrm{d}x}{\sqrt{1-x}}$ ；　　　　　　　　　（2）$\int_1^2 \frac{\mathrm{d}x}{x \ln^2 x}$.

解 （1） $\displaystyle\int_0^1 \frac{\mathrm{d}x}{\sqrt{1-x}} = \lim_{\varepsilon \to 0^+} \int_0^{1-\varepsilon} \frac{\mathrm{d}x}{\sqrt{1-x}}$

$$= \lim_{\varepsilon \to 0^+} (-2\sqrt{1-x})\big|_0^{1-\varepsilon}$$

$$= \lim_{\varepsilon \to 0^+} (-2\sqrt{\varepsilon} + 2) = 2 ;$$

（2） $\displaystyle\int_1^2 \frac{\mathrm{d}x}{x\ln^2 x} = \lim_{\delta \to 0^+} \int_{1+\delta}^2 \frac{\mathrm{d}x}{x\ln^2 x}$

$$= \lim_{\delta \to 0^+} \left(-\frac{1}{\ln x}\right)\bigg|_{1+\delta}^2$$

$$= \lim_{\delta \to 0^+} \left(-\frac{1}{\ln 2} + \frac{1}{\ln(1+\delta)}\right),$$

显然，该积分发散.

例 4 证明 $\displaystyle\int_a^b \frac{\mathrm{d}x}{(x-a)^p}(p>0, a<b)$ ，当 $p<1$ 时收敛，当 $p \geqslant 1$ 时发散.

证 当 $p \neq 1$ 时 $\displaystyle\int_a^b \frac{\mathrm{d}x}{(x-a)^p} = \lim_{\delta \to 0^+} \int_{a+\delta}^b \frac{\mathrm{d}x}{(x-a)^p}$

$$= \lim_{\delta \to 0^+} \frac{1}{(1-p)(x-a)^{p-1}}\bigg|_{a+\delta}^b$$

$$= \frac{1}{1-p} \lim_{\delta \to 0^+} \left[\frac{1}{(b-a)^{p-1}} - \frac{1}{\delta^{p-1}}\right],$$

显然，当 $p<1$ 时该反常积分收敛，当 $p>1$ 时该反常积分发散.

当 $p=1$ 时 $\displaystyle\int_a^b \frac{\mathrm{d}x}{x-a} = \lim_{\delta \to 0^+} \int_{a+\delta}^b \frac{\mathrm{d}x}{x-a}$

$$= \lim_{\delta \to 0^+} \ln(x-a)\big|_{a+\delta}^b$$

$$= \lim_{\delta \to 0^+} \left[\ln(b-a) - \ln\delta\right],$$

显然，该反常积分发散.

故结论得证.

*三、Γ 函数

在概率统计中 Γ 函数具有重要的作用，我们在本节仅简要给予定义以及必要的性质.

定义 3 含参变量 $\alpha(\alpha > 0)$ 的反常积分

$$\Gamma(\alpha) = \int_0^{+\infty} x^{\alpha-1}\mathrm{e}^{-x}\mathrm{d}x$$

称为 Γ 函数.

Γ 函数具有如下的性质.

（1）$\Gamma(\alpha+1)=\alpha\Gamma(\alpha)$；

（2）$\Gamma(1)=1$；

（3）$\Gamma(n+1)=n!$；

（4）$\Gamma\left(\dfrac{1}{2}\right)=\sqrt{\pi}$.

证　$\Gamma(\alpha+1)=\displaystyle\int_0^{+\infty}x^{\alpha}e^{-x}dx$

$$=-\int_0^{+\infty}x^{\alpha}de^{-x}$$

$$=(-x^{\alpha}e^{-x})\Big|_0^{+\infty}+\int_0^{+\infty}e^{-x}dx^{\alpha}$$

$$=\alpha\int_0^{+\infty}x^{\alpha-1}e^{-x}dx=\alpha\Gamma(\alpha).$$

关于（2）（3）通过（1）的递推易得．（4）需要用到二重积分，这里证明暂略．

例5　计算反常积分 $\displaystyle\int_0^{+\infty}x^6e^{-x^2}dx$.

解　令 $t=x^2$ ，做变量替换得

$$\int_0^{+\infty}x^6e^{-x^2}dx=\frac{1}{2}\int_0^{+\infty}t^{\frac{5}{2}}e^{-t}dt$$

$$=\frac{1}{2}\Gamma\left(\frac{5}{2}+1\right)$$

$$=\frac{15}{16}\Gamma\left(\frac{1}{2}\right)=\frac{15}{16}\sqrt{\pi}.$$

习题 6-5

1. 计算下列反常积分．

（1）$\displaystyle\int_1^{+\infty}\frac{1}{x^4}dx$ ；

（2）$\displaystyle\int_0^{+\infty}e^{-3x}dx$ ；

（3）$\displaystyle\int_{-\infty}^{+\infty}\frac{1}{x^2+4x+5}dx$ ；

（4）$\displaystyle\int_1^{+\infty}\frac{1}{x(1+x^2)}dx$ ；

（5）$\displaystyle\int_1^{+\infty}\frac{1}{e^x+e^{2-x}}dx$ ；

（6）$\displaystyle\int_0^{+\infty}\frac{xe^{-x}}{(1+e^{-x})^2}dx$.

2. 计算下列反常积分．

（1）$\displaystyle\int_0^{\frac{\pi}{2}}\ln\sin xdx$ ；

（2）$\displaystyle\int_0^1 x\ln xdx$ ；

（3）$\displaystyle\int_0^1\frac{x}{\sqrt{1-x^2}}dx$ ；

（4）$\displaystyle\int_1^{e}\frac{dx}{x\sqrt{1-\ln^2 x}}$.

3. 判断下列积分是否收敛.

（1）$\displaystyle\int_1^{+\infty}\frac{1}{\sqrt{x}}\mathrm{d}x$ ；

（2）$\displaystyle\int_{-\infty}^{+\infty}\frac{x}{\sqrt{x^2+1}}\mathrm{d}x$ ；

（3）$\displaystyle\int_0^2\frac{\mathrm{d}x}{(1-x)^2}$ ；

（4）$\displaystyle\int_0^1\frac{\arccos\sqrt{x}}{\sqrt{x}}\mathrm{d}x$.

4. 对于反常积分 $\displaystyle\int_2^{+\infty}\frac{\mathrm{d}x}{x(\ln x)^k}$ ，试证明：当 $k>1$ 时，收敛；当 $k\leqslant 1$ 时，发散.

本 章 小 结

本章介绍了定积分的概念、性质以及计算等. 本章以计算为主，但在计算过程中应注意定积分与不定积分的不同，以及运用定积分所特有的性质来计算. 定积分的性质以及在几何中的应用，也是本章的重点.

总习题 6

（A）

1. 计算下列积分.

（1）$\displaystyle\int_0^4 e^{\sqrt{x}}\mathrm{d}x$ ；

（2）$\displaystyle\int_{-2}^2 \max\{x,x^2\}\mathrm{d}x$ ；

（3）$\displaystyle\int_{\frac{\pi}{4}}^{\frac{3\pi}{4}}\frac{\ln\sin x}{\sin^2 x}\mathrm{d}x$ ；

（4）$\displaystyle\int_{-\frac{\pi}{2}}^{\frac{\pi}{2}}(x^3+\sin^2 x)\cos^2 x\,\mathrm{d}x$ ；

（5）$\displaystyle\int_{-1}^1\left(x+\sqrt{1-x^2}\right)^2\mathrm{d}x$ ；

（6）$\displaystyle\int_{-3}^3\left[x^2\ln(x+\sqrt{1+x^2})-\sqrt{9-x^2}\right]\mathrm{d}x$ ；

（7）$\displaystyle\int_{-2}^2(|x|+x)e^{-|x|}\mathrm{d}x$ ；

（8）$\displaystyle\int_0^1\frac{1}{x+x^9}\mathrm{d}x$ ；

（9）$\displaystyle\int_{\frac{1}{2}}^{\frac{3}{2}}\frac{\mathrm{d}x}{\sqrt{|x-x^2|}}$ ；

（10）$\displaystyle\int_0^{+\infty}\frac{x}{(1+x)^3}\mathrm{d}x$.

2. 判断 $\displaystyle\int_1^{+\infty}\frac{\mathrm{d}x}{x(1+x)}$ 与 $\displaystyle\int_0^1\frac{\mathrm{d}x}{x(1+x)}$ 的敛散性.

3. 设 $f(x)=\begin{cases}x^2, & 0\leqslant x\leqslant 1,\\ 2-x, & 1<x\leqslant 2,\end{cases}$ 记 $F(x)=\displaystyle\int_0^x f(t)\mathrm{d}t$ ，求 $F(x)$ 的表达式.

4. 求极限 $\displaystyle\lim_{x\to 0}\frac{\displaystyle\int_0^{\sin^2 x}\ln(1+t)\mathrm{d}t}{\sqrt[3]{1+x^4}-1}$.

5. 已知 $f(x)$ 连续，$\displaystyle\int_0^x tf(x-t)\mathrm{d}t=1-\cos x$ ，求 $\displaystyle\int_0^{\frac{\pi}{2}}f(x)\mathrm{d}x$ 的值.

6. 设参数方程 $\begin{cases} y = te^{t^4}, \\ x = \int_0^2 e^{u^2} du, \end{cases}$ 求 $\dfrac{dy}{dx}$.

7. 求曲线 $y = x^2 - 2x$ 与 $y = 0, x = 1, x = 3$ 所围成平面图形的面积，并求此图形绕 y 轴旋转一周所形成立体的体积.

8. 设函数 $f(x)$ 在 $(-\infty, +\infty)$ 内连续，且 $F(x) = \int_0^x (x - 2t) f(t) dt$，试证明：

（1）若 $f(x)$ 是偶函数，则 $F(x)$ 也是偶函数；

（2）若 $f(x)$ 单调不增，则 $F(x)$ 单调不减.

（B）

1. 若 $f(x) = \dfrac{1}{1+x^2} + \sqrt{1-x^2} \int_0^1 f(x) dx$，则 $\int_0^1 f(x) dx =$ _____.

2. 若 $f(x) = \begin{cases} xe^{x^2}, & -\dfrac{1}{2} \leqslant x < \dfrac{1}{2}, \\ -1, & x \geqslant \dfrac{1}{2}, \end{cases}$ 则 $\int_{\frac{1}{2}}^2 f(x-1) dx =$ _____.

3. 设 $f(x)$ 连续，且 $\int_0^x tf(x-t) dt = 1 - \cos x$，则 $\int_0^{\frac{\pi}{2}} f(x) dx =$ _____.

4. 比较一下积分大小，$M = \int_{-\frac{\pi}{2}}^{\frac{\pi}{2}} \dfrac{\sin x}{1+x^2} \cos^4 x dx$，$N = \int_{-\frac{\pi}{2}}^{\frac{\pi}{2}} (\sin^3 x + \cos^4 x) dx$，

$P = \int_{-\frac{\pi}{2}}^{\frac{\pi}{2}} (x^2 \sin^3 x - \cos^4 x) dx$，则有_____.

A. $N < P < M$ B. $M < P < N$

C. $N < M < P$ D. $P < M < N$

5. 设函数 $f(x)$ 有连续的导数，$f(0) = 0, f'(0) \neq 0$，当 $x \to 0$ 时，

$$F(x) = \int_0^x (\sin^2 x - \sin^2 t) f(t) dt$$

与 x^k 为同阶无穷小，则 k 为_____.

A. 2   B. 3   C. 4   D. 5

6. 利用定积分定义求极限 $\lim\limits_{n \to \infty} \left(\dfrac{1}{\sqrt{4n^2 - 1}} + \dfrac{1}{\sqrt{4n^2 - 2^2}} + \cdots + \dfrac{1}{\sqrt{4n^2 - n^2}} \right)$.

7. 求极限 $\lim\limits_{x \to 0} \dfrac{\displaystyle\int_0^x \left[\int_0^{u^2} \arctan(1+t) dt \right] du}{x(1 - \cos x)}$.

8. 设 $f(x) = \begin{cases} \dfrac{2}{x^2}(1 - \cos x), & x < 0, \\ 1, & x = 0 \\ \dfrac{1}{x} \int_0^x \cos t^2 dt, & x > 0, \end{cases}$ 试讨论 $f(x)$ 在 $x = 0$ 处的连续性和可导性.

9. 设函数 $f(x)$ 在 $(0,+\infty)$ 内连续，$f(1)=\dfrac{5}{2}$，并且对于所有的 $x,t\in(0,+\infty)$，满足条件

$$\int_1^{xt} f(u)\mathrm{d}u = t\int_1^x f(u)\mathrm{d}u + x\int_1^t f(u)\mathrm{d}u ,$$

求 $f(x)$.

10. 设函数 $f(x)$ 在 $[0,1]$ 内连续，在 $(0,1)$ 内可导，且满足

$$f(1) = k\int_0^{\frac{1}{k}} x\mathrm{e}^{1-x} f(x)\mathrm{d}x \ (k>1) .$$

求证：至少存在一点 $\xi\in(0,1)$，使得

$$f'(\xi) = (1-\xi^{-1})f(\xi) .$$

11. 设平面 A 是由 $x^2+y^2\leqslant 2x$ 与 $y\geqslant x$ 所确定，求平面 A 绕 $x=2$ 旋转一周所得到旋转体的体积.

第7章 二重积分

在自然科学和生产实践中，有很多几何量和物理量，例如曲顶柱体的体积、平面薄片的质量等，都需要利用积分学的方法解决.

第6章我们主要学习了一元函数定积分概念和性质、基本定理、计算、几何应用. 一元函数的微分学可以推广到多元函数，现在我们把一元函数的定积分推广到多元函数的积分. 我们知道，定积分是某种确定形式的和式的极限，将这种和式的极限概念推广到定义在区域或曲面上的多元函数的情形，便得到多元函数积分概念.

本章首先从实际问题抽象出二重积分的概念并讨论其性质；然后对直角坐标下积分区域加以分类，给出在直角坐标下计算二重积分公式；在极坐标下讨论极点和积分区域的位置关系——极点在积分区域外、极点在积分区域上、极点在积分区域内，确定相应的积分上下限，给出在极坐标下计算二重积分公式.

第1节 二重积分的概念与性质

一、二重积分的概念

引例 1 曲顶柱体的体积

设有一立体，它的底是 xOy 面上的闭区域 D，它的侧面是以 D 的边界曲线为准线而母线平行于 z 轴的柱面，它的顶是曲面 $z = f(x, y)$，这里 $f(x, y) \geq 0$ 且在 D 上连续. 这种立体叫作曲顶柱体（见图 7-1）. 现在我们来讨论如何计算曲顶柱体的体积.

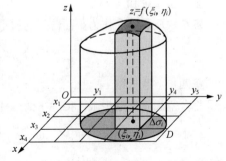

图 7-1

第一步 分割

用一组曲线网把 D 分成 n 个小区域 $\Delta\sigma_1, \Delta\sigma_2, \Delta\sigma_3, \cdots, \Delta\sigma_i, \cdots, \Delta\sigma_n$. 分别以这些小闭区域的边界曲线为准线，作母线平行于 z 轴的柱面，这些柱面把原来的曲顶柱体分为 n 个细曲顶柱体.

第二步 近似

在每个 $\Delta\sigma_i$ 中任取一点 (ξ_i, η_i)，以 $f(\xi_i, \eta_i)$ 为高而底为 $\Delta\sigma_i$ 的平顶柱体的体

积为

$$f(\xi_i, \eta_i)\,\Delta\sigma_i(i=1,2,\cdots,n).$$

第三步 求和

这 n 个平顶柱体体积之和

$$V \approx \sum_{i=1}^{n} f(\xi_i, \eta_i)\Delta\sigma_i.$$

可以认为是整个曲顶柱体体积的近似值.

第四步 取极限

为求得曲顶柱体体积的精确值，将分割加密，只需取极限，即

$$V = \lim_{\lambda \to 0} \sum_{i=1}^{n} f(\xi_i, \eta_i)\Delta\sigma_i,$$

其中 λ 是每个小区域的直径中的最大值.

引例 2 平面薄片的质量

设有一平面薄片占有 xOy 面上的闭区域 D
（见图 7-2），它在点 (x,y) 处的面密度为 $\rho(x,y)$，
这里 $\rho(x,y) \geq 0$ 且在 D 上连续．现在要计算该薄
片的质量 M.

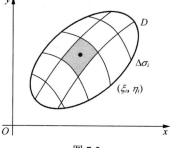

图 7-2

第一步 分割

用一组曲线网把 D 分成 n 个小区域 $\Delta\sigma_1, \Delta\sigma_2, \Delta\sigma_3, \cdots, \Delta\sigma_i, \cdots, \Delta\sigma_n$.

第二步 近似

把各小块的质量近似地看作均匀薄片的质量：

$$\rho(\xi_i, \eta_i)\,\Delta\sigma_i\ (i=1,2,\cdots,n).$$

第三步 求和

各小块质量的和作为平面薄片的质量的近似值：

$$M \approx \sum_{i=1}^{n} \rho(\xi_i, \eta_i)\Delta\sigma_i.$$

第四步 取极限

将分割加细，取极限，得到平面薄片的质量：

$$M = \lim_{\lambda \to 0} \sum_{i=1}^{n} \rho(\xi_i, \eta_i)\Delta\sigma_i,$$

其中 λ 是每个小区域的直径中的最大值.

从以上的两个引例可以看出，虽然问题不同，但是经过"分割、近似、求
和、取极限"后都可以归结为同一和式的极限．在几何、力学、物理和工程技
术中还有大量类似的问题都可以归结为这种类型和式的极限．为了从数学上给
出解决这类问题的一般方法，我们抽象出其数学结构的特征，给出二元函数定

积分的概念.

定义 设 $f(x,y)$ 是有界区域 D 上的有界函数，将 D 分成 n 个小区域，用 $\Delta\sigma_i$ $(i=1,2,\cdots,n)$ 代表第 i 个小区域，也代表它的面积，在每个 $\Delta\sigma_i$ 上取点 (ξ_i,η_i)，作乘积 $f(\xi_i,\eta_i)\,\Delta\sigma_i$，并求和 $\sum\limits_{i=1}^{n}f(\xi_i,\eta_i)\Delta\sigma_i$，此和式称为积分和. 用 λ_i 表示 $\Delta\sigma_i$ 的直径，且 $\lambda=\max\{\lambda_1,\lambda_2,\cdots,\lambda_n\}$. 如果极限 $\lim\limits_{\lambda\to 0}\sum\limits_{i=1}^{n}f(\xi_i,\eta_i)\Delta\sigma_i$ 存在，且与 D 的分割方法以及 (ξ_i,η_i) 的取法无关，则称 $f(x,y)$ 在平面区域 D 上可积，并称此极限为 $f(x,y)$ 在 D 上的二重积分，记作 $\iint\limits_{D}f(x,y)\mathrm{d}\sigma$. 其中 $f(x,y)$ 称为被积函数，$\mathrm{d}\sigma$ 称为面积元素，D 称为积分区间.

注：① 直角坐标系中的面积元素. 如果在直角坐标系中用平行于坐标轴的直线网来划分 D（见图 7-3），那么除了包含边界点的一些小闭区域外，其余的小闭区域都是矩形闭区域. 设矩形闭区域 $\Delta\sigma_i$ 的边长为 Δx_i 和 Δy_i，则 $\Delta\sigma_i=\Delta x_i\,\Delta y_i$，因此在直角坐标系中，有时也把面积元素 $\mathrm{d}\sigma$ 记作 $\mathrm{d}x\mathrm{d}y$，而把二重积分记作 $\iint\limits_{D}f(x,y)\mathrm{d}x\mathrm{d}y$，其中 $\mathrm{d}x\mathrm{d}y$ 叫作直角坐标系中的面积元素.

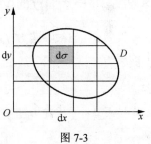

图 7-3

② 二重积分的存在性. 当 $f(x,y)$ 在闭区域 D 上连续时，积分和的极限是存在的，也就是说函数 $f(x,y)$ 在 D 上的二重积分必定存在. 我们总假定函数 $f(x,y)$ 在闭区域 D 上连续，所以 $f(x,y)$ 在 D 上的二重积分都是存在的.

③ 二重积分的几何意义. 如果 $f(x,y)$ 是正的，柱体就在 xOy 面的上方，所以二重积分的几何意义就是柱体的体积. 如果 $f(x,y)$ 是负的，柱体就在 xOy 面的下方，二重积分的绝对值仍等于柱体的体积，但二重积分的值是负的. 如果 $f(x,y)$ 在某些区域上是正的，而在其他区域上是负的，则 $\iint\limits_{D}f(x,y)\mathrm{d}\sigma$ 就是 D 上这些区域上曲面体积的代数和.

例 1 按定义计算二重积分 $\iint\limits_{D}xy\mathrm{d}x\mathrm{d}y$，其中 $D=[0,1]\times[0,1]$.

解 将 D 分成 n^2 个小正方形

$$\Delta D_{ij}=\left\{(x,y)\,\middle|\,\frac{i-1}{n}\leqslant x\leqslant\frac{i}{n},\frac{j-1}{n}\leqslant y\leqslant\frac{j}{n}\right\}\ (i,j=1,2,\cdots,n),$$

取 $\xi_i=\dfrac{i}{n},\eta_i=\dfrac{j}{n}$，则

$$\iint\limits_{D} f(x,y)\mathrm{d}x\mathrm{d}y = \lim_{n\to\infty}\sum_{i,j=1}^{n}\xi_i\eta_i\Delta\sigma_{ij}$$

$$= \lim_{n\to\infty}\frac{1}{n^4}\sum_{i,j=1}^{n}ij = \lim_{n\to\infty}\frac{1}{n^4}\frac{n^2(n+1)^2}{4} = \frac{1}{4}.$$

二、二重积分的性质

由二重积分的定义可知，二重积分是定积分概念向二维空间的推广，因此二重积分也有与定积分类似的性质．其证明方法可以完全仿照一元定积分性质的证明．

性质 1 设 α，β 为常数，则

$$\iint\limits_{D}[\alpha f(x,y)+\beta g(x,y)]\mathrm{d}\sigma = \alpha\iint\limits_{D}f(x,y)\mathrm{d}\sigma + \beta\iint\limits_{D}g(x,y)\mathrm{d}\sigma.$$

性质 2 如果积分区域 D 可以分解成 D_1 和 D_2 两个部分，则

$$\iint\limits_{D}f(x,y)\mathrm{d}\sigma = \iint\limits_{D_1}f(x,y)\mathrm{d}\sigma + \iint\limits_{D_2}f(x,y)\mathrm{d}\sigma.$$

性质 3 当被积函数 $f(x,y)=1$ 时，二重积分的值等于区域的面积．即区域 D 的面积为

$$A = \iint\limits_{D}\mathrm{d}\sigma.$$

性质 4 如果在 D 上有 $f(x,y)\leqslant g(x,y)$，那么

$$\iint\limits_{D}f(x,y)\mathrm{d}\sigma \leqslant \iint\limits_{D}g(x,y)\mathrm{d}\sigma.$$

特殊地，由于 $-\left|f(x,y)\right|\leqslant f(x,y)\leqslant\left|f(x,y)\right|$，则

$$\left|\iint\limits_{D}f(x,y)\mathrm{d}\sigma\right| \leqslant \iint\limits_{D}\left|f(x,y)\right|\mathrm{d}\sigma.$$

性质 5 如果 $f(x,y)$ 在 D 上的最大值和最小值分别为 M 和 m，区域 D 的面积为 A，则

$$mA \leqslant \iint\limits_{D}f(x,y)\mathrm{d}\sigma \leqslant MA.$$

性质 6（中值定理） 设 $f(x,y)$ 在 D 上连续，则在 D 上至少存在一点 (ξ,η)，使

$$\iint\limits_{D}f(x,y)\mathrm{d}\sigma = f(\xi,\eta)\cdot A.$$

证 由性质 5 可得 $m \leqslant \dfrac{1}{A}\iint\limits_{D}f(x,y)\mathrm{d}\sigma \leqslant M$，由于 $\dfrac{1}{A}\iint\limits_{D}f(x,y)\mathrm{d}\sigma$ 是介于 m 和 M 之间的数值，由闭区域上连续函数的介值定理可知，在 D 上至少存在一点 (ξ,η)，使 $f(\xi,\eta) = \dfrac{1}{A}\iint\limits_{D}f(x,y)\mathrm{d}\sigma$，这个值也是 $f(x,y)$ 在 D 上的平均值．

注：① 性质 1 表明二重积分满足线性运算．

② 性质 2 表明二重积分的积分区域具有可加性，把积分区域拆分，并确

定拆分后每个积分区域的类型，计算相应区域二重积分的值，最后求和. 可以把它推广至多个部分.

③ 性质 3 实质就是计算积分区域的面积.

④ 二重积分是把一维区间上的定积分推广到平面区域，除了积分区域的差异之外，关于二重积分作为和式的极限，关于二重积分的存在性及有关性质都与定积分相仿. 因而处理定积分问题的方法与技巧也能适用于二重积分的问题.

例 2 比较二重积分 $\iint\limits_{D}(x+y)^2\,\mathrm{d}x\mathrm{d}y$ 与 $\iint\limits_{D}(x+y)^3\,\mathrm{d}x\mathrm{d}y$ 的大小，其中 D 是由圆周 $(x-2)^2+(y-1)^2=2$ 围成的区域.

解 考虑 $x+y$ 在 D 上的取值与 1 的关系. 由于圆心 $(2,1)$ 到直线 $x+y=1$ 的距离等于 $\sqrt{2}$，恰好是圆的半径，所以 $x+y=1$ 为圆的切线，因此在 D 上处处有 $x+y\geqslant1$，于是 $(x+y)^2\leqslant(x+y)^3$，根据二重积分的性质有

$$\iint\limits_{D}(x+y)^2\,\mathrm{d}x\mathrm{d}y\leqslant\iint\limits_{D}(x+y)^3\,\mathrm{d}x\mathrm{d}y.$$

例 3 估计二重积分 $I=\iint\limits_{D}\dfrac{\mathrm{d}x\mathrm{d}y}{\sqrt{x^2+y^2+2xy+16}}$ 的值，其中积分区域 D 为矩形闭区域 $\{(x,y)|0\leqslant x\leqslant1,0\leqslant y\leqslant2\}$.

解 因为 $f(x,y)=\dfrac{1}{\sqrt{(x+y)^2+4^2}}$，区域 D 的面积为 2，且 D 上 $f(x,y)$ 的最大值和最小值分别为

$$M=\frac{1}{\sqrt{(0+0)^2+4^2}}=\frac{1}{4},\quad m=\frac{1}{\sqrt{(1+2)^2+4^2}}=\frac{1}{5},$$

所以 $\dfrac{1}{5}\times2\leqslant I\leqslant\dfrac{1}{4}\times2$，即 $\dfrac{2}{5}\leqslant I\leqslant\dfrac{1}{2}$.

习题 7-1

1. 设 D 是由 $y=\sqrt{4-x^2}$ 与 $y=0$ 所围的区域，则 $\iint\limits_{D}\mathrm{d}\sigma=$ _____

2. 求 $f(x,y)=\sqrt{R^2-x^2-y^2}$ 在区域 D：$x^2+y^2\leqslant R^2$ 上的平均值.

3. 根据二重积分的性质，比较积分 $\iint\limits_{D}\ln(x+y)\mathrm{d}x\mathrm{d}y$ 与 $\iint\limits_{D}\left[\ln(x+y)\right]^2\mathrm{d}x\mathrm{d}y$ 的大小，其中积分区域 D 为矩形闭区域 $\{(x,y)|3\leqslant x\leqslant5,0\leqslant y\leqslant1\}$.

4. 用二重积分的性质估计 $\iint\limits_{D}xy(x+y)\mathrm{d}x\mathrm{d}y$ 的值，其中积分区域 D 为矩形闭区域 $\{(x,y)|0\leqslant x\leqslant1,0\leqslant y\leqslant1\}$.

5. 证明：若 $f(x,y)$ 为积分区域 D 上的非负连续函数，且在 D 上不恒为零，则 $\iint\limits_D f(x,y)\,\mathrm{d}x\mathrm{d}y > 0$.

6. 设 D 是 xOy 面上的有界闭区域，函数 $f(x,y)$ 在 D 上连续且不变号，又 $\iint\limits_D f(x,y)\mathrm{d}x\mathrm{d}y = 0$，试证明在区域 D 上 $f(x,y)=0$.

第 2 节　利用直角坐标计算二重积分

本节我们主要讨论在直角坐标下计算二重积分，其主要的思想是将二重积分转化为两次定积分来计算. 在二重积分计算中，准确地表示积分区域是十分必要的，上节性质 2 表明二重积分的积分区域具有可加性，把积分区域拆分，并确定拆分后每个积分区域的类型，按照积分的顺序不同，二重积分化为二次积分的类型有 X-型区域、Y-型区域两种，计算相应区域二重积分的值，最后求和.

一、二重积分区域类型

1. X-型区域

如果积分区域 $D = \left\{(x,y)\,\middle|\, a \leqslant x \leqslant b, \varphi_1(x) \leqslant y \leqslant \varphi_2(x)\right\}$，其中 $\varphi_1(x)$，$\varphi_2(x)$ 是 $[a,b]$ 上的连续函数，则称 D 为 X-型区域（见图 7-4）.

特点：穿过区域且平行于 y 轴的直线与区域的边界相交不多于两个交点.

由几何意义知，$\iint\limits_D f(x,y)\mathrm{d}\sigma$ 为以 D 为底、以 $z=f(x,y)\big(f(x,y)>0\big)$ 为顶的曲顶柱体的体积（见图 7-5），应用计算"平行截面面积为已知的立体求体积"的方法，有

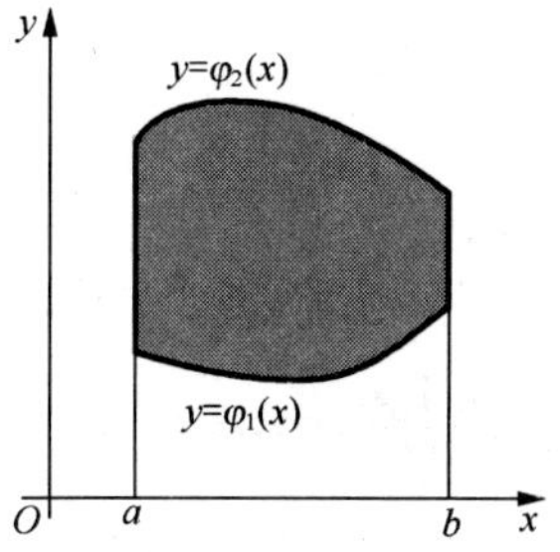

图 7-4

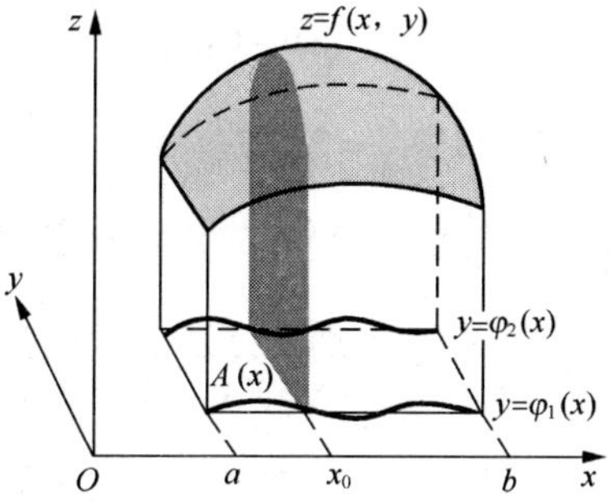

图 7-5

$$A = \int_{\varphi_1(x)}^{\varphi_2(x)} f(x,y)\mathrm{d}y,$$

$$V = \iint\limits_D f(x,y)\mathrm{d}\sigma = \int_a^b A\mathrm{d}x$$

$$= \int_a^b \left[\int_{\varphi_1(x)}^{\varphi_2(x)} f(x,y)\mathrm{d}y\right]\mathrm{d}x$$

$$= \int_a^b \mathrm{d}x \int_{\varphi_1(x)}^{\varphi_2(x)} f(x,y)\mathrm{d}y.$$

此为先对 y 积分，后对 x 积分的二次积分.

2. $Y-$型区域

如果积分区域 $D = \left\{(x,y) \middle| \psi_1(y) \leqslant x \leqslant \psi_2(y), c \leqslant y \leqslant d \right\}$，其中 $\psi_1(y)$，$\psi_2(y)$ 是 $[c,d]$ 上的连续函数，则称 D 为 $Y-$ 型区域.

特点：穿过区域且平行于 x 轴的直线与区域的边界相交不多于两个交点.

类似 $X-$ 型区域，如果区域 D 为 $Y-$ 型区域，则二重积分的计算公式为

$$\iint\limits_D f(x,y)\mathrm{d}\sigma = \int_c^d \mathrm{d}y \int_{\psi_1(y)}^{\psi_2(y)} f(x,y)\mathrm{d}x .$$

此为先对 x 积分，后对 y 积分的二次积分.

3. 混合型区域

如果积分区域 D 既不是 $X-$型区域也不是 $Y-$型区域，可以将其分割成若干个 $X-$型区域、$Y-$型区域，然后在每块积分区域上应用相应的公式，再根据二重积分对积分区域的可加性，就可以计算出所给二重积分.

$$\iint\limits_D f(x,y)\mathrm{d}\sigma = \iint\limits_{D_1} f(x,y)\mathrm{d}\sigma + \iint\limits_{D_2} f(x,y)\mathrm{d}\sigma + \iint\limits_{D_3} f(x,y)\mathrm{d}\sigma.$$

特殊情况下，当 D 的边界是与坐标轴平行的矩形（ $a \leqslant x \leqslant b$，$c \leqslant y \leqslant d$ ）时，有

$$\iint\limits_D f(x,y)\mathrm{d}x\mathrm{d}y = \int_a^b \mathrm{d}x \int_c^d f(x,y)\mathrm{d}y = \int_c^d \mathrm{d}y \int_a^b f(x,y)\mathrm{d}x .$$

更为特殊地，如果积分区域是上述的矩形而被积函数可以分离成两个一元函数的乘积，即 $f(x,y) = \varphi(x) \cdot \psi(y)$ 时，有

$$\iint\limits_D f(x,y)\mathrm{d}x\mathrm{d}y = \left[\int_a^b \varphi(x)\mathrm{d}x \right] \cdot \left[\int_c^d \psi(y)\mathrm{d}y \right].$$

二、直角坐标计算二重积分步骤、交换二次积分次序

1. 在直角坐标系下计算二重积分的步骤

（1）确定积分函数，画出积分区域 D，求出边界曲线的交点.

（2）根据 D 的形状和 $f(x,y)$ 的性质确定积分次序.

（3）确定积分限（注意：下限 < 上限）.

（4）计算——把二重积分转化为二次积分.

2. 交换二次积分次序

在计算二次积分时，合理选择积分次序是比较关键的一步，积分次序选择不当会给计算带来很大的麻烦甚至计算不出结果. 下面给出交换积分次序的一般步骤.

（1）对于给定的二重积分，先确定积分限，画出积分区域.

（2）根据积分区域的图形，按新的次序确定积分区域的积分限.

（3）重新写出二重积分.

3. 根据积分区域的对称性和被积函数的奇偶性简化二重积分

（1）如果积分区域关于 y 轴对称，被积函数关于 x 是奇函数，则二重积分为零.

（2）如果积分区域关于 y 轴对称，被积函数关于 x 是偶函数，则二重积分为半区域的两倍.

（3）如果积分区域关于 x 轴对称，被积函数关于 y 是奇函数，则二重积分为零.

（4）如果积分区域关于 x 轴对称，被积函数关于 y 是偶函数，则二重积分为半区域的两倍.

例 1 计算 $\iint\limits_{D} xy \mathrm{d}\sigma$，其中 D 是由直线 $y=1$，$x=2$ 及 $y=x$ 所围成的闭区域.

解 方法 1 可把 D 看成是 X – 型区域：$1 \leqslant x \leqslant 2$，$1 \leqslant y \leqslant x$，于是

$$\iint\limits_{D} xy \mathrm{d}\sigma = \int_1^2 \left[\int_1^x xy \mathrm{d}y \right] \mathrm{d}x = \int_1^2 \left[x \cdot \frac{y^2}{2} \right]_1^x \mathrm{d}x = \frac{1}{2} \int_1^2 (x^3 - x) \mathrm{d}x = \frac{1}{2} \left[\frac{x^4}{4} - \frac{x^2}{2} \right]_1^2 = \frac{9}{8}.$$

方法 2 也可把 D 看成是 Y – 型区域：$1 \leqslant y \leqslant 2$，$y \leqslant x \leqslant 2$，于是

$$\iint\limits_{D} xy \mathrm{d}\sigma = \int_1^2 \left[\int_y^2 xy \mathrm{d}x \right] \mathrm{d}y = \int_1^2 \left[y \cdot \frac{x^2}{2} \right]_y^2 \mathrm{d}y = \int_1^2 \left[2y - \frac{y^3}{2} \right] \mathrm{d}y = \left[y^2 - \frac{y^4}{8} \right]_1^2 = \frac{9}{8}.$$

例 2 计算 $\iint\limits_{D} f(x,y) \mathrm{d}\sigma$，其中 $D: x^2 + y^2 \leqslant 2y$.

解 $\iint\limits_{D} f(x,y) \mathrm{d}\sigma = \int_{-1}^1 \mathrm{d}x \int_{1-\sqrt{1-x^2}}^{1+\sqrt{1-x^2}} f(x,y) \mathrm{d}y = \int_0^2 \mathrm{d}y \int_{-\sqrt{2y-y^2}}^{\sqrt{2y-y^2}} f(x,y) \mathrm{d}x$.

例 3 改变 $\int_0^1 \mathrm{d}x \int_0^{\sqrt{2x-x^2}} f(x,y) \mathrm{d}y + \int_1^2 \mathrm{d}x \int_0^{2-x} f(x,y) \mathrm{d}y$ 的积分次序.

解 由 $\int_0^1 \mathrm{d}x \int_0^{\sqrt{2x-x^2}} f(x,y) \mathrm{d}y + \int_1^2 \mathrm{d}x \int_0^{2-x} f(x,y) \mathrm{d}y$

$$= \iint\limits_{D_1} f(x,y) \mathrm{d}\sigma + \iint\limits_{D_2} f(x,y) \mathrm{d}\sigma,$$

画出积分区域，如图 7-6 所示.

于是

$$\int_0^1 \mathrm{d}x \int_0^{\sqrt{2x-x^2}} f(x,y) \mathrm{d}y + \int_1^2 \mathrm{d}x \int_0^{2-x} f(x,y) \mathrm{d}y = \iint\limits_{D} f(x,y) \mathrm{d}\sigma = \int_0^1 \mathrm{d}y \int_{1-\sqrt{1-y^2}}^{2-y} f(x,y) \mathrm{d}x.$$

由于积分区域的特点，选择不同的积分顺序，将使计算过程出现难易程度上的差异. 对某些问题，由于函数的特点，某种积分顺序可能积不出来，换成另一种积

分顺序就迎刃而解.

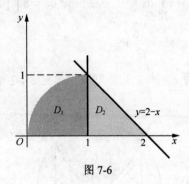

图 7-6

例 4 求 $\iint\limits_{D}\dfrac{\sin y}{y}\mathrm{d}x\mathrm{d}y$ ，D 是由 $y=\sqrt{x}$ 和 $y=x$ 所围成的闭区域.

解 由于 $\displaystyle\int\dfrac{\sin y}{y}\mathrm{d}y$ "积不出来"，只能作为 "$Y-$型".

$$\iint\limits_{D}\dfrac{\sin y}{y}\mathrm{d}x\mathrm{d}y=\int_0^1\mathrm{d}y\int_{y^2}^{y}\dfrac{\sin y}{y}\mathrm{d}x=\int_0^1(\sin y-y\sin y)\mathrm{d}y=1-\sin 1 .$$

例 5 计算 $\iint\limits_{D}xy\mathrm{d}\sigma$ ，其中 D 是由直线 $y=x-2$ 及抛物线 $y^2=x$ 所围成的闭区域.

解 积分区域可以表示为 $D=D_1+D_2$ ，其中 $D_1:0\leqslant x\leqslant 1$ ，$-\sqrt{x}\leqslant y\leqslant\sqrt{x}$ ，$D_2:1\leqslant x\leqslant 4$ ，$x-2\leqslant y\leqslant\sqrt{x}$ ，于是

$$\iint\limits_{D}xy\mathrm{d}\sigma=\int_0^1\mathrm{d}x\int_{-\sqrt{x}}^{\sqrt{x}}xy\mathrm{d}y+\int_1^4\mathrm{d}x\int_{x-2}^{\sqrt{x}}xy\mathrm{d}y .$$

积分区域也可以表示为 $D:-1\leqslant y\leqslant 2,y^2\leqslant x\leqslant y+2$ ，于是

$$\iint\limits_{D}xy\mathrm{d}\sigma=\int_{-1}^2\mathrm{d}y\int_{y^2}^{y+2}xy\mathrm{d}x=\int_{-1}^2\left[\dfrac{x^2}{2}y\right]_{y^2}^{y+2}\mathrm{d}y=\dfrac{1}{2}\int_{-1}^2[y(y+2)^2-y^5]\mathrm{d}y$$

$$=\dfrac{1}{2}\left[\dfrac{y^4}{4}+\dfrac{4}{3}y^3+2y^2-\dfrac{y^6}{6}\right]_{-1}^2=5\dfrac{5}{8} .$$

例 6 求两个底圆半径都等于 R 的直交圆柱面所围成的立体的体积.

解 设这两个圆柱面的方程分别为 $x^2+y^2=R^2$ 及 $x^2+z^2=R^2$ ，利用立体关于坐标平面的对称性，只要算出它在第一卦限部分的体积 V_1 ，然后再乘以 8 就得出结果.

第一卦限部分是以 $D=\left\{(x,y)\,\middle|\,0\leqslant y\leqslant\sqrt{R^2-x^2},0\leqslant x\leqslant R\right\}$ 为底、以 $z=\sqrt{R^2-x^2}$ 顶的曲顶柱体. 于是

$$V = 8\iint\limits_{D}\sqrt{R^2 - x^2}\,\mathrm{d}\sigma = 8\int_0^R \mathrm{d}x \int_0^{\sqrt{R^2-x^2}}\sqrt{R^2 - x^2}\,\mathrm{d}y = 8\int_0^R \left[\sqrt{R^2 - x^2}\,y\right]_0^{\sqrt{R^2-x^2}}\mathrm{d}x$$

$$= 8\int_0^R (R^2 - x^2)\,\mathrm{d}x = \frac{16}{3}R^3.$$

例 7　求由 $y = \dfrac{1}{2}x^2$ 与 $x^2 + y^2 = 8$ 所围成的图形（见图 7-7）的面积（两部分都要计算）.

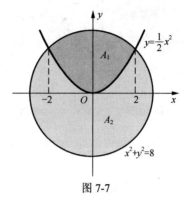

图 7-7

解　$A_1 = 2\int_0^2 \left(\sqrt{8 - x^2} - \dfrac{1}{2}x^2\right)\mathrm{d}x = 2\int_0^2 \sqrt{8 - x^2}\,\mathrm{d}x - \int_0^2 x^2\,\mathrm{d}x$

$\qquad = 16\int_0^{\frac{\pi}{4}}\cos^2 t\,\mathrm{d}t - \dfrac{8}{3} = 2\pi + \dfrac{4}{3}$,

$\quad A_2 = (2\sqrt{2})^2\pi - A_1 = 6\pi - \dfrac{4}{3}.$

习题 7-2

1. 将二重积分 $\iint\limits_{D} f(x,y)\,\mathrm{d}x\mathrm{d}y$ 化为两种次序的二次积分，其中积分区域 D 分别如下.

（1）由直线 $x + y = 1, y - x = 1$ 以及 $y = 0$ 所围成的闭区域；

（2）由直线 $y = x, x = 3$ 以及双曲线 $xy = 1$ 所围成的闭区域；

（3）由直线 $y = x, y = a$ 以及 $x = b(0 < a < b)$ 所围成的闭区域.

2. 计算下列二重积分.

（1）$\iint\limits_{D}\sin^2 x\sin^2 y\mathrm{d}x\mathrm{d}y$，其中积分区域 D：$0 \leqslant x \leqslant \pi, 0 \leqslant y \leqslant \pi$；

（2）$\iint\limits_{D}(x^2 - y^2)\mathrm{d}x\mathrm{d}y$，其中积分区域 D：$0 \leqslant x \leqslant \pi, 0 \leqslant y \leqslant \sin x$；

（3）$\iint\limits_{D}\mathrm{e}^{x+y}\mathrm{d}x\mathrm{d}y$，其中积分区域 D：$|x| + |y| \leqslant 1$；

（4）$\iint\limits_{D}\dfrac{x}{y+1}\mathrm{d}x\mathrm{d}y$，其中积分区域 D 由 $y = x^2 + 1, y = 2x, x = 0$ 所围成；

(5) $\iint\limits_{D} y\sqrt{1+x^2-y^2}\,\mathrm{d}\sigma$，其中 D 是由直线 $y=1$，$x=-1$ 及 $y=x$ 所围成的闭区域；

(6) $\iint\limits_{D} xy^2\,\mathrm{d}x\mathrm{d}y$，其中 D 是由 $y=x$，$y=0$，$x=1$ 围成的闭区域；

(7) $\iint\limits_{D}(x^2+y^2)\,\mathrm{d}x\mathrm{d}y$，其中 D：$\{(x,y)\,|\,0\leqslant x\leqslant 1, x\leqslant y\leqslant 2x\}$；

(8) $\iint\limits_{D}(2x+y)\,\mathrm{d}x\mathrm{d}y$，其中 D 是由 $y=\sqrt{x}$，$y=0$，$x+y=2$ 围成的闭区域.

3．将 $\iint\limits_{D} f(x,y)\,\mathrm{d}\sigma$，作为二次积分（两种顺序都要）.

(1) D 由 $y=x^2$ 和 $y=x$ 围成；

(2) D 由 $y^2=4-x$ 与 $x+2y-4=0$ 围成；

(3) D 由 $x+y=2,x-y=0,y=0$ 围成；

(4) D 为圆 $x^2+y^2\leqslant R^2$ 的上半部分；

(5) $D=\{(x,y)\,|\,0\leqslant y\leqslant 2; y\leqslant x\leqslant\sqrt{8-y^2}\}$.

4．求曲线 $(x-y)^2+x^2=a^2\,(a>0)$ 所围成的平面图形的面积.

5．求坐标平面 $x=2,y=3,x+y+z=4$ 所围成的角柱体的体积.

6．设 $f(x)$ 在 $[a,b]$ 上可积，$g(y)$ 在 $[c,d]$ 上可积，证明 $f(x)\,g(y)$ 在 $D=[a,b]\times[c,d]$ 上可积，且 $\iint\limits_{D} f(x)g(y)\,\mathrm{d}x\mathrm{d}y=\int_a^b f(x)\mathrm{d}x\cdot\int_c^d g(y)\mathrm{d}y$.

第 3 节　利用极坐标计算二重积分

有些二重积分，其积分区域的边界曲线用极坐标方程来表示比较简单，例如圆形和扇形区域的边界；再加上被积函数在极坐标下也有比较简单的形式，则应考虑用极坐标来计算此二重积分. 本节讨论在极坐标下二重积分的计算方法，讨论极点和积分区域的位置关系——极点在积分区域外、极点在积分区域上、极点在积分区域内，确定相应的积分上下限，给出在直角坐标系下计算二重积分的公式.

按二重积分的定义，$\iint\limits_{D} f(x,y)\,\mathrm{d}\sigma=\lim\limits_{\lambda\to 0}\sum\limits_{i=1}^{n} f(\xi_i,\eta_i)\Delta\sigma_i$，下面我们来研究这个和的极限在极坐标系中的形式.

以从极点 O 出发的一簇射线及以极点为中心的一簇同心圆构成的网格将区域 D 分为 n 个小闭区域（见图 7-8），小闭区域的面积为

$$\Delta\sigma_i=\frac{1}{2}(\rho_i+\Delta\rho_i)^2\cdot\Delta\theta_i-\frac{1}{2}\cdot\rho_i^2\cdot\Delta\theta_i=\frac{1}{2}(2\rho_i+\Delta\rho_i)\Delta\rho_i\cdot\Delta\theta_i$$

$$=\frac{\rho_i+(\rho_i+\Delta\rho_i)}{2}\cdot\Delta\rho_i\cdot\Delta\theta_i=\overline{\rho}_i\Delta\rho_i\Delta\theta_i,$$

其中 $\overline{\rho}_i$ 表示相邻两圆弧的半径的平均值. 在 $\Delta\sigma_i$ 内取点 $(\overline{\rho}_i,\overline{\theta}_i)$，设其直角坐标为

$(\xi_i,\ \eta_i)$，则有 $\xi_i = \bar{\rho}_i\ \cos\bar{\theta}_i$，$\eta_i = \bar{\rho}_i\ \sin\bar{\theta}_i$．于是

$$\lim_{\lambda\to 0}\sum_{i=1}^{n}f(\xi_i,\eta_i)\Delta\sigma_i = \lim_{\lambda\to 0}\sum_{i=1}^{n}f(\bar{\rho}_i\ \cos\bar{\theta}_i,\bar{\rho}_i\ \sin\bar{\theta}_i)\bar{\rho}_i\ \Delta\rho_i\Delta\theta_i,$$

即

$$\iint\limits_{D}f(x,y)\mathrm{d}\sigma = \iint\limits_{D}f(\rho\cos\theta,\rho\sin\theta)\rho\mathrm{d}\rho\mathrm{d}\theta.$$

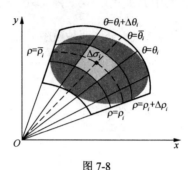

图 7-8

下面讨论极点和积分区域的位置关系．

（1）极点在区域 D 内，区域的边界为 $\rho = \rho(\theta)$，显然 θ 的取值范围为 $[0,2\pi]$，ρ 的取值为 $0 \le \rho \le \rho(\theta)$，则

$$\iint\limits_{D}f(x,y)\mathrm{d}\sigma = \int_{0}^{2\pi}\mathrm{d}\theta\int_{0}^{\rho(\theta)}f(\rho\cos\theta,\rho\sin\theta)\rho\mathrm{d}\rho.$$

（2）极点在区域 D 外，如果从极点作两条射线 $\theta = \alpha, \theta = \beta(\alpha < \beta)$，把区域的边界分成两个单值部分 $\rho = \rho_1(\theta)$ 和 $\rho = \rho_2(\theta)$ $\left(\rho_1(\theta) \le \rho_2(\theta)\right)$，显然在区域内的点 $\alpha \le \theta \le \beta$，$\rho_1(\theta) \le \rho \le \rho_2(\theta)$，则

$$\iint\limits_{D}f(x,y)\mathrm{d}\sigma = \int_{\alpha}^{\beta}\mathrm{d}\theta\int_{\rho_1(\theta)}^{\rho_2(\theta)}f(\rho\cos\theta,\rho\sin\theta)\rho\mathrm{d}\rho.$$

（3）极点在区域 D 的边界上，从极点作两条射线与区域相切，切线为 $\theta = \alpha$ 和 $\theta = \beta$ $(\alpha < \beta)$，显然曲线上的点 $\alpha \le \theta \le \beta$，$0 \le \rho \le \rho(\theta)$，则

$$\iint\limits_{D}f(x,y)\mathrm{d}\sigma = \int_{\alpha}^{\beta}d\theta\int_{0}^{\rho(\theta)}f(\rho\cos\theta,\rho\sin\theta)\rho\mathrm{d}\rho.$$

例 1 计算 $\iint\limits_{D}\mathrm{e}^{-x^2-y^2}\mathrm{d}x\mathrm{d}y$，其中 D 是由中心在原点、半径为 a 的圆周所围成的闭区域．

解 在极坐标系中，闭区域 D 可表示为 $0 \le \rho \le a$，$0 \le \theta \le 2\pi$，于是

$$\iint\limits_{D}\mathrm{e}^{-x^2-y^2}\mathrm{d}x\mathrm{d}y = \iint\limits_{D}\mathrm{e}^{-\rho^2}\rho\mathrm{d}\rho\mathrm{d}\theta = \int_{0}^{2\pi}[\int_{0}^{a}\mathrm{e}^{-\rho^2}\rho\mathrm{d}\rho]\mathrm{d}\theta = \int_{0}^{2\pi}\left[-\frac{1}{2}\mathrm{e}^{-\rho^2}\right]_{0}^{a}\mathrm{d}\theta$$

$$= \frac{1}{2}(1-\mathrm{e}^{-a^2})\int_{0}^{2\pi}\mathrm{d}\theta = \pi(1-\mathrm{e}^{-a^2}).$$

注：此处积分 $\iint\limits_{D} e^{-x^2-y^2} dxdy$ 也常写成 $\iint\limits_{x^2+y^2\leqslant a^2} e^{-x^2-y^2} dxdy$．

例 2 设区域 D 为 $x^2+y^2\leqslant R^2$，求 $\iint\limits_{D}\left(\dfrac{x^2}{a^2}+\dfrac{y^2}{b^2}\right) dxdy$．

解 根据积分区域形状选用极坐标计算．

$$\iint\limits_{D}\left(\frac{x^2}{a^2}+\frac{y^2}{b^2}\right) dxdy = \int_0^{2\pi} d\varphi \int_0^R \left(\frac{\rho^2\cos^2\varphi}{a^2}+\frac{\rho^2\sin^2\varphi}{b^2}\right)\rho d\rho$$

$$= \int_0^{2\pi}\left(\frac{\cos^2\varphi}{a^2}+\frac{\sin^2\varphi}{b^2}\right) d\varphi \int_0^R \rho^3 d\rho = \frac{\pi R^4}{4}\left(\frac{1}{a^2}+\frac{1}{b^2}\right).$$

例 3 计算二重积分 $\iint\limits_{D} y dxdy$，其中 D 是由直线 $x=-2$，$y=0$，$y=2$ 以及曲线 $x=-\sqrt{2y-y^2}$ 所围成的平面区域（见图 7-9）．

解 $$\iint\limits_{D} y dxdy = \iint\limits_{D+D_1} y dxdy - \iint\limits_{D_1} y dxdy = 4 - \int_{\frac{\pi}{2}}^{\pi} d\varphi \int_0^{2\sin\varphi} \rho\sin\varphi\rho d\rho$$

$$= 4 - \frac{8}{3}\int_{\frac{\pi}{2}}^{\pi}\sin^4\varphi d\varphi = 4 - \frac{8}{12}\int_{\frac{\pi}{2}}^{\pi}\left[1-2\cos 2\varphi+\frac{1+\cos 4\varphi}{2}\right] d\varphi = 4 - \frac{\pi}{2}.$$

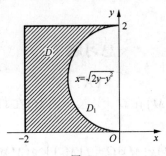

图 7-9

习题 7-3

1．利用极坐标求 $\iint\limits_{D}\left(x^4+y^4\right) dxdy$，其中积分区域 $D=\left\{(x,y)\middle| x^2+y^2\leqslant a^2\ (a>0)\right\}$．

2．利用极坐标求 $\iint\limits_{D} e^{x^2+y^2} dxdy$，其中积分区域 $D=\left\{(x,y)\middle| x^2+y^2\leqslant 1, x\geqslant 0, y\geqslant 0\right\}$．

3．利用极坐标求 $\iint\limits_{D} xy dxdy$，其中积分区域 $D=\dfrac{1}{2}\left\{(x,y)\middle| 1\leqslant x^2+y^2\leqslant 4, 0\leqslant y\leqslant x\right\}$．

4. 利用极坐标求 $\iint\limits_{D}\arctan\dfrac{y}{x}\mathrm{d}x\mathrm{d}y$，其中 D 为由直线 $y=x, y=0$ 和 $x=2$ 所围成的三角形区域.

5. 将 $I=\displaystyle\int_{0}^{1}\mathrm{d}x\int_{0}^{\sqrt{3}x}f(x,y)\mathrm{d}y+\int_{1}^{2}\mathrm{d}x\int_{0}^{\sqrt{4-x^2}}f(x,y)\mathrm{d}y$ 化为极坐标系下的二次积分.

本 章 小 结

本章首先从实际问题抽象出二重积分的概念，讨论了二重积分的性质，给出了对直角坐标下积分区域为 $X-$ 型区域、$Y-$ 型区域的积分的计算公式，主要的思想是将二重积分转化为两次定积分来计算. 计算二重积分时，准确地表示积分区域是十分必要的，根据性质 2 积分区域具有可加性，把积分区域拆分，并确定拆分后每个积分区域的类型，然后利用二重积分的公式计算. 最后，对于有些二重积分，其积分区域的边界曲线用极坐标方程来表示比较简单，再加上被积函数在极坐标下也有比较简单的形式，则应考虑用极坐标来计算此二重积分. 在极坐标下二重积分的计算，讨论极点和积分区域的位置关系——极点在积分区域外、极点在积分区域上、极点在积分区域内，确定相应的积分上下限，给出在极坐标下计算二重积分的公式.

总习题 7

（A）

1. 设函数 $f(M)$、$g(M)$ 在 Ω 上连续，$g(M)$ 在 Ω 上不变号，求证：存在点 $M_{0}\in\Omega$，使得

$$\int_{\Omega}f(M)g(M)\mathrm{d}\Omega=f(M_{0})\int_{\Omega}g(M)\mathrm{d}\Omega .$$

2. 根据积分的性质比较 $\iint\limits_{D}(x+y)^2\mathrm{d}x\mathrm{d}y$ 与 $\iint\limits_{D}(x+y)^3\mathrm{d}x\mathrm{d}y$ 的大小，其中 D 是 x 轴、y 轴与直线 $x+y=1$ 围成的闭区域.

3. 估计积分 $\iint\limits_{D}(1+x+y)\mathrm{d}x\mathrm{d}y$ 的值，其中 D 是 x 轴、y 轴与直线 $x+y=1$ 围成的闭区域.

4. 计算 $\iint\limits_{D}xy\mathrm{d}x\mathrm{d}y$，其中 D 是 $y=x$ 与 $y=x^2$ 围成的区域.

5. 利用极坐标计算积分 $\iint\limits_{D}\sin\sqrt{x^2+y^2}\mathrm{d}x\mathrm{d}y$，其中 $D=\left\{(x,y)\middle|\pi^2\leqslant x^2+y^2\leqslant 4\pi^2\right\}$.

6. 交换二次积分 $\displaystyle\int_{1}^{2}\mathrm{d}x\int_{1}^{x^2}f(x,y)\mathrm{d}y$ 的顺序.

7. 化二次积分 $\int_0^1 dx \int_x^{\sqrt{3}x} f(x^2+y^2) dy$ 为极坐标下的二重积分的形式.

8. 计算二重积分 $I = \iint\limits_D e^{-x^2-y^2} dxdy$，其中 D 是圆域 $x^2+y^2 \le 1$.

9. 设 $f(x)$ 在 $[0,1]$ 上连续，并设 $\int_0^1 f(x)dx = A$，求 $\int_0^1 dx \int_x^1 f(x)f(y)dy$.

（B）

1. 计算 $I = \int_0^1 x^2 dx \int_x^1 e^{-y^2} dy$.

2. 计算二重积分 $\iint\limits_D \dfrac{x^2}{y^2} dxdy$，其中 D 是 $xy=2$，$y=1+x^2$ 以及 $x=2$ 围成的

区域.

3. 求圆柱 $x^2+y^2 \le Rx(R>0)$ 被球面 $x^2+y^2+z^2=R^2$ 所割下的立体的体积.

4. 设 $f(x)$ 在 $[a,b]$ 上连续，且 $f(x)>0$，证明：$\int_a^b f(x)dx \int_a^b \dfrac{dx}{f(x)} \ge (b-a)^2$.

5. 计算 $I = \iint\limits_D \left|\left(x^2+y^2-2x\right)\right| dxdy$，其中 D：$x^2+y^2 \le 4$.

第8章 无穷级数

19 世纪上半叶，法国数学家柯西建立了严密的无穷级数的理论基础. 级数是微积分中一个重要的组成部分，它是用来表示函数、研究函数性质以及进行数值计算的一种有效的工具，对微积分的进一步发展及其在实际问题上的应用起着十分重要的作用. 本章将研究常数项级数、幂级数以及如何把一元函数表示成幂级数.

第1节 常数项级数的概念和性质

一、无穷项级数的概念

在初等数学中进行加法运算时，所遇到的项一般都是有限项，但是在实际问题中常常会遇到无穷多项相加的情况. 例如，我国魏晋时期刘徽就应用圆的内接正多边形的面积来近似圆的面积，这种方法本质上就是利用无穷级数来计算圆面积.

定义 1 对于给定的数列

$$u_1, u_2, \cdots, u_n, \cdots,$$

将数列依照下角标由小到大的顺序逐项相加，即

$$u_1 + u_2 + \cdots + u_n + \cdots. \tag{1}$$

则称这个表达式为无穷级数，简称为级数，记作 $\sum\limits_{n=1}^{\infty} u_n$，即

$$\sum_{n=1}^{\infty} u_n = u_1 + u_2 + \cdots + u_n + \cdots.$$

其中 u_1 叫作级数的首项，u_n 叫作级数的通项或者**一般项**. 若级数中每一项 u_n 为常数，则称该级数为**常数项级数**，如果 u_n 为函数，那么级数就称为**函数项级数**.

例如：$\sum\limits_{n=1}^{\infty} aq^n = aq + aq^2 + aq^3 + \cdots + aq^n + \cdots.$

$$\sum_{n=1}^{\infty} (-1)^n = -1 + 1 - 1 + 1 - 1 + \cdots + (-1)^n + \cdots.$$

$$\sum_{n=1}^{\infty} \frac{1}{n} = 1 + \frac{1}{2} + \frac{1}{3} + \cdots + \frac{1}{n} + \cdots.$$

级数 $\sum\limits_{n=1}^{\infty} u_n$ 的前 n 项之和为

$$s_n = u_1 + u_2 + \cdots + u_n = \sum_{i=1}^{n} u_i. \tag{2}$$

s_n 称为级数 $\sum\limits_{n=1}^{\infty} u_n$ 的**部分和**，当 n 取自然数的时候，有

$$s_1 = u_1, s_2 = u_1 + u_2, \cdots, s_n = u_1 + u_2 + \cdots + u_n.$$

它们构成的数列 $\{s_n\}$ 称为**部分和数列**，由（2）有

$$u_n = s_n - s_{n-1}.$$

定义 2　对于级数 $\sum\limits_{n=1}^{\infty} u_n$，若部分和数列 $\{s_n\}$ 存在极限 s，即

$$\lim_{n \to \infty} s_n = s,$$

则称级数 $\sum\limits_{n=1}^{\infty} u_n$ 收敛，且把极限 s 叫作级数 $\sum\limits_{n=1}^{\infty} u_n$ 的和，并记作

$$s = u_1 + u_2 + \cdots + u_n + \cdots.$$

或者称级数 $\sum\limits_{n=1}^{\infty} u_n$ 收敛于和 s；若部分和数列 $\{s_n\}$ 发散，没有极限，则称级数 $\sum\limits_{n=1}^{\infty} u_n$ 发散.

当级数 $\sum\limits_{n=1}^{\infty} u_n$ 收敛时，称

$$s - s_n = r_n = u_{n+1} + u_{n+2} + \cdots$$

为级数 $\sum\limits_{n=1}^{\infty} u_n$ 的**余项**，即是用 s_n 近似代替 s 作近似计算时的误差，且在级数 $\sum\limits_{n=1}^{\infty} u_n$ 收敛时，有

$$\lim_{n \to \infty} r_n = 0.$$

例 1　讨论等比级数（几何级数）

$$\sum_{n=1}^{\infty} aq^n = aq + aq^2 + aq^3 + \cdots + aq^n + \cdots$$

的敛散性，其中 $a \neq 0, q$ 称为等比级数的公比.

解　当 $|q| \neq 1$ 时，由等比数列求和公式得部分和为

$$s_n = aq + aq^2 + aq^3 + \cdots + aq^n = \frac{aq - aq^{n+1}}{1-q} = \frac{aq}{1-q} - \frac{aq^{n+1}}{1-q}.$$

当 $|q| < 1$ 时，因为 $\lim\limits_{n \to \infty} q^{n+1} = 0$，所以 $\lim\limits_{n \to \infty} s_n = \lim\limits_{n \to \infty} \left(\dfrac{aq}{1-q} - \dfrac{aq^{n+1}}{1-q} \right) = \dfrac{aq}{1-q}$，此时等

比级数收敛，和为 $\dfrac{aq}{1-q}$.

当 $|q| > 1$ 时，因为 $\lim\limits_{n \to \infty} q^{n+1} = \infty$，所以 $\lim\limits_{n \to \infty} s_n = \infty$，即等比级数发散.

当 $q = 1$ 时，$s_n = na \to \infty$，即等比级数发散.

当 $q = -1$ 时，$s_n = \begin{cases} -a, & n为奇数, \\ 0, & n为偶数, \end{cases}$ 故极限不存在，所以等比级数发散.

综上所述，当 $|q|<1$ 时，等比级数收敛，和为 $\dfrac{aq}{1-q}$ ；当 $|q|\geqslant 1$ 时，等比级数发散.

注：等比级数是收敛级数中一个著名的级数，阿贝尔曾经指出"除了等比级数外，数学中不存在任何一种它的和已被严格确定的无穷级数".

例2 判断级数 $\displaystyle\sum_{n=1}^{\infty}\dfrac{1}{n(n+1)}$ 的敛散性.

解 因为 $u_n=\dfrac{1}{n(n+1)}=\dfrac{1}{n}-\dfrac{1}{n+1}$ ，

则有
$$s_n=\dfrac{1}{1\cdot 2}+\dfrac{1}{2\cdot 3}+\dfrac{1}{3\cdot 4}+\cdots+\dfrac{1}{n(n+1)}$$
$$=\left(1-\dfrac{1}{2}\right)+\left(\dfrac{1}{2}-\dfrac{1}{3}\right)+\left(\dfrac{1}{3}-\dfrac{1}{4}\right)+\cdots+\left(\dfrac{1}{n}-\dfrac{1}{n+1}\right)=1-\dfrac{1}{n+1}.$$

所以 $\displaystyle\lim_{n\to\infty}s_n=\lim_{n\to\infty}\left(1-\dfrac{1}{n+1}\right)=1$ ，即该级数收敛，其和为 1.

例3 判断级数 $\displaystyle\sum_{n=1}^{\infty}n$ 的敛散性.

解 因为 $s_n=1+2+3+\cdots+n=\dfrac{n(n+1)}{2}$ ，

则有 $\displaystyle\lim_{n\to\infty}s_n=\lim_{n\to\infty}\dfrac{n(n+1)}{2}=\infty$ ，即该级数发散.

例4 证明调和级数 $\displaystyle\sum_{n=1}^{\infty}\dfrac{1}{n}$ 发散.

证 假设调和级数收敛于 s ，即 $\displaystyle\sum_{n=1}^{\infty}\dfrac{1}{n}=s.$

则有 $\displaystyle\lim_{n\to\infty}s_n=\lim_{n\to\infty}s_{2n}=s$ ， $\displaystyle\lim_{n\to\infty}(s_{2n}-s_n)=0.$

而 $s_{2n}-s_n=\dfrac{1}{n+1}+\dfrac{1}{n+2}+\cdots+\dfrac{1}{2n}>\dfrac{1}{2n}+\dfrac{1}{2n}+\cdots+\dfrac{1}{2n}=n\times\dfrac{1}{2n}=\dfrac{1}{2}.$

取极限有 $\displaystyle\lim_{n\to\infty}(s_{2n}-s_n)>\dfrac{1}{2}$ ，和假设级数收敛时 $\displaystyle\lim_{n\to\infty}(s_{2n}-s_n)=0$ 相矛盾，故假设不成立，即调和级数发散.

注：当 n 越来越大的时候，调和级数的项变得越来越小，同时，它的和将慢慢地增大并超越任何一个有限数. 调和级数这种矛盾的性质使一代又一代的数学家困惑并为之着迷. 调和级数的离散性是由法国数学家尼古拉·奥雷姆（1323—1382)在极限概念被完全理解之前大约 400 年时首次证明的.

例如，调和级数的前 1000 项相加大约为 7.485，前 100 万项相加大约为 14.357，前 10 亿项相加大约为 21，前 10000 亿项相加大约为 28，更甚至于大约前 10^{43} 项之和为 100，可见虽然调和级数每一项都很小，但是无穷多个无穷小之和将会变得无穷大.

二、收敛级数的性质

性质 1　若级数 $\sum\limits_{n=1}^{\infty} u_n$ 收敛于和 s，则级数 $\sum\limits_{n=1}^{\infty} ku_n$ 也收敛，且和为 ks（k 为常数）.

证　设级数 $\sum\limits_{n=1}^{\infty} u_n$ 的部分和数列为 $\{s_n\}$，级数 $\sum\limits_{n=1}^{\infty} ku_n$ 的部分和数列为 $\{\sigma_n\}$，则有

$$\sigma_n = ku_1 + ku_2 + \cdots + ku_n = k(u_1 + u_2 + \cdots + u_n) = ks_n.$$

于是

$$\lim_{n \to \infty} \sigma_n = \lim_{n \to \infty} ks_n = k \lim_{n \to \infty} s_n = ks.$$

所以级数 $\sum\limits_{n=1}^{\infty} ku_n$ 收敛于和 ks.

性质 1 表明，级数的每一项同时乘以一个不为零的常数所构成的级数敛散性不变.

性质 2　若级数 $\sum\limits_{n=1}^{\infty} u_n$、$\sum\limits_{n=1}^{\infty} v_n$ 分别收敛于和 s、σ，则级数 $\sum\limits_{n=1}^{\infty} (u_n \pm v_n)$ 收敛于 $s \pm \sigma$.

证　设级数 $\sum\limits_{n=1}^{\infty} u_n$ 的部分和数列为 $\{s_n\}$，级数 $\sum\limits_{n=1}^{\infty} v_n$ 的部分和数列为 $\{\sigma_n\}$，级数 $\sum\limits_{n=1}^{\infty} (u_n \pm v_n)$ 的部分和数列为 $\{\tau_n\}$，则有

$$\begin{aligned}\tau_n &= (u_1 \pm v_1) + (u_2 \pm v_2) + \cdots + (u_n \pm v_n) = (u_1 + u_2 + \cdots + u_n) \pm (v_1 + v_2 + \cdots + v_n) \\ &= s_n \pm \sigma_n.\end{aligned}$$

于是 $\lim\limits_{n \to \infty} \tau_n = \lim\limits_{n \to \infty} (s_n \pm \sigma_n) = s \pm \sigma$.

性质 2 表明，两个收敛级数逐项相加或逐项相减所构成的新级数仍然收敛.

推论　若级数 $\sum\limits_{n=1}^{\infty} u_n$、$\sum\limits_{n=1}^{\infty} v_n$ 一个收敛，另外一个发散，则级数 $\sum\limits_{n=1}^{\infty} (u_n \pm v_n)$ 发散.

证　（反证法）假设级数 $\sum\limits_{n=1}^{\infty} (u_n \pm v_n)$ 收敛，不妨设级数 $\sum\limits_{n=1}^{\infty} u_n$ 发散，级数 $\sum\limits_{n=1}^{\infty} v_n$ 收敛.

级数 $\sum\limits_{n=1}^{\infty} v_n$ 收敛，级数 $\sum\limits_{n=1}^{\infty} (u_n \pm v_n)$ 收敛，则由性质 2，$\sum\limits_{n=1}^{\infty} [(u_n \pm v_n) \mp v_n] = \sum\limits_{n=1}^{\infty} u_n$ 收敛，和已知级数 $\sum\limits_{n=1}^{\infty} u_n$ 发散矛盾，假设不成立，即级数 $\sum\limits_{n=1}^{\infty} (u_n \pm v_n)$ 发散.

注：若级数 $\sum\limits_{n=1}^{\infty} u_n$、$\sum\limits_{n=1}^{\infty} v_n$ 同时发散，则级数 $\sum\limits_{n=1}^{\infty}(u_n \pm v_n)$ 可能收敛，也可能发散.

例 5 判断级数 $\sum\limits_{n=1}^{\infty}\left(\dfrac{1}{n} - \dfrac{2}{3^n}\right)$ 的敛散性.

解 因为调和级数 $\sum\limits_{n=1}^{\infty} \dfrac{1}{n}$ 发散，级数 $\sum\limits_{n=1}^{\infty} \dfrac{2}{3^n}$ 是公比为 $\dfrac{1}{3} < 1$ 的等比级数，是收敛的级数，所以级数 $\sum\limits_{n=1}^{\infty}\left(\dfrac{1}{n} - \dfrac{2}{3^n}\right)$ 发散.

例 6 判断级数 $\sum\limits_{n=1}^{\infty}\left(\dfrac{3}{2^n} + \dfrac{1}{n(n+1)}\right)$ 的敛散性.

解 因为级数 $\sum\limits_{n=1}^{\infty} \dfrac{3}{2^n}$ 是公比为 $\dfrac{1}{2} < 1$ 的等比级数，且有 $\sum\limits_{n=1}^{\infty} \dfrac{3}{2^n} = \dfrac{\frac{3}{2}}{1 - \frac{1}{2}} = 3$.

由例 2 知级数 $\sum\limits_{n=1}^{\infty} \dfrac{1}{n(n+1)} = 1$，所以级数收敛，其和为

$$\sum\limits_{n=1}^{\infty}\left(\dfrac{3}{2^n} + \dfrac{1}{n(n+1)}\right) = \sum\limits_{n=1}^{\infty} \dfrac{3}{2^n} + \sum\limits_{n=1}^{\infty} \dfrac{1}{n(n+1)} = 3 + 1 = 4.$$

性质 3 在级数中增加、减少、改变有限项，级数的敛散性不变.

证 对于级数 $u_1 + u_2 + \cdots + u_k + u_{k+1} + \cdots + u_n + \cdots$，设其部分和数列为 $\{s_n\}$，将级数的前 k 项去掉，则得到新级数

$$u_{k+1} + u_{k+2} + \cdots + u_n + \cdots.$$

其部分和数列为 $\{\sigma_n\}$：$\sigma_n = u_{k+1} + u_{k+2} + \cdots + u_{k+n} = s_{k+n} - s_k$.

s_{k+n} 为原来级数的 $k+n$ 项之和，s_k 为去掉的有限 k 项之和，是一个常数，则当 $n \to \infty$ 时，σ_n 和 s_{k+n} 要么同时存在极限，要么同时极限不存在，即两个级数具有相同的敛散性.

类似地，级数中增加有限项时，敛散性不变；改变有限项时可以看成先减少有限项，再增加有限项的情况，则同样级数的敛散性不变.

性质 4 在收敛级数中对级数的项任意添加括号之后所构成的新级数仍然收敛，且收敛的和不变.

证 假设收敛于 s 的级数为

$$u_1 + u_2 + \cdots + u_k + u_{k+1} + \cdots + u_n + \cdots.$$

对级数的项任意加括号之后所形成的新级数为

$$(u_1 + u_2 + \cdots + u_{n_1}) + (u_{n_1+1} + \cdots + u_{n_2}) + \cdots + (u_{n_{k-1}+1} + \cdots + u_{n_k}) + \cdots.$$

原级数的部分和数列为 $\{s_n\}$，新级数的部分和数列为 $\{\sigma_k\}$，则有

$$\sigma_k = (u_1 + u_2 + \cdots + u_{n_1}) + (u_{n_1+1} + \cdots + u_{n_2}) + \cdots + (u_{n_{k-1}+1} + \cdots + u_{n_k}) = s_{n_k}.$$

$$\lim_{n\to\infty}\sigma_k = \lim_{n\to\infty}s_{n_k} = s.$$

即对级数项任意加括号之后所形成的新级数亦收敛.

推论 若加括号的级数发散，那么去掉括号的级数仍然发散.

注： 加括号的级数收敛，去掉括号后，级数不一定收敛. 例如，级数

$$(1-1)+(1-1)+\cdots+(1-1)+\cdots$$

收敛于和 0，但是去掉括号之后所形成的级数

$$1-1+1-1+\cdots+(-1)^{n-1}+\cdots.$$

它的部分和 $s_n = \begin{cases} 1, & n\text{为奇数,} \\ 0, & n\text{为偶数,} \end{cases}$ 极限不存在，所以级数发散.

性质 5（级数收敛的必要条件） 如果级数 $\sum\limits_{n=1}^{\infty}u_n$ 收敛，则它的通项 u_n 满足 $\lim\limits_{n\to\infty}u_n = 0$.

证 设级数 $\sum\limits_{n=1}^{\infty}u_n$ 的部分和数列为 $\{s_n\}$，且级数收敛于 s，则有

$$\lim_{n\to\infty}s_n = \lim_{n\to\infty}s_{n+1} = s.$$
$$\lim_{n\to\infty}u_n = \lim_{n\to\infty}(s_{n+1}-s_n) = s-s = 0.$$

由此可见，如果级数 $\sum\limits_{n=1}^{\infty}u_n$ 中，$\lim\limits_{n\to\infty}u_n \neq 0$，那么级数发散.

注： $\lim\limits_{n\to\infty}u_n = 0$ 只是级数收敛的必要条件，而不是充分条件，即若 $\lim\limits_{n\to\infty}u_n = 0$ 时，级数不一定收敛，例如，调和级数 $\sum\limits_{n=1}^{\infty}\dfrac{1}{n}$ 发散，但满足 $\lim\limits_{n\to\infty}\dfrac{1}{n} = 0$.

例 7 判断级数 $\sum\limits_{n=1}^{\infty}\left(1+\dfrac{1}{n}\right)^n$ 的敛散性.

解 $$\lim_{n\to\infty}u_n = \lim_{n\to\infty}\left(1+\frac{1}{n}\right)^n = e \neq 0.$$

所以级数 $\sum\limits_{n=1}^{\infty}\left(1+\dfrac{1}{n}\right)^n$ 发散.

习题 8-1

1. 写出下列级数的一般项.

（1） $\ln\dfrac{1}{2}+2\ln\dfrac{2}{3}+3\ln\dfrac{3}{4}+\cdots$；

（2） $\dfrac{2}{1}-\dfrac{3}{2}+\dfrac{4}{3}-\dfrac{5}{4}+\dfrac{6}{5}+\cdots$；

（3） $\dfrac{1}{1\times 4}+\dfrac{a}{4\times 7}+\dfrac{a^2}{7\times 10}+\dfrac{a^3}{10\times 13}+\dfrac{a^4}{13\times 16}+\cdots$；

（4）$\dfrac{1}{2}+\dfrac{3}{4}+\dfrac{5}{8}+\dfrac{7}{16}+\cdots$.

2. 判断下列级数的敛散性，如果收敛，求出收敛级数的和.

（1）$\displaystyle\sum_{n=1}^{\infty}\dfrac{1}{(2n+1)(2n-1)}$；　　　（2）$\displaystyle\sum_{n=1}^{\infty}\dfrac{1}{\sqrt{n+1}+\sqrt{n}}$；　　　（3）$\displaystyle\sum_{n=1}^{\infty}\dfrac{5}{3\times2^{n}}$；

（4）$\displaystyle\sum_{n=1}^{\infty}\ln\dfrac{n}{n+1}$；　　　（5）$\displaystyle\sum_{n=1}^{\infty}\dfrac{n+11}{n}$；　　　（6）$\displaystyle\sum_{n=1}^{\infty}\dfrac{1}{\sqrt[n]{3}}$；

（7）$\displaystyle\sum_{n=1}^{\infty}\dfrac{1}{n(n+1)(n+2)}$；　　　（8）$\displaystyle\sum_{n=1}^{\infty}\left(\dfrac{1}{n}+\dfrac{1}{2^{n}}\right)$.

第2节　正项级数敛散性的判别法

在级数 $\displaystyle\sum_{n=1}^{\infty}u_{n}$ 中，如果每一项 $u_{n}\geqslant0,(n=1,2,\cdots)$，那么称级数为正项级数. 对于正项级数部分和 s_{n}，因为 $s_{n+1}=s_{n}+u_{n}\geqslant s_{n}$，可见部分和数列 $\{s_{n}\}$ 单调递增，即
$$s_{1}\leqslant s_{2}\leqslant s_{3}\leqslant\cdots\leqslant s_{n}\leqslant\cdots.$$

由数列极限判断准则，即单调有界数列必有极限，则若部分和数列 $\{s_{n}\}$ 有上界，则 $\{s_{n}\}$ 收敛，即级数收敛，否则级数发散. 根据这一准则，可以得到判断正项级数收敛的基本定理.

定理1（正项级数收敛基本定理） 正项级数 $\displaystyle\sum_{n=1}^{\infty}u_{n}$ 收敛的充分必要条件是：它的部分和数列 $\{s_{n}\}$ 有界.

例1 判断正项级数 $\displaystyle\sum_{n=1}^{\infty}\dfrac{\sin\dfrac{\pi}{n}}{2^{n}}$ 的敛散性.

解
$$s_{n}=\dfrac{1}{4}+\dfrac{\sin\dfrac{\pi}{3}}{8}+\dfrac{\sin\dfrac{\pi}{4}}{16}+\cdots+\dfrac{\sin\dfrac{\pi}{n}}{2^{n}}$$
$$<\dfrac{1}{4}+\dfrac{1}{8}+\dfrac{1}{16}+\cdots+\dfrac{1}{2^{n}}<\dfrac{\dfrac{1}{4}}{1-\dfrac{1}{2}}=\dfrac{1}{2}.$$

即正项级数的部分和数列 $\{s_{n}\}$ 有界，因此正项级数 $\displaystyle\sum_{n=1}^{\infty}\dfrac{\sin\dfrac{\pi}{n}}{2^{n}}$ 收敛.

定理2（比较审敛法） 设 $\displaystyle\sum_{n=1}^{\infty}u_{n}$、$\displaystyle\sum_{n=1}^{\infty}v_{n}$ 是两个正项级数，且有 $u_{n}\leqslant v_{n}$，$(n=1,2,\cdots)$，若级数 $\displaystyle\sum_{n=1}^{\infty}v_{n}$ 收敛，则级数 $\displaystyle\sum_{n=1}^{\infty}u_{n}$ 收敛；若级数 $\displaystyle\sum_{n=1}^{\infty}u_{n}$ 发散，则级数 $\displaystyle\sum_{n=1}^{\infty}v_{n}$

发散.

证　设级数 $\sum\limits_{n=1}^{\infty} u_n$ 的部分和数列为 $\{s_n\}$，级数 $\sum\limits_{n=1}^{\infty} v_n$ 的部分和数列为 $\{\sigma_n\}$，则有

$$s_n = u_1 + u_2 + \cdots + u_n \leqslant v_1 + v_2 + \cdots + v_n = \sigma_n, (n = 1, 2, 3, \cdots).$$

若级数 $\sum\limits_{n=1}^{\infty} v_n$ 收敛，则由定理 1 知道级数 $\sum\limits_{n=1}^{\infty} v_n$ 的部分和 $\{\sigma_n\}$ 有界，即 $\sigma_n \leqslant M$，所

以 $s_n \leqslant M$，即级数 $\sum\limits_{n=1}^{\infty} u_n$ 的部分和数列 $\{s_n\}$ 有界，所以级数 $\sum\limits_{n=1}^{\infty} u_n$ 收敛；

若级数 $\sum\limits_{n=1}^{\infty} u_n$ 发散，则级数 $\sum\limits_{n=1}^{\infty} v_n$ 也发散. 因为如果级数 $\sum\limits_{n=1}^{\infty} v_n$ 收敛，那么由定理的

第一部分知道级数 $\sum\limits_{n=1}^{\infty} u_n$ 也收敛，这和已知条件相矛盾，所以级数 $\sum\limits_{n=1}^{\infty} v_n$ 也发散.

由本章第一节知道，一个级数每一项同乘以一个非零常数后敛散性不变，一个级数增加、减少、改变有限项，级数的敛散性不变，则有以下推论.

推论　设 $\sum\limits_{n=1}^{\infty} u_n$、$\sum\limits_{n=1}^{\infty} v_n$ 是两个正项级数，存在常数 $k \neq 0$ 和一个自然数 N，对

于 $\forall n \geqslant N$ 有 $u_n \leqslant k v_n$，若级数 $\sum\limits_{n=1}^{\infty} v_n$ 收敛，则级数 $\sum\limits_{n=1}^{\infty} u_n$ 收敛；若级数 $\sum\limits_{n=1}^{\infty} u_n$ 发散，

则级数 $\sum\limits_{n=1}^{\infty} v_n$ 发散.

例 2　讨论 p 级数 $\sum\limits_{n=1}^{\infty} \dfrac{1}{n^p}$ 的敛散性.

解　当 $p \leqslant 1$ 时，有 $\dfrac{1}{n^p} \geqslant \dfrac{1}{n}$，而调和级数 $\sum\limits_{n=1}^{\infty} \dfrac{1}{n}$ 发散，所以级数 $\sum\limits_{n=1}^{\infty} \dfrac{1}{n^p}$ 发散.

若 $p > 1$，当 $n-1 \leqslant x \leqslant n$ 时，有 $\dfrac{1}{n^p} \leqslant \dfrac{1}{x^p}$，所以

$$\frac{1}{n^p} = \int_{n-1}^{n} \frac{1}{n^p} \mathrm{d}x \leqslant \int_{n-1}^{n} \frac{1}{x^p} \mathrm{d}x \quad (n = 2, 3, \cdots).$$

则级数 $\sum\limits_{n=1}^{\infty} \dfrac{1}{n^p}$ 的部分和 s_n 为

$$s_n = 1 + \frac{1}{2^p} + \frac{1}{3^p} + \cdots + \frac{1}{n^p} \leqslant 1 + \int_1^2 \frac{1}{x^p} \mathrm{d}x + \int_2^3 \frac{1}{x^p} \mathrm{d}x + \cdots + \int_{n-1}^{n} \frac{1}{x^p} \mathrm{d}x$$

$$= 1 + \int_1^n \frac{1}{x^p} \mathrm{d}x = 1 + \frac{1}{p-1}\left(1 - \frac{1}{n^{p-1}}\right) < 1 + \frac{1}{p-1}.$$

即部分和数列 $\{s_n\}$ 有上界，所以级数收敛.

综上所述，对于 p 级数，当 $p > 1$ 时级数收敛，$p \leqslant 1$ 时级数发散.

比较审敛法是判断正项级数敛散性的一种重要的判断法，对于给定的正项级数，利用比较审敛法来进行敛散性判断时，要观察级数，找到另一个已知敛散性

的级数作为比较的基准与其进行比较. 常用的基准级数有调和级数、p 级数、等比级数.

例 3　判断级数 $\sum\limits_{n=1}^{\infty} \dfrac{1}{\sqrt{n(n^2+1)}}$ 的敛散性.

解　因为 $\sqrt{n(n^2+1)} > n^{\frac{3}{2}}$，所以 $\dfrac{1}{\sqrt{n(n^2+1)}} < \dfrac{1}{n^{\frac{3}{2}}}$，而级数 $\sum\limits_{n=1}^{\infty} \dfrac{1}{n^{\frac{3}{2}}}$ 是 $p = \dfrac{3}{2} > 1$ 的 p 级数，是收敛级数，根据比较审敛法可知所给级数收敛.

例 4　判断级数 $\sum\limits_{n=1}^{\infty} 2^n \cdot \sin \dfrac{\pi}{3^n}$ 的敛散性.

解　对于 $0 < x < \pi$，有 $0 < \sin x < x$，所以对于任意 n，有

$$0 < 2^n \cdot \sin \frac{\pi}{3^n} < \pi \cdot \left(\frac{2}{3}\right)^n,$$

而级数 $\sum\limits_{n=1}^{\infty} \pi \cdot \left(\dfrac{2}{3}\right)^n$ 是公比为 $\dfrac{2}{3} < 1$ 的等比级数，是收敛级数，根据比较审敛法可知所给级数收敛.

例 5　判断级数 $\sum\limits_{n=1}^{\infty} \dfrac{1}{n^n}$ 的敛散性.

解　$\dfrac{1}{n^n} < \dfrac{1}{2^{n-1}}$，$(n>1)$，而级数 $\sum\limits_{n=1}^{\infty} \dfrac{1}{2^{n-1}}$ 是公比为 $\dfrac{1}{2}$ 的等比级数，是收敛级数，根据比较审敛法可知所给级数收敛.

定理 3（比较审敛法的极限形式）　设 $\sum\limits_{n=1}^{\infty} u_n$、$\sum\limits_{n=1}^{\infty} v_n$ 是两个正项级数，且 $\lim\limits_{n \to \infty} \dfrac{u_n}{v_n} = l$，则

（1）如果 $0 \leqslant l < +\infty$，若级数 $\sum\limits_{n=1}^{\infty} v_n$ 收敛，则级数 $\sum\limits_{n=1}^{\infty} u_n$ 收敛；

（2）如果 $0 < l \leqslant +\infty$，若级数 $\sum\limits_{n=1}^{\infty} v_n$ 发散，则级数 $\sum\limits_{n=1}^{\infty} u_n$ 发散；

（3）$0 < l < +\infty$，级数 $\sum\limits_{n=1}^{\infty} v_n$ 和级数 $\sum\limits_{n=1}^{\infty} u_n$ 具有相同的敛散性.

证　（1）$\lim\limits_{n \to \infty} \dfrac{u_n}{v_n} = l$，则由极限定义，对于 $\varepsilon = 1 > 0$，存在 N，当 $n>N$ 时，有 $\left| \dfrac{u_n}{v_n} - l \right| < 1$ 成立，即 $l-1 < \dfrac{u_n}{v_n} < l+1$，即 $u_n < (l+1)v_n$，

则由比较审敛法知，当级数 $\sum\limits_{n=1}^{\infty} v_n$ 收敛时，级数 $\sum\limits_{n=1}^{\infty} u_n$ 收敛.

（2）（反证法）假设级数 $\sum\limits_{n=1}^{\infty} u_n$ 收敛，因为 $\lim\limits_{n\to\infty}\dfrac{u_n}{v_n}=l$，则有 $\lim\limits_{n\to\infty}\dfrac{v_n}{u_n}=\dfrac{1}{l}$，

$0\leqslant\dfrac{1}{l}<+\infty$，则由定理的第一部分知级数 $\sum\limits_{n=1}^{\infty} v_n$ 收敛，这和已知相矛盾，所以级数

$\sum\limits_{n=1}^{\infty} u_n$ 发散.

（3）由前面两部分综合即为定理的第三部分.

例 6 判断级数 $\sum\limits_{n=1}^{\infty}\ln\left(1+\dfrac{1}{n^2}\right)$ 的敛散性.

解 $\lim\limits_{n\to\infty}\dfrac{\ln\left(1+\dfrac{1}{n^2}\right)}{\dfrac{1}{n^2}}=1$，而级数 $\sum\limits_{n=1}^{\infty}\dfrac{1}{n^2}$ 是 $p=2$ 的 p 级数，是收敛级数，根据比

较审敛法的极限形式可知所给级数收敛.

例 7 判断级数 $\sum\limits_{n=1}^{\infty}\dfrac{1}{\sqrt{n(n-1)}}$ 的敛散性.

解 $\lim\limits_{n\to\infty}\dfrac{\dfrac{1}{\sqrt{n(n-1)}}}{\dfrac{1}{n}}=1$，而调和级数 $\sum\limits_{n=1}^{\infty}\dfrac{1}{n}$ 发散，根据比较审敛法的极限形式可

知所给级数发散.

例 8 判断以下级数的敛散性.

（1）$\sum\limits_{n=1}^{\infty}\sin\dfrac{\pi}{n}$；　　　　（2）$\sum\limits_{n=1}^{\infty}\left(1-\cos\dfrac{\alpha}{n}\right)$，$\alpha\neq0$；　　　（3）$\sum\limits_{n=1}^{\infty}\dfrac{1}{3^n-2^n}$.

解 （1）$\lim\limits_{n\to\infty}\dfrac{\sin\dfrac{\pi}{n}}{\dfrac{1}{n}}=\pi$，而调和级数 $\sum\limits_{n=1}^{\infty}\dfrac{1}{n}$ 发散，根据比较审敛法的极限形式可

知所给级数发散；

（2）$\lim\limits_{n\to\infty}\dfrac{1-\cos\dfrac{\alpha}{n}}{\dfrac{1}{n^2}}=\dfrac{\alpha^2}{2}$，而级数 $\sum\limits_{n=1}^{\infty}\dfrac{1}{n^2}$ 收敛，根据比较审敛法的极限形式可知所

给级数收敛；

（3）$u_n=\dfrac{1}{3^n-2^n}=\dfrac{1}{3^n}\cdot\dfrac{1}{1-\left(\dfrac{2}{3}\right)^n}$，$\lim\limits_{n\to\infty}\dfrac{\dfrac{1}{3^n}\cdot\dfrac{1}{1-\left(\dfrac{2}{3}\right)^n}}{\dfrac{1}{3^n}}=1$，而级数 $\sum\limits_{n=1}^{\infty}\dfrac{1}{3^n}$ 收敛，根

据比较审敛法的极限形式可知所给级数收敛.

用比较审敛法和比较审敛法的极限形式进行判断级数的敛散性时，依赖于已知级数的敛散性，难度较大，下面介绍在实际计算中易于应用的判断法.

定理4　比值审敛法（达朗贝尔判断法）　设有正项级数 $\sum\limits_{n=1}^{\infty} u_n$，如果 $\lim\limits_{n\to\infty}\dfrac{u_{n+1}}{u_n}=l$，则

（1） 如果 $l<1$，级数 $\sum\limits_{n=1}^{\infty} u_n$ 收敛；

（2） 如果 $1<l\leqslant +\infty$，级数 $\sum\limits_{n=1}^{\infty} u_n$ 发散；

（3） $l=1$，级数 $\sum\limits_{n=1}^{\infty} u_n$ 可能收敛也可能发散.

证　$\lim\limits_{n\to\infty}\dfrac{u_{n+1}}{u_n}=l$，对于 $\varepsilon>0$，存在 N，当 $n\geqslant N$ 时，有 $\left|\dfrac{u_{n+1}}{u_n}-l\right|<\varepsilon$ 成立.

（1）当 $l<1$ 时，取充分小的 ε，使得 $l+\varepsilon=r<1$，则有 $\dfrac{u_{n+1}}{u_n}<\varepsilon+l=r$，

因此 $u_{N+1}<ru_N$，$u_{N+2}<ru_{N+1}<r^2u_N$，$\cdots,u_{N+k}<r^ku_N$.

而级数 $\sum\limits_{k=1}^{\infty} r^k u_N$ 是收敛的等比级数，所以原级数收敛.

（2）当 $l>1$ 时，取一个充分小的 ε，使得 $l-\varepsilon>1$，从而 $1<l-\varepsilon<\dfrac{u_{n+1}}{u_n}$，即 $u_{n+1}>u_n$，也就是当 $n\geqslant N$ 时，正项级数的一般项 u_n 逐渐增加，从而 $\lim\limits_{n\to\infty}u_n\neq 0$，故级数发散.

（3）$l=1$，级数 $\sum\limits_{n=1}^{\infty} u_n$ 可能收敛也可能发散，例如 p 级数，

$$\lim_{n\to\infty}\frac{u_{n+1}}{u_n}=\lim_{n\to\infty}\frac{n^p}{(n+1)^p}=1.$$

但当 $p>1$ 时级数收敛；$p\leqslant 1$ 时级数发散.

例9　判断级数 $\sum\limits_{n=1}^{\infty}\dfrac{4^n}{n\cdot 3^n}$ 的敛散性.

解　因为 $\lim\limits_{n\to\infty}\dfrac{u_{n+1}}{u_n}=\lim\limits_{n\to\infty}\dfrac{4^{n+1}}{(n+1)\cdot 3^{n+1}}\cdot\dfrac{n\cdot 3^n}{4^n}=\lim\limits_{n\to\infty}\dfrac{4}{3}\cdot\dfrac{n}{n+1}=\dfrac{4}{3}>1$，根据比值审敛法可知所给级数发散.

例10　判断级数 $\sum\limits_{n=1}^{\infty}\dfrac{n!}{n^n}$ 的敛散性.

解 因为 $\lim\limits_{n\to\infty}\dfrac{u_{n+1}}{u_n} = \lim\limits_{n\to\infty}\dfrac{(n+1)!}{(n+1)^{n+1}} \cdot \dfrac{n^n}{n!} = \lim\limits_{n\to\infty}\left(\dfrac{n}{n+1}\right)^n = \dfrac{1}{e} < 1$，根据比值审敛法可知所给级数收敛.

例 11 判断级数 $\sum\limits_{n=1}^{\infty}\dfrac{2^n}{n!}$ 的敛散性.

解 因为 $\lim\limits_{n\to\infty}\dfrac{u_{n+1}}{u_n} = \lim\limits_{n\to\infty}\dfrac{2^{n+1}}{(n+1)!} \cdot \dfrac{n!}{2^n} = \lim\limits_{n\to\infty}\dfrac{2}{n+1} = 0 < 1$，根据比值审敛法可知所给级数收敛.

例 12 判断级数 $\sum\limits_{n=1}^{\infty}\dfrac{x^n}{n}$ $(x > 0)$ 的敛散性.

解 因为 $\lim\limits_{n\to\infty}\dfrac{u_{n+1}}{u_n} = \lim\limits_{n\to\infty}\dfrac{x^{n+1}}{n+1} \cdot \dfrac{n}{x^n} = \lim\limits_{n\to\infty} x \cdot \dfrac{n}{n+1} = x$，

当 $x < 1$ 时，根据比值审敛法可知所给级数收敛;

当 $x > 1$ 时，根据比值审敛法可知所给级数发散;

当 $x = 1$ 时，级数为调和级数 $\sum\limits_{n=1}^{\infty}\dfrac{1}{n}$，是发散级数;

综上所述，当 $x < 1$ 时，级数收敛，当 $x \geqslant 1$ 时，级数发散.

例 13 判断级数 $\sum\limits_{n=1}^{\infty}\dfrac{1}{2n \cdot (2n+1)}$ 的敛散性.

解 因为 $\lim\limits_{n\to\infty}\dfrac{u_{n+1}}{u_n} = \lim\limits_{n\to\infty}\dfrac{2n \cdot (2n+1)}{2(n+1) \cdot (2n+3)} = 1$，应用比值审敛法失效，但是因为

$\dfrac{1}{2n \cdot (2n+1)} < \dfrac{1}{(2n)^2}$，而级数 $\sum\limits_{n=1}^{\infty}\dfrac{1}{(2n)^2}$ 收敛，根据比较审敛法可知所给级数收敛.

*定理 5 **根值判别法（柯西判别法）** 设有正项级数 $\sum\limits_{n=1}^{\infty}u_n$，如果 $\lim\limits_{n\to\infty}\sqrt[n]{u_n} = l$，则

（1）如果 $l < 1$，级数 $\sum\limits_{n=1}^{\infty}u_n$ 收敛;

（2）如果 $1 < l \leqslant +\infty$，级数 $\sum\limits_{n=1}^{\infty}u_n$ 发散;

（3）$l = 1$，级数 $\sum\limits_{n=1}^{\infty}u_n$ 可能收敛也可能发散.

该定理的证明和定理 4 的证明过程相同，请读者自己完成.

例 14 判断级数 $\sum\limits_{n=1}^{\infty}\dfrac{1}{n^n}$ 的敛散性.

解 因为 $\lim\limits_{n\to\infty}\sqrt[n]{u_n} = \lim\limits_{n\to\infty}\sqrt[n]{\dfrac{1}{n^n}} = \lim\limits_{n\to\infty}\dfrac{1}{n} = 0 < 1$，根据根值审敛法可知所给级数收敛.

例 15 判断级数 $\sum\limits_{n=1}^{\infty}\left(1-\dfrac{1}{n}\right)^{n^2}$ 的敛散性.

解 因为 $\lim\limits_{n\to\infty}\sqrt[n]{u_n}=\lim\limits_{n\to\infty}\sqrt[n]{\left(1-\dfrac{1}{n}\right)^{n^2}}=\lim\limits_{n\to\infty}\left(1-\dfrac{1}{n}\right)^{n}=\dfrac{1}{e}<1$，根据根值审敛法可知所给级数收敛.

例 16 判断级数 $\sum\limits_{n=1}^{\infty}\left(\dfrac{n^2+1}{n}\right)^{n}$ 的敛散性.

解 因为 $\lim\limits_{n\to\infty}\sqrt[n]{u_n}=\lim\limits_{n\to\infty}\sqrt[n]{\left(\dfrac{n^2+1}{n}\right)^{n}}=\lim\limits_{n\to\infty}\dfrac{n^2+1}{n}=\infty$，根据根值审敛法可知所给级数发散.

以上介绍的几种正项级数的审敛法，在实际应用中，可以按照下面的顺序进行使用.

（1）检查一般项的极限是否为 0，若极限不为 0 或者极限不存在，那么这个级数就是发散的；

（2）应用比值判别法（一般项中含有若干因式的乘积）；

（3）应用根值判别法（一般项中含有函数的 n 次方）；

（4）应用比较审敛法或者比较审敛法的极限形式；

（5）检查级数的部分和数列是否有上界.

习题 8-2

1．应用比较审敛法及其极限形式判断下列级数的敛散性.

（1）$\sum\limits_{n=1}^{\infty}\left(\dfrac{1}{\sqrt{n-1}}-\dfrac{1}{\sqrt{n+1}}\right)$；　　（2）$\sum\limits_{n=1}^{\infty}\dfrac{2^n}{(2n-1)\times 3^n}$；　　（3）$\sum\limits_{n=1}^{\infty}\dfrac{1}{1+a^n}\ (a>0)$；

（4）$\sum\limits_{n=1}^{\infty}\dfrac{\pi}{n}\tan\dfrac{\pi}{n}$；　　（5）$\sum\limits_{n=1}^{\infty}\dfrac{1}{\sqrt{n^3}}$；　　（6）$\sum\limits_{n=1}^{\infty}\sin\dfrac{\pi}{2^n}$；

（7）$\sum\limits_{n=1}^{\infty}\dfrac{1}{\sqrt{n(n^2+5)}}$；　　（8）$\sum\limits_{n=1}^{\infty}\dfrac{1}{\ln^{10}n}$.

2．应用比值审敛法判断下列级数的敛散性.

（1）$\sum\limits_{n=1}^{\infty}n\times\left(\dfrac{3}{5}\right)^n$；　（2）$\sum\limits_{n=1}^{\infty}\dfrac{2^n}{n\times 10^3}$；　（3）$\sum\limits_{n=1}^{\infty}\dfrac{n^2}{3^n}$；　（4）$\sum\limits_{n=1}^{\infty}\dfrac{n^2}{a^n}(a>0)$；

（5）$\sum\limits_{n=1}^{\infty}\dfrac{5^n\times n!}{n^n}$；　（6）$\sum\limits_{n=1}^{\infty}\dfrac{4^n}{5^n-3^n}$；　（7）$\sum\limits_{n=1}^{\infty}\dfrac{(n!)^2}{2^{n^2}}$；　（8）$\sum\limits_{n=1}^{\infty}\dfrac{n!}{3^n}$.

3．判断下列级数的敛散性.

（1）$\sum\limits_{n=1}^{\infty}\left(\dfrac{2n}{3n+1}\right)^n$；　（2）$\sum\limits_{n=1}^{\infty}\sqrt{\dfrac{n+1}{n}}$；　（3）$\sum\limits_{n=1}^{\infty}\left(\arcsin\dfrac{1}{n}\right)^n$.

第 3 节　任意项级数

在本章第二节中讨论了正项级数的敛散性，主要就是应用正项级数部分和数列单调增加有界这一基本定理．本节来讨论任意项级数的敛散性，所谓任意项级数，就是指级数 $\sum\limits_{n=1}^{\infty} u_n$ 中各项可以是正数、负数或者是零，例如级数 $\sum\limits_{n=1}^{\infty}(-1)^n \dfrac{1}{n}$．任意项级数是比较复杂的级数，本节就先讨论一类特殊的任意项级数——交错级数，然后再讨论一般的任意项级数．

一、交错级数

交错级数是指正负项交替出现的级数，它的一般形式为

$$\sum_{n=1}^{\infty}(-1)^n u_n = -u_1 + u_2 - u_3 + u_4 + \cdots + (-1)^n u_n + \cdots. \tag{1}$$

或者

$$\sum_{n=1}^{\infty}(-1)^{n-1} u_n = u_1 - u_2 + u_3 - u_4 + \cdots + (-1)^{n-1} u_n + \cdots. \tag{2}$$

其中 $u_n > 0, (n = 1, 2, 3, \cdots)$，可见两种级数具有相同的敛散性判断法，我们主要针对级数 $\sum\limits_{n=1}^{\infty}(-1)^{n-1} u_n$ 来进行讨论．

定理 1（莱布尼茨定理） 对于交错级数 $\sum\limits_{n=1}^{\infty}(-1)^{n-1} u_n$，$u_n > 0, (n = 1, 2, 3, \cdots)$，满足（1）$u_n > u_{n+1}$ $(n = 1, 2, 3, \cdots)$；（2）$\lim\limits_{n \to \infty} u_n = 0$，则交错级数 $\sum\limits_{n=1}^{\infty}(-1)^{n-1} u_n$ 收敛，且收敛和 $s \leqslant u_1$．

证 设交错级数 $\sum\limits_{n=1}^{\infty}(-1)^{n-1} u_n$ 的前 n 项和为 s_n，则

$$s_{2n} = u_1 - u_2 + u_3 - u_4 + \cdots + u_{2n-1} - u_{2n}.$$

将其写成如下形式：

$$s_{2n} = (u_1 - u_2) + (u_3 - u_4) + \cdots + (u_{2n-1} - u_{2n}).$$

根据条件（1）知，括号中的每一项都是非负项，则可知数列 $\{s_{2n}\}$ 是单调增加的数列，再将部分和 s_{2n} 写成另一种形式：

$$s_{2n} = u_1 - (u_2 - u_3) - (u_4 - u_5) - \cdots - (u_{2n-2} - u_{2n-1}) - u_{2n}.$$

同样括号中每一项非负，且最后一项 $u_{2n} > 0$，则可见 $s_{2n} \leqslant u_1$，则部分和数列 $\{s_{2n}\}$ 是单调有界数列，根据极限存在准则，则部分和数列 $\{s_{2n}\}$ 的极限存在，设 $\lim\limits_{n \to \infty} s_{2n} = s$，有 $s \leqslant u_1$，

$$\lim_{n \to \infty} s_{2n+1} = \lim_{n \to \infty}(s_{2n} + u_{2n+1}) = \lim_{n \to \infty} s_{2n} + \lim_{n \to \infty} u_{2n+1} = s.$$

因为部分和数列 $\{s_n\}$ 奇数项和偶数项极限存在并且相等，则部分和数列的极限存在，且有

$$\lim_{n\to\infty} s_n = s.$$

从而交错级数 $\sum_{n=1}^{\infty}(-1)^{n-1}u_n$ 收敛.

我们把满足条件（1），（2）的交错级数称为莱布尼茨级数.

当以部分和 s_n 作为级数的近似值时，误差 $|r_n| = |s - s_n| = u_{n+1} - u_{n+2} + \cdots$ 亦为交错级数，且有

$$|r_n| \leqslant u_{n+1}.$$

例 1 判断级数 $\sum_{n=1}^{\infty}(-1)^n \dfrac{1}{n}$ 的敛散性.

解 该级数为交错级数，且满足

（1） $u_n = \dfrac{1}{n} > \dfrac{1}{n+1} = u_{n+1}$，$(n = 1, 2, 3, \cdots)$；

（2） $\lim_{n\to\infty} u_n = \lim_{n\to\infty} \dfrac{1}{n} = 0.$

由莱布尼茨定理知道级数 $\sum_{n=1}^{\infty}(-1)^n \dfrac{1}{n}$ 收敛.

注：在判断交错级数的敛散性时，要求 $u_n > u_{n+1}$ $(n = 1, 2, 3, \cdots)$，即数列 $\{u_n\}$ 单调递减，可以用的方法有（1） $u_n - u_{n+1} > 0$；（2） $\dfrac{u_n}{u_{n+1}} > 1$；（3）判断数列 $\{u_n\}$ 单调递减. 当上述几种方法都不容易判断时，可讨论 u_n 关于 n 的导数的符号来判断 u_n 是否是单调减少.

例 2 判断级数 $\sum_{n=1}^{\infty}(-1)^n \dfrac{\ln n}{n^2}$ 的敛散性.

解 该级数为交错级数，设 $f(x) = \dfrac{\ln x}{x^2}$，则 $f'(x) = \dfrac{1 - 2\ln x}{x^3} < 0$ $(x > 1)$.

即当 $n > 1$ 时，级数 $\left\{\dfrac{\ln n}{n^2}\right\}$ 单调递减，所以满足

$$u_n = \dfrac{\ln n}{n^2} > \dfrac{\ln(n+1)}{(n+1)^2} = u_{n+1}.$$

且有 $\lim_{n\to\infty} u_n = \lim_{n\to\infty} \dfrac{\ln n}{n^2} = \lim_{n\to\infty} \dfrac{\dfrac{1}{n}}{2n} = \lim_{n\to\infty} \dfrac{1}{2n^2} = 0$，则由莱布尼茨定理可知级数

$\sum_{n=1}^{\infty}(-1)^n \dfrac{\ln n}{n^2}$ 收敛.

例 3 判断级数 $\sum_{n=1}^{\infty}(-1)^{n-1} \dfrac{n+1}{2^n}$ 的敛散性.

解 这是一个交错级数，$u_n = \dfrac{n+1}{2^n}$，

$$u_n - u_{n+1} = \frac{n+1}{2^n} - \frac{n+2}{2^{n+1}} = \frac{2n+2-n-2}{2^{n+1}} = \frac{n}{2^{n+1}} > 0.$$

即

$$u_n > u_{n+1} \ (n=1,2,3,\cdots).$$

$$\lim_{n\to\infty} u_n = \lim_{n\to\infty} \frac{n+1}{2^n} = \lim_{n\to\infty} \frac{1}{2^n \ln 2} = 0.$$

则由莱布尼茨定理可知级数 $\displaystyle\sum_{n=1}^{\infty} (-1)^{n-1} \dfrac{n+1}{2^n}$ 收敛.

二、绝对收敛和条件收敛

对于任意项级数 $\displaystyle\sum_{n=1}^{\infty} u_n$，$u_n$ 可以为正数，可以为负数，也可以为零，将每一项 u_n 取绝对值后构成的正项级数

$$\sum_{n=1}^{\infty} |u_n| = |u_1| + |u_2| + |u_3| + \cdots + |u_n| + \cdots$$

称为绝对值级数.

定义 对于任意项级数 $\displaystyle\sum_{n=1}^{\infty} u_n$，如果绝对值级数 $\displaystyle\sum_{n=1}^{\infty} |u_n|$ 收敛，则称原来级数 $\displaystyle\sum_{n=1}^{\infty} u_n$ 为绝对收敛；如果绝对值级数 $\displaystyle\sum_{n=1}^{\infty} |u_n|$ 发散，而原来的任意项级数 $\displaystyle\sum_{n=1}^{\infty} u_n$ 收敛，则称原来级数 $\displaystyle\sum_{n=1}^{\infty} u_n$ 为条件收敛.

例 4 判断级数 $\displaystyle\sum_{n=1}^{\infty} (-1)^{n-1} \dfrac{1}{n}$ 的敛散性，若收敛判断是条件收敛还是绝对收敛.

解 因为级数 $\displaystyle\sum_{n=1}^{\infty} \dfrac{1}{n}$ 发散，而 $\displaystyle\sum_{n=1}^{\infty} (-1)^{n-1} \dfrac{1}{n}$ 由例 1 知收敛，所以级数 $\displaystyle\sum_{n=1}^{\infty} (-1)^{n-1} \dfrac{1}{n}$ 是条件收敛.

定理 2 如果级数 $\displaystyle\sum_{n=1}^{\infty} |u_n|$ 收敛，则级数 $\displaystyle\sum_{n=1}^{\infty} u_n$ 也收敛.

证 $u_n \leqslant |u_n|$，则有 $0 \leqslant u_n + |u_n| \leqslant 2|u_n|$，而由已知有 $\displaystyle\sum_{n=1}^{\infty} 2|u_n|$ 收敛.

则由正项级数比较判断法知级数 $\displaystyle\sum_{n=1}^{\infty} (u_n + |u_n|)$ 收敛，又由收敛级数的性质有，级数 $\displaystyle\sum_{n=1}^{\infty} |u_n|$ 收敛，级数 $\displaystyle\sum_{n=1}^{\infty} (u_n + |u_n|)$ 收敛，那么级数 $\displaystyle\sum_{n=1}^{\infty} (u_n + |u_n| - |u_n|) = \sum_{n=1}^{\infty} u_n$ 收敛.

由此定理可知，可以将任意项级数的敛散性转化为正项级数敛散性的判断上，

即判断级数 $\sum\limits_{n=1}^{\infty} u_n$ 是否绝对收敛,若级数 $\sum\limits_{n=1}^{\infty} |u_n|$ 收敛,则级数 $\sum\limits_{n=1}^{\infty} u_n$ 也收敛.

若级数 $\sum\limits_{n=1}^{\infty} |u_n|$ 发散时,级数 $\sum\limits_{n=1}^{\infty} u_n$ 不一定发散,但是若用比值法或者根值法判断正向级数 $\sum\limits_{n=1}^{\infty} |u_n|$ 发散时,原来的级数 $\sum\limits_{n=1}^{\infty} u_n$ 一定发散,原因是

$$\lim_{n\to\infty}\left|\frac{u_{n+1}}{u_n}\right| > 1 \left(\lim_{n\to\infty}\sqrt[n]{|u_n|} > 1\right) \Rightarrow \lim_{n\to\infty} u_n \neq 0,$$

从而级数 $\sum\limits_{n=1}^{\infty} u_n$ 发散.

判断任意项级数 $\sum\limits_{n=1}^{\infty} u_n$ 敛散性的步骤如下.

第一步:检查 $\lim\limits_{n\to\infty} u_n$ 是否为零,如果 $\lim\limits_{n\to\infty} u_n \neq 0$,则级数发散;如 $\lim\limits_{n\to\infty} u_n = 0$,则进入第二步.

第二步:利用正向级数敛散性的判断法,判断级数 $\sum\limits_{n=1}^{\infty} |u_n|$ 的敛散性,如果级数 $\sum\limits_{n=1}^{\infty} |u_n|$ 收敛,则原来级数 $\sum\limits_{n=1}^{\infty} u_n$ 绝对收敛,如果 $\sum\limits_{n=1}^{\infty} |u_n|$ 发散,则进入第三步.

第三步:如果利用比值判断法或者根值判断法判断级数 $\sum\limits_{n=1}^{\infty} |u_n|$ 发散,则原级数发散,否则直接判断 $\sum\limits_{n=1}^{\infty} u_n$ 的敛散性,若收敛,则原来级数为条件收敛.

例 5 判断 $\sum\limits_{n=1}^{\infty} \dfrac{\cos n}{n^2}$ 的敛散性.

解 因为 $\left|\dfrac{\cos n}{n^2}\right| \leqslant \dfrac{1}{n^2}$,而级数 $\sum\limits_{n=1}^{\infty} \dfrac{1}{n^2}$ 是 $p = 2$ 的 p 级数,是收敛级数,所以级数 $\sum\limits_{n=1}^{\infty} \left|\dfrac{\cos n}{n^2}\right|$ 收敛,则可知原级数 $\sum\limits_{n=1}^{\infty} \dfrac{\cos n}{n^2}$ 绝对收敛.

例 6 判断级数 $\sum\limits_{n=1}^{\infty} \dfrac{x^n}{2^n}$ 的敛散性.

解 $\lim\limits_{n\to\infty}\left|\dfrac{u_{n+1}}{u_n}\right| = \lim\limits_{n\to\infty}\left|\dfrac{x^{n+1}}{2^{n+1}} \cdot \dfrac{2^n}{x^n}\right| = \lim\limits_{n\to\infty}\dfrac{|x|}{2}.$

当 $|x| < 2$ 时,级数为绝对收敛;$|x| \geqslant 2$ 时,级数发散.

例 7 判断级数 $\sum\limits_{n=1}^{\infty} (-1)^n \dfrac{1}{\ln(n+1)}$ 的敛散性.

解　$\lim\limits_{n\to\infty}\dfrac{\dfrac{1}{\ln(n+1)}}{\dfrac{1}{n}}=\lim\limits_{n\to\infty}\dfrac{n}{\ln(n+1)}=\lim\limits_{n\to\infty}\dfrac{1}{\dfrac{1}{n+1}}=\lim\limits_{n\to\infty}(n+1)=\infty.$

而级数 $\sum\limits_{n=1}^{\infty}\dfrac{1}{n}$ 发散，所以级数 $\sum\limits_{n=1}^{\infty}\dfrac{1}{\ln(n+1)}$ 发散；

$$u_n=\frac{1}{\ln(n+1)}>\frac{1}{\ln(n+2)}=u_{n+1}，\quad \lim\limits_{n\to\infty}\frac{1}{\ln(n+1)}=0，$$

所以级数 $\sum\limits_{n=1}^{\infty}(-1)^n\dfrac{1}{\ln(n+1)}$ 收敛，则级数 $\sum\limits_{n=1}^{\infty}(-1)^n\dfrac{1}{\ln(n+1)}$ 为条件收敛.

例 8　判断级数 $\sum\limits_{n=1}^{\infty}(-1)^n\dfrac{n^{n+1}}{(n+1)!}$ 的敛散性.

解　$\lim\limits_{n\to\infty}\left|\dfrac{u_{n+1}}{u_n}\right|=\lim\limits_{n\to\infty}\left|\dfrac{(n+1)^{n+2}}{(n+2)!}\cdot\dfrac{(n+1)!}{n^{n+1}}\right|=\lim\limits_{n\to\infty}\dfrac{(n+1)^2}{n(n+2)}\cdot\left(\dfrac{n+1}{n}\right)^n=\mathrm{e}>1.$

则级数 $\sum\limits_{n=1}^{\infty}(-1)^n\dfrac{n^{n+1}}{(n+1)!}$ 发散.

习题 8-3

判断下列级数的敛散性.

（1）$\sum\limits_{n=1}^{\infty}(-1)^n\dfrac{1}{n^p}$；　　　　（2）$\sum\limits_{n=1}^{\infty}(-1)^n\dfrac{a^n}{n}$；　　　　（3）$\sum\limits_{n=1}^{\infty}(-1)^n\dfrac{1}{n-\ln n}$；

（4）$\sum\limits_{n=1}^{\infty}(-1)^n\dfrac{n^2}{2^n}$；　　　　（5）$\sum\limits_{n=1}^{\infty}(-1)^n\dfrac{1}{\pi n}\sin\dfrac{\pi}{n}$；　　（6）$\sum\limits_{n=1}^{\infty}(-1)^n\left(\dfrac{1}{3^{2n-1}}-\dfrac{1}{2^n}\right)$；

（7）$\sum\limits_{n=1}^{\infty}(-1)^n\dfrac{n}{2n+1}$；　　（8）$\sum\limits_{n=1}^{\infty}(-1)^n\left(1-\cos\dfrac{1}{n}\right)$；　（9）$\sum\limits_{n=1}^{\infty}(-1)^{\frac{n(n-1)}{2}}\dfrac{(2n+1)^2}{2^{n+1}}$；

（10）$\sum\limits_{n=1}^{\infty}\sin\left(n\pi+\dfrac{1}{\ln n}\right)$；（11）$\sum\limits_{n=1}^{\infty}(-1)^{n-1}\sin\dfrac{1}{n^2}$；　（12）$\sum\limits_{n=1}^{\infty}(-1)^{n-1}\dfrac{1}{\ln\left(1+\dfrac{1}{n}\right)}$；

（13）$\sum\limits_{n=1}^{\infty}(-1)^{n-1}\dfrac{1}{\ln(\mathrm{e}^n+\mathrm{e}^{-n})}$.

第 4 节　幂　级　数

一、函数项级数

前面讨论了常数项级数的敛散性问题，若级数中每一项都是 x 的函数，即

$$u_1(x)+u_2(x)+\cdots+u_n(x)+\cdots.$$

其中 $u_n(x)$ 是定义在某实数集 I 上的函数，则称上式为函数项无穷级数，简称为函数项级数或函数级数，记为

$$\sum_{n=1}^{\infty} u_n(x) = u_1(x) + u_2(x) + \cdots + u_n(x) + \cdots.$$

对于任意给定的一个定点 $x_0 \in I$，函数项级数可以写成

$$\sum_{n=1}^{\infty} u_n(x_0) = u_1(x_0) + u_2(x_0) + \cdots + u_n(x_0) + \cdots.$$

该级数为常数项级数，而这个常数项级数可以收敛也可以发散。如果常数项级数 $\sum_{n=1}^{\infty} u_n(x_0)$ 收敛，则称 x_0 是函数项级数 $\sum_{n=1}^{\infty} u_n(x)$ 的收敛点；如果常数项级数 $\sum_{n=1}^{\infty} u_n(x_0)$ 发散，则称 x_0 是函数项级数 $\sum_{n=1}^{\infty} u_n(x)$ 的发散点；函数项级数全体收敛点的集合称为函数项级数的收敛域，全体发散点的集合称为函数项级数的发散域。

定义 函数项级数前 n 项部分和为

$$s_n(x) = u_1(x) + u_2(x) + \cdots + u_n(x).$$

则在收敛域内，对应于任意点 x，$\lim_{n \to \infty} s_n(x)$ 存在，令 $\lim_{n \to \infty} s_n(x) = s(x)$，称 $s(x)$ 为函数项级数 $\sum_{n=1}^{\infty} u_n(x)$ 的和函数。由收敛域的定义可知，和函数的定义域为函数项级数的收敛域，可以写成

$$s(x) = u_1(x) + u_2(x) + \cdots + u_n(x) + \cdots.$$

称 $r_n(x) = s(x) - s_n(x)$ 为函数项级数的余项，且对于收敛域内任意点有

$$\lim_{n \to \infty} r_n(x) = 0.$$

由函数项级数收敛域的定义可见，函数项级数的敛散性问题可以转化为函数项级数在某区间内任意点的收敛性问题，即可以转变成常数项级数的敛散性问题，所以在研究函数项级数的敛散性时，可以利用常数项级数的敛散性判断法进行判断。

例1 讨论几何级数

$$\sum_{n=0}^{\infty} x^n = 1 + x + x^2 + x^3 + \cdots + x^n + \cdots$$

的敛散性。

解 由前面常数项几何级数的讨论可知，当 $|x| < 1$ 时收敛；$|x| \geqslant 1$ 时发散，所以级数 $\sum_{n=0}^{\infty} x^n$ 的收敛域为 $(-1, 1)$，且和为 $\dfrac{1}{1-x}$，即

$$\frac{1}{1-x} = 1 + x + x^2 + x^3 + \cdots + x^n + \cdots (-1 < x < 1).$$

在函数项级数中最常见最简单的级数是幂级数，即函数项级数中每一项都是幂函数的级数。

二、幂级数的收敛半径和收敛域

形如

$$\sum_{n=0}^{\infty} a_n x^n = a_0 + a_1 x + a_2 x^2 + a_3 x^3 + \cdots + a_n x^n + \cdots$$

的函数项级数称为幂级数，其中 $a_0, a_1, a_2, a_3, \cdots, a_n, \cdots$ 都是常数，称为幂级数的系数. 例如

$$1 + x + x^2 + x^3 + \cdots + x^n + \cdots.$$

$$1 - x + \frac{x^2}{2} - \frac{x^3}{3} + \cdots + (-1)^n \frac{x^n}{n} + \cdots.$$

在 $x = x_0$ 的幂级数或者 $(x - x_0)$ 的幂级数为

$$\sum_{n=0}^{\infty} a_n (x - x_0)^n = a_0 + a_1 (x - x_0) + a_2 (x - x_0)^2 + \cdots + a_n (x - x_0)^n + \cdots.$$

当设 $x - x_0 = y$ 时就可以化成第一种形式的幂级数，所以我们主要讨论幂级数 $\sum_{n=0}^{\infty} a_n x^n$.

显然对于幂级数 $\sum_{n=0}^{\infty} a_n x^n$ 在 $x = 0$ 时一定收敛，即幂级数的收敛域非空，从前面例题可见，幂级数的收敛域是一个区间，那么是否任何一个幂级数的收敛域都是一个区间？

答案是肯定的，我们有如下的定理.

定理 1（阿贝尔定理） 若幂级数 $\sum_{n=0}^{\infty} a_n x^n$ 在 $x = x_0$（$x_0 \neq 0$）处收敛，那么在满足 $|x| < |x_0|$ 处，幂级数都绝对收敛；若在 $x = x_0$ 处发散，那么在满足 $|x| > |x_0|$ 处，幂级数都发散.

证 （1）假设幂级数 $\sum_{n=0}^{\infty} a_n x^n$ 在 $x = x_0$ 处收敛，即数项级数 $\sum_{n=0}^{\infty} a_n x_0^n$ 收敛，则根据收敛级数的必要条件有

$$\lim_{n \to \infty} a_n x_0^n = 0.$$

则由极限存在必有界，可知存在一个常数 M，使得

$$\left| a_n x_0^n \right| \leq M \qquad (n = 0, 1, 2, 3, \cdots).$$

则有

$$\left| a_n x^n \right| = \left| a_n x_0^n \cdot \frac{x^n}{x_0^n} \right| = \left| a_n x_0^n \right| \cdot \left| \frac{x}{x_0} \right|^n \leq M \left| \frac{x}{x_0} \right|^n.$$

当 $|x| < |x_0|$ 时有 $\left| \frac{x}{x_0} \right| < 1$，而级数 $\sum_{n=0}^{\infty} M \left| \frac{x}{x_0} \right|^n$ 是以 $\left| \frac{x}{x_0} \right| < 1$ 为公比的等比级数，是收敛

级数，则由正项级数比较判别法知道级数 $\sum\limits_{n=0}^{\infty}\left|a_n x^n\right|$ 收敛，即幂级数 $\sum\limits_{n=0}^{\infty} a_n x^n$ 绝对收敛.

（2）假设在 $x = x_0$ 处发散时，存在一个点 x_1 满足 $\left|x_1\right| > \left|x_0\right|$ 而级数 $\sum\limits_{n=0}^{\infty} a_n x_1^n$ 收敛，那么由本定理的第一部分知道，如果在 x_1 处收敛，那么在 $\left|x_1\right| > \left|x_0\right|$ 的 x_0 处也收敛，这和已知相矛盾，所以假设不成立，即级数发散.

阿贝尔定理告诉我们：若幂级数 $\sum\limits_{n=0}^{\infty} a_n x^n$ 在 $x = x_0$ 处收敛，那么该幂级数在 $\left(-\left|x_0\right|, \left|x_0\right|\right)$ 内收敛且为绝对收敛；如果在 $x = x_0$ 处发散，那么在区间 $\left(-\infty, -\left|x_0\right|\right) \cup \left(\left|x_0\right|, +\infty\right)$ 内发散.

若级数在数轴上既有收敛点也有发散点时，当从数轴原点沿着正向、负向出发时，最初会遇到收敛点，越过某个界之后为发散点，且在数轴正半轴和负半轴的两个界关于原点对称，即发散域和收敛域没有交集.

推论 如果幂级数 $\sum\limits_{n=0}^{\infty} a_n x^n$ 不是仅在 $x = 0$ 处收敛，也不是在整个数轴上收敛，则存在一个正数 R，使得

（1） $|x| < R$ 时，幂级数绝对收敛；

（2） $|x| > R$ 时，幂级数发散；

（3） $|x| = R$ 时，幂级数可能收敛也可能发散.

我们把推论中的 R 称为幂级数的收敛半径.当幂级数只在 $x = 0$ 处收敛时，$R = 0$，收敛域为 $x = 0$；若幂级数对所有的 x 都收敛时，收敛半径为 $R = +\infty$，收敛域为 $(-\infty, +\infty)$.

根据幂级数在 $x = \pm R$ 时的敛散性，可以定义幂级数的收敛域为 $(-R, R)$，$(-R, R]$，$[-R, R)$，$[-R, R]$，称开区间 $(-R, R)$ 为幂级数的收敛区间.

可见幂级数的收敛域问题可以转化为求幂级数的收敛半径问题，关于幂级数的收敛半径的计算，有以下的方法.

定理 2 设幂级数 $\sum\limits_{n=0}^{\infty} a_n x^n$ 中系数 $a_n \neq 0$，如果 $\lim\limits_{n \to \infty} \left|\dfrac{a_{n+1}}{a_n}\right| = \rho$，其中 a_{n+1}, a_n 是幂级数 $\sum\limits_{n=0}^{\infty} a_n x^n$ 的相邻两项的系数，则有

（1） $\rho \neq 0$ 时，收敛半径 $R = \dfrac{1}{\rho}$；

（2） $\rho = 0$ 时，收敛半径 $R = +\infty$；

（3） $\rho = +\infty$ 时，收敛半径 $R = 0$.

证 对于由幂级数每一项绝对值所组成的正项级数 $\sum\limits_{n=0}^{\infty}\left|a_n x^n\right|$，应用比值审敛法有

$$\lim_{n \to \infty} \left| \frac{a_{n+1} \cdot x^{n+1}}{a_n \cdot x^n} \right| = \lim_{n \to \infty} \left| \frac{a_{n+1}}{a_n} \right| \cdot |x| = \rho |x|.$$

（1）如果 $\rho \neq 0$，当 $\rho |x| < 1$ 时，即 $|x| < \frac{1}{\rho}$ 时，幂级数绝对收敛，$|x| > \frac{1}{\rho}$ 时幂级数发散，故幂级数的收敛半径为 $R = \frac{1}{\rho}$；

（2）如果 $\rho = 0$，对于任意 x 有 $\rho |x| = 0 < 1$，即幂级数对于所有的 x 均绝对收敛，所以收敛半径为 $R = +\infty$；

（3）如果 $\rho = +\infty$，对于任意非零 x，有 $\rho |x| = +\infty$，即幂级数发散，所以收敛半径 $R = 0$.

注： ① 在定理 2 中，要求幂级数 $\sum\limits_{n=0}^{\infty} a_n x^n$ 的系数 $a_n \neq 0$，即幂级数没有缺项，若幂级数缺项时，则不能应用该定理，而直接利用比值审敛法来直接判断幂级数的收敛域；

② 对于幂级数 $\sum\limits_{n=0}^{\infty} a_n (x - x_0)^n$，若收敛半径为 R，则当 $R = 0$ 时只有 $x = x_0$ 为收敛点，$R = +\infty$ 时收敛区间为 $(-\infty, +\infty)$，当 $0 < R < +\infty$ 时，收敛区间为 $(x_0 - R, x_0 + R)$.

求解幂级数 $\sum\limits_{n=0}^{\infty} a_n x^n$ 收敛域的基本步骤如下.

第一步：求出收敛半径 R；

第二步：判断级数 $\sum\limits_{n=0}^{\infty} a_n R^n$，$\sum\limits_{n=0}^{\infty} a_n (-R)^n$ 的敛散性；

第三步：写出幂级数的收敛域.

例 2 讨论级数 $\sum\limits_{n=1}^{\infty} \frac{(-1)^n}{n} x^n$ 的收敛域.

解 因为 $\lim\limits_{n \to \infty} \left| \frac{a_{n+1}}{a_n} \right| = \lim\limits_{n \to \infty} \left| \frac{n}{n+1} \right| = 1$，所以收敛半径为 $R = 1$，

对于端点，当 $x = 1$ 时，级数为 $\sum\limits_{n=1}^{\infty} \frac{(-1)^n}{n}$，由前面莱布尼茨定理知道，该级数收敛；当 $x = -1$ 时，级数为调和级数 $\sum\limits_{n=1}^{\infty} \frac{1}{n}$，是发散级数. 所以幂级数的收敛域为 $(-1, 1]$.

例 3 讨论级数 $\sum\limits_{n=0}^{\infty} \frac{x^n}{n!}$ 的收敛域.

解 因为 $\lim\limits_{n \to \infty} \left| \frac{a_{n+1}}{a_n} \right| = \lim\limits_{n \to \infty} \left| \frac{n!}{(n+1)!} \right| = \lim\limits_{n \to \infty} \frac{1}{(n+1)} = 0$，则收敛半径为 $R = +\infty$，所以幂级数的收敛域为 $(-\infty, +\infty)$.

例 4 讨论级数 $\sum\limits_{n=0}^{\infty} n!x^n$ 的收敛域.

解 因为 $\lim\limits_{n\to\infty}\left|\dfrac{a_{n+1}}{a_n}\right| = \lim\limits_{n\to\infty}\left|\dfrac{(n+1)!}{n!}\right| = \lim\limits_{n\to\infty}(n+1) = +\infty$，则收敛半径为 $R=0$，所以幂级数的收敛域为 $x=0$.

例 5 讨论级数 $\sum\limits_{n=1}^{\infty}\dfrac{1}{\sqrt{n}\cdot 3^n}(-x)^n$ 的收敛域.

解 因为 $\lim\limits_{n\to\infty}\left|\dfrac{a_{n+1}}{a_n}\right| = \lim\limits_{n\to\infty}\left|\dfrac{\sqrt{n}\cdot 3^n}{\sqrt{n+1}\cdot 3^{n+1}}\right| = \lim\limits_{n\to\infty}\dfrac{\sqrt{n}}{3\sqrt{n+1}} = \dfrac{1}{3}$，则收敛半径为 $R=3$，

对于端点，当 $x=3$ 时，级数为 $\sum\limits_{n=1}^{\infty}\dfrac{(-1)^n}{\sqrt{n}}$，由前面莱布尼茨定理知道，该级数收敛；当 $x=-3$ 时，级数为 $\sum\limits_{n=1}^{\infty}\dfrac{1}{\sqrt{n}}$，是 $p=\dfrac{1}{2}$ 的 p 级数，是发散级数. 所以幂级数的收敛域为 $(-3,3]$.

例 6 讨论级数 $\sum\limits_{n=0}^{\infty}\dfrac{(2x+1)^n}{n+1}$ 的收敛域.

解 令 $y=2x+1$，则级数化为 $\sum\limits_{n=0}^{\infty}\dfrac{y^n}{n+1}$.

因为 $\lim\limits_{n\to\infty}\left|\dfrac{a_{n+1}}{a_n}\right| = \lim\limits_{n\to\infty}\left|\dfrac{n+1}{n+2}\right| = 1$，则收敛半径为 $R=1$，收敛区间为 $|y|<1$，即 $|2x+1|<1$ 或者 $-1<x<0$.

对于端点，当 $x=-1$ 时，级数为 $\sum\limits_{n=0}^{\infty}\dfrac{(-1)^n}{n+1}$，由前面莱布尼茨定理知道，该级数收敛；当 $x=0$ 时，级数为调和级数 $\sum\limits_{n=0}^{\infty}\dfrac{1}{n+1}$，是发散级数. 所以幂级数的收敛域为 $[-1,0)$.

例 7 求级数 $\sum\limits_{n=0}^{\infty}\dfrac{(2n)!}{(n!)^2}x^{2n+1}$ 的收敛半径.

解 级数缺少偶数幂的项，故只能利用正项级数的比值审敛法进行判断.

因为 $\lim\limits_{n\to\infty}\left|\dfrac{u_{n+1}(x)}{u_n(x)}\right| = \lim\limits_{n\to\infty}\left|\dfrac{(2n+2)!x^{2n+3}}{[(n+1)!]^2}\cdot\dfrac{(n!)^2}{(2n)!x^{2n+1}}\right| = \lim\limits_{n\to\infty}\left|\dfrac{(2n+1)(2n+2)}{(n+1)^2}\right|\cdot|x|^2 = 4|x|^2$.

当 $4|x|^2<1$，即 $|x|<\dfrac{1}{2}$ 时，级数收敛，当 $4|x|^2>1$，即 $|x|>\dfrac{1}{2}$ 时，级数发散，所以幂级数的收敛半径为 $R=\dfrac{1}{2}$.

三、幂级数的性质

性质1（代数性质） 设幂级数 $\sum\limits_{n=0}^{\infty} a_n x^n$、$\sum\limits_{n=0}^{\infty} b_n x^n$ 的收敛半径为 R_1、R_2，和函数分别为 $s_1(x)$、$s_2(x)$，则有

（1）在 $R = \min\{R_1, R_2\}$ 中，幂级数

$$\sum_{n=0}^{\infty} (a_n \pm b_n) x^n = \sum_{n=0}^{\infty} a_n x^n \pm \sum_{n=0}^{\infty} b_n x^n = s_1(x) \pm s_2(x).$$

（2）在 $R = \min\{R_1, R_2\}$ 中，幂级数

$$\left(\sum_{n=0}^{\infty} a_n x^n \right) \cdot \left(\sum_{n=0}^{\infty} b_n x^n \right) = \sum_{n=0}^{\infty} c_n x^n = s_1(x) \cdot s_2(x).$$

其中 $c_n = a_0 b_n + a_1 b_{n-1} + \cdots + a_k b_{n-k} + \cdots + a_n b_0$.

（3）在 R 远远小于 $\min\{R_1, R_2\}$ 中，当 $\sum\limits_{n=0}^{\infty} b_n x^n \neq 0$ 时，幂级数

$$\frac{\sum\limits_{n=0}^{\infty} a_n x^n}{\sum\limits_{n=0}^{\infty} b_n x^n} = \sum_{n=0}^{\infty} c_n x^n = \frac{s_1(x)}{s_2(x)}.$$

为了决定系数 c_n，可以令幂级数 $\sum\limits_{n=0}^{\infty} b_n x^n$ 和 $\sum\limits_{n=0}^{\infty} c_n x^n$ 相乘，并让乘积中各项的系数分别等于幂级数 $\sum\limits_{n=0}^{\infty} a_n x^n$ 中同次幂的系数.

性质2 设幂级数 $\sum\limits_{n=0}^{\infty} a_n x^n$ 的收敛半径为 R，则其和函数 $s(x)$ 在收敛区间内连续，如果幂级数在端点 $x = R$ 处收敛，则和函数在 $x = R$ 处左连续，如果幂级数在端点 $x = -R$ 处收敛，则和函数在 $x = -R$ 处右连续.

性质3 在幂级数 $\sum\limits_{n=0}^{\infty} a_n x^n$ 的收敛区间 $(-R, R)$ 上，和函数 $s(x)$ 导数存在，且

$$s'(x) = \left(\sum_{n=0}^{\infty} a_n x^n \right)' = \sum_{n=0}^{\infty} (a_n x^n)' = \sum_{n=1}^{\infty} n a_n x^{n-1}.$$

且逐项求导后的幂级数和原幂级数的收敛半径相同，但收敛域可能发生变化.

性质4 在幂级数 $\sum\limits_{n=0}^{\infty} a_n x^n$ 的收敛区间 $(-R, R)$ 上，和函数 $s(x)$ 积分存在，且

$$\int_0^x s(x)\mathrm{d}x = \int_0^x \sum_{n=0}^{\infty} a_n x^n \mathrm{d}x = \sum_{n=0}^{\infty} \int_0^x a_n x^n \mathrm{d}x = \sum_{n=0}^{\infty} \frac{a_n}{n+1} x^{n+1}.$$

逐项积分后的幂级数和原幂级数的收敛半径相同，但收敛域可能发生变化.

例 8 求级数 $\sum\limits_{n=1}^{\infty} nx^{n-1}$ 的和函数.

解 先求幂级数的收敛域，由 $\lim\limits_{n\to\infty}\left|\dfrac{a_{n+1}}{a_n}\right| = \lim\limits_{n\to\infty}\dfrac{n+1}{n} = 1$，得收敛半径为 $R = 1$.

在端点 $x = -1$ 处，级数为 $\sum\limits_{n=1}^{\infty} n(-1)^{n-1}$，$\lim\limits_{n\to\infty} u_n = \lim\limits_{n\to\infty} n(-1)^{n-1}$，极限不存在，则该

级数发散；当 $x = 1$ 时，级数为 $\sum\limits_{n=1}^{\infty} n$，$\lim\limits_{n\to\infty} u_n = \lim\limits_{n\to\infty} n = +\infty$，亦发散，所以幂级数的

收敛域为 $(-1,1)$.

设幂级数的和函数为 $s(x)$，即

$$s(x) = \sum_{n=1}^{\infty} nx^{n-1}, \quad (-1 < x < 1),$$

则有

$$\int_0^x s(x)\mathrm{d}x = \int_0^x \sum_{n=1}^{\infty} nx^{n-1}\mathrm{d}x = \sum_{n=1}^{\infty}\int_0^x nx^{n-1}\mathrm{d}x = \sum_{n=1}^{\infty} x^n = \frac{x}{1-x}.$$

所以

$$s(x) = \left(\int_0^x s(x)\mathrm{d}x\right)' = \left(\frac{x}{1-x}\right)' = \frac{1}{(1-x)^2}, \quad (-1 < x < 1).$$

例 9 求级数 $\sum\limits_{n=1}^{\infty}\dfrac{1}{n}x^n$ 的和函数.

解 先求幂级数的收敛域，由 $\lim\limits_{n\to\infty}\left|\dfrac{a_{n+1}}{a_n}\right| = \lim\limits_{n\to\infty}\dfrac{n}{n+1} = 1$，得收敛半径为 $R = 1$.

在端点 $x = -1$ 处，级数为 $\sum\limits_{n=1}^{\infty}\dfrac{(-1)^n}{n}$，是收敛级数；当 $x = 1$ 时，级数为发散的调

和级数 $\sum\limits_{n=1}^{\infty}\dfrac{1}{n}$，所以幂级数的收敛域为 $[-1,1)$.

设幂级数的和函数为 $s(x)$，即

$$s(x) = \sum_{n=1}^{\infty}\frac{1}{n}x^n, \quad (-1 \leqslant x < 1),$$

则有

$$s'(x) = \left(\sum_{n=1}^{\infty}\frac{1}{n}x^n\right)' = \sum_{n=1}^{\infty}\left(\frac{1}{n}x^n\right)' = \sum_{n=1}^{\infty} x^{n-1} = \frac{1}{1-x}.$$

所以

$$\int_0^x s'(x)\mathrm{d}x = s(x) - s(0) = \int_0^x \frac{1}{1-x}\mathrm{d}x = -\ln(1-x), \quad (-1 \leqslant x < 1).$$

又因为
$$s(0) = \sum_{n=1}^{\infty} \frac{1}{n} 0^n = 0,$$

则
$$s(x) = -\ln(1-x), \quad (-1 \leqslant x < 1).$$

例 10　求级数 $\sum_{n=1}^{\infty} nx^n$ 的和函数.

解　先求幂级数的收敛域, 由 $\lim_{n \to \infty} \left| \frac{a_{n+1}}{a_n} \right| = \lim_{n \to \infty} \frac{n+1}{n} = 1$, 得收敛半径为 $R = 1$.

在端点 $x = -1$ 处, 级数为 $\sum_{n=1}^{\infty} n(-1)^{n-1}$, $\lim_{n \to \infty} u_n = \lim_{n \to \infty} n(-1)^{n-1}$, 极限不存在, 则该

级数发散; 当 $x = 1$ 时, 级数为 $\sum_{n=1}^{\infty} n$, $\lim_{n \to \infty} u_n = \lim_{n \to \infty} n = +\infty$, 亦发散, 所以幂级数的

收敛域为 $(-1, 1)$.

设幂级数的和函数为 $s(x)$, 即
$$s(x) = \sum_{n=1}^{\infty} nx^n, \quad (-1 < x < 1),$$

当 $x \neq 0$ 时有
$$s(x) = x \sum_{n=1}^{\infty} nx^{n-1}.$$

由例 8 知
$$\sum_{n=1}^{\infty} nx^{n-1} = \frac{1}{(1-x)^2},$$

所以幂级数的和函数为
$$s(x) = \frac{x}{(1-x)^2}, \quad (-1 < x < 1).$$

例 11　求级数 $\sum_{n=1}^{\infty} \frac{(-1)^n}{n} x^n$ 的和函数, 并求级数 $\sum_{n=1}^{\infty} \frac{(-1)^n}{n}$ 的和.

解　先求幂级数的收敛域, 由 $\lim_{n \to \infty} \left| \frac{a_{n+1}}{a_n} \right| = \lim_{n \to \infty} \frac{n}{n+1} = 1$, 得收敛半径为 $R = 1$.

在端点 $x = 1$ 处, 级数为 $\sum_{n=1}^{\infty} \frac{(-1)^n}{n}$, 级数收敛; 当 $x = -1$ 时, 级数为 $\sum_{n=1}^{\infty} \frac{1}{n}$, 调

和级数发散, 所以幂级数的收敛域为 $(-1, 1]$.

设幂级数的和函数为 $s(x)$, 即
$$s(x) = \sum_{n=1}^{\infty} \frac{(-1)^n}{n} x^n, \quad (-1 < x \leqslant 1),$$

则有
$$s'(x) = \left[\sum_{n=1}^{\infty} \frac{1}{n} (-x)^n \right]' = \sum_{n=1}^{\infty} \frac{1}{n} \left[(-x)^n \right]' = \sum_{n=1}^{\infty} -(-x)^{n-1} = \frac{-1}{1+x}.$$

所以

$$\int_0^x s'(x)\mathrm{d}x = s(x) - s(0) = -\int_0^x \frac{1}{1+x}\mathrm{d}x = -\ln(1+x)，\quad (-1 < x \leqslant 1).$$

又因为
$$s(0) = \sum_{n=1}^{\infty} \frac{(-1)^n}{n} 0^n = 0，$$

则
$$s(x) = -\ln(1+x)，\quad (-1 < x \leqslant 1).$$

在端点 $x = 1$ 处，级数为 $\sum_{n=1}^{\infty} \frac{(-1)^n}{n}$，所以 $\sum_{n=1}^{\infty} \frac{(-1)^n}{n} = -\ln 2$.

例 12 求级数 $\sum_{n=1}^{\infty} \frac{2n+1}{2^n}$ 的和.

解 利用级数的性质有

$$\sum_{n=1}^{\infty} \frac{2n+1}{2^n} = \sum_{n=1}^{\infty} \frac{2n}{2^n} + \sum_{n=1}^{\infty} \frac{1}{2^n} = 2\sum_{n=1}^{\infty} n\left(\frac{1}{2}\right)^n + \sum_{n=1}^{\infty} \frac{1}{2^n}.$$

由例 10 有 $\sum_{n=1}^{\infty} nx^n = \frac{x}{(1-x)^2}$，那么

$$2\sum_{n=1}^{\infty} n\left(\frac{1}{2}\right)^n = 2 \times \frac{\frac{1}{2}}{\left(1-\frac{1}{2}\right)^2} = 4, \quad \sum_{n=1}^{\infty} \frac{1}{2^n} = \frac{\frac{1}{2}}{1-\frac{1}{2}} = 1.$$

所以

$$\sum_{n=1}^{\infty} \frac{2n+1}{2^n} = 4 + 1 = 5.$$

例 13 求级数 $\sum_{n=0}^{\infty} \frac{(-x)^{2n+1}}{2n+1}$ 的和函数.

解 先求幂级数的收敛域，由 $\lim\limits_{n\to\infty} \left|\frac{u_{n+1}}{u_n}\right| = \lim\limits_{n\to\infty} \frac{2n+1}{2n+3}|x|^2 = |x|^2$，

当 $|x| < 1$ 时，幂级数收敛；当 $|x| > 1$ 时，幂级数发散.
在端点处级数均为调和级数，发散，所以原幂级数的收敛域为 $(-1, 1)$.

设幂级数的和函数为 $s(x)$，即

$$s(x) = \sum_{n=0}^{\infty} \frac{(-x)^{2n+1}}{2n+1}，\quad (-1 < x < 1)，$$

则有
$$s'(x) = \sum_{n=0}^{\infty} -(-x)^{2n} = \frac{-1}{1-x^2} = -\frac{1}{2}\left(\frac{1}{1+x} + \frac{1}{1-x}\right)，$$

又因为
$$\int_0^x s'(x)\mathrm{d}x = s(x) - s(0) = -\frac{1}{2}\int_0^x \left(\frac{1}{1+x} + \frac{1}{1-x}\right)\mathrm{d}x$$

$$= -\frac{1}{2}\ln(1+x) + \frac{1}{2}\ln(1-x) = \frac{1}{2}\ln\frac{1-x}{1+x}，$$

$$s(0) = \sum_{n=0}^{\infty} \frac{0^{2n+1}}{2n+1} = 0 \ ,$$

所以原幂级数的和函数为

$$s(x) = \frac{1}{2}\ln\frac{1-x}{1+x} \ , \quad (-1 < x < 1) \ .$$

习题 8-4

1. 求下列幂级数的收敛区间.

(1) $\displaystyle\sum_{n=0}^{\infty} (-1)^n \frac{x^n}{n!}$;

(2) $\displaystyle\sum_{n=0}^{\infty} \frac{x^n}{3^n n}$;

(3) $\displaystyle\sum_{n=0}^{\infty} \left[\frac{(-1)^n}{2^n} x^n + x^n \right]$;

(4) $\displaystyle\sum_{n=0}^{\infty} (-1)^n \frac{x^{2n+1}}{2n+1}$;

(5) $\displaystyle\sum_{n=0}^{\infty} (-1)^n \frac{(x+1)^n}{2n+1}$;

(6) $\displaystyle\sum_{n=0}^{\infty} n!(x+3)^n$;

(7) $\displaystyle\sum_{n=0}^{\infty} \frac{2^n}{1+2^n} x^n$;

(8) $\displaystyle\sum_{n=0}^{\infty} (-1)^n \frac{(2x+1)^n}{2^n}$;

(9) $\displaystyle\sum_{n=1}^{\infty} \frac{(x+1)^{2n}}{\sqrt{n}}$;

(10) $\displaystyle\sum_{n=1}^{\infty} \frac{(n+1)^n}{n!} x^n$.

2. 求下列级数的收敛区间, 并求和函数.

(1) $\displaystyle\sum_{n=0}^{\infty} (-1)^n \frac{x^n}{n}$;

(2) $\displaystyle\sum_{n=1}^{\infty} 2nx^{2n-1}$;

(3) $\displaystyle\sum_{n=1}^{\infty} \frac{n}{n+1} x^n$;

(4) $\displaystyle\sum_{n=1}^{\infty} \frac{n(n-1)}{2} x^n$;

(5) $\displaystyle\sum_{n=0}^{\infty} \frac{x^{2n+1}}{n!}$;

(6) $\displaystyle\sum_{n=1}^{\infty} (2n+1)x^n$.

3. 求下列级数的和.

(1) $\displaystyle\sum_{n=2}^{\infty} \frac{1}{n(n-1)\cdot 3^n}$;

(2) $\displaystyle\sum_{n=1}^{\infty} \frac{n}{a^n}, a > 1$;

(3) $\displaystyle\sum_{n=1}^{\infty} \frac{n(n+1)}{2^n}$.

第5节 函数展成幂级数

在第四节讨论了函数项级数的收敛半径和收敛域, 在收敛域内, 函数项级数总是收敛于一个和函数, 在这一节我们来讨论这一问题的反问题: 即对于一个给定的函数 $f(x)$, 能否找到这样一个幂级数, 使得这个幂级数在某区域收敛, 并且在该区域内其和函数恰恰就是已知函数 $f(x)$. 如果能找到这样的幂级数, 那么我们就称函数 $f(x)$ 在这个区域上能展成幂级数, 或者称幂级数为函数 $f(x)$ 的幂级数展开. 把一个函数展成幂级数, 对于研究函数的性质有很高的实用价值.

一、泰勒级数

如果函数在 x_0 的某邻域内能展成幂级数, 则有

$$f(x) = a_0 + a_1(x - x_0) + a_2(x - x_0)^2 + \cdots + a_n(x - x_0)^n + \cdots. \tag{1}$$

那么根据幂级数和函数的性质知道，和函数在 x_0 的这个邻域内具有任意阶导数，对上式求 n 阶导数，得

$$f^{(n)}(x) = n!a_n + (n+1)!a_{n+1}(x - x_0) + \frac{(n+2)!}{2}a_{n+2}(x - x_0)^2 + \cdots. \tag{2}$$

则有

$$a_n = \frac{f^{(n)}(x_0)}{n!}. \tag{3}$$

这就表明如果函数 $f(x)$ 能展成幂级数，那么幂级数的系数就可以用函数的导数来表示，该幂级数为

$$f(x_0) + f'(x_0)(x - x_0) + \frac{f''(x_0)}{2}(x - x_0)^2 + \cdots + \frac{f^{(n)}(x_0)}{n!}(x - x_0)^n + \cdots. \tag{4}$$

则 $f(x)$ 的展开式为

$$f(x) = f(x_0) + f'(x_0)(x - x_0) + \frac{f''(x_0)}{2}(x - x_0)^2 + \cdots + \frac{f^{(n)}(x_0)}{n!}(x - x_0)^n + \cdots. \tag{5}$$

我们把幂级数（4）叫作函数 $f(x)$ 在 x_0 处的泰勒级数，展开式（5）叫作函数 $f(x)$ 在点 x_0 的泰勒展开式.

问题：泰勒级数（4）敛散性如何？在收敛域内它的和函数是 $f(x)$ 吗？

定理 如果函数 $f(x)$ 在点 x_0 的某个领域内具有直到 $n+1$ 阶的导数，那么 $f(x)$ 在这个邻域内能展成泰勒级数的充分必要条件为 $f(x)$ 的泰勒公式中拉格朗日余项满足 $\lim\limits_{n \to \infty} R_n(x) = 0$，$x$ 属于 x_0 的某个领域内.

证 函数 $f(x)$ 的泰勒公式为

$$f(x) = f(x_0) + f'(x_0)(x - x_0) + \frac{f''(x_0)}{2}(x - x_0)^2 + \cdots + \frac{f^{(n)}(x_0)}{n!}(x - x_0)^n + R_n(x).$$

其中

$$R_n(x) = \frac{f^{(n+1)}(\xi)}{(n+1)!}(x - x_0)^{n+1}$$

是拉格朗日余项，ξ 是介于 x_0 和 x 之间的某个数.

而

$$p_n(x) = f(x_0) + f'(x_0)(x - x_0) + \frac{f''(x_0)}{2}(x - x_0)^2 + \cdots + \frac{f^{(n)}(x_0)}{n!}(x - x_0)^n$$

叫作函数 $f(x)$ 的泰勒多项式，则有

$$f(x) = p_n(x) + R_n(x).$$

可见泰勒多项式即为泰勒展开式的前 n 项部分和.

必要性： 函数能展成泰勒级数，根据级数收敛的定义有

$$\lim_{n \to \infty} R_n(x) = \lim_{n \to \infty}(f(x) - p_n(x)) = f(x) - f(x) = 0.$$

充分性：设 $\lim\limits_{n\to\infty} R_n(x) = 0$，由泰勒公式

$$p_n(x) = f(x) - R_n(x),$$

则

$$\lim\limits_{n\to\infty} p_n(x) = \lim\limits_{n\to\infty}(f(x) - R_n(x)) = f(x).$$

即 $f(x)$ 的泰勒级数在这个邻域收敛，并且收敛的和为 $f(x)$.

说明：

（1）如果函数 $f(x)$ 在某个邻域内能展成 $x - x_0$ 的幂级数的话，那么这个幂级数就一定是泰勒级数，即函数 $f(x)$ 的幂级数展开式是唯一的.

（2）如果函数 $f(x)$ 能在某个区间上展开成幂级数，那么它在这个区间上必须具有任意阶导数，换句话说，如果一个函数没有任意阶导数是不可能展成幂级数的.

特别地，如果 $x_0 = 0$，则级数（4）为

$$f(0) + f'(0)x + \frac{f''(0)}{2}x^2 + \cdots + \frac{f^{(n)}(0)}{n!}x^n + \cdots. \tag{6}$$

级数（6）称为麦克劳林级数，如果函数 $f(x)$ 在原点的一个邻域内展成 x 的幂级数，即

$$f(x) = f(0) + f'(0)x + \frac{f''(0)}{2}x^2 + \cdots + \frac{f^{(n)}(0)}{n!}x^n + \cdots. \tag{7}$$

我们把展开式（7）称为函数的麦克劳林展开式.

二、函数展成幂级数

把函数 $f(x)$ 展成 x 的幂级数的主要方法有直接展开法和间接展开法.

1. 直接展开法

利用泰勒公式或者麦克劳林公式，把函数 $f(x)$ 展成 x 的幂级数的步骤如下.

第一步：求出函数 $f(x)$ 的各阶导数，$f'(x), f''(x), \cdots, f^{(n)}(x), \cdots$，如果某些阶导数不存在，则不能展成幂级数，例如在 $x=0$ 时，$\sqrt{x}$ 的一阶导数不存在，则 $\sqrt{x}$ 不能展成幂级数.

第二步：求出 $f(x)$ 的各阶导数在 $x=0$ 时的值

$$f(0), f'(0), f''(0), \cdots, f^{(n)}(0), \cdots.$$

第三步：写出对应的幂级数

$$f(0) + f'(0)x + \frac{f''(0)}{2!}x^2 + \cdots + \frac{f^{(n)}(0)}{n!}x^n + \cdots,$$

并求出收敛半径和收敛域.

第四步：计算 $\lim\limits_{n\to\infty} R_n(x) = \lim\limits_{n\to\infty} \frac{f^{(n+1)}(\xi)}{(n+1)!}x^{n+1}$，如果极限为零，则函数在收敛域内的幂级数展开式为

$$f(x) = f(0) + f'(0)x + \frac{f''(0)}{2}x^2 + \cdots + \frac{f^{(n)}(0)}{n!}x^n + \cdots.$$

如果极限不为零，则幂级数

$$f(0) + f'(0)x + \frac{f''(0)}{2}x^2 + \cdots + \frac{f^{(n)}(0)}{n!}x^n + \cdots$$

虽然收敛，可是它的收敛和不是 $f(x)$.

例 1 把函数 $f(x) = e^x$ 展成麦克劳林级数.

解 $$f^{(n)}(x) = e^x, n = 1, 2, \cdots.$$

所以 $$f(0) = f'(0) = f''(0) = \cdots = f^{(n)}(0) = \cdots = 1.$$

则得到级数 $$1 + x + \frac{1}{2}x^2 + \cdots + \frac{1}{n!}x^n + \cdots.$$

它的收敛半径为 $R = \lim\limits_{n \to \infty} \dfrac{a_n}{a_{n+1}} = \lim\limits_{n \to \infty} \dfrac{(n+1)!}{n!} = \lim\limits_{n \to \infty}(n+1) = +\infty$，收敛区间为 $(-\infty, +\infty)$.

对于 $x \in (-\infty, +\infty)$，$R_n(x) = \dfrac{e^{\xi}}{(n+1)!}x^{n+1}, 0 < \xi < x$，

$$\left| R_n(x) \right| = \left| \frac{e^{\xi}}{(n+1)!}x^{n+1} \right| < \frac{e^{|x|}}{(n+1)!}|x|^{n+1},$$

其中 $e^{|x|}$ 是一个有限的数，而级数 $\sum\limits_{n=0}^{\infty} \dfrac{|x|^{n+1}}{(n+1)!}$ 是正项级数，且因为这个正项级数收敛，

有 $\lim\limits_{n \to \infty} \dfrac{|x|^{n+1}}{(n+1)!} = 0$. 当 $n \to \infty$ 时，有 $\dfrac{e^{|x|}}{(n+1)!}|x|^{n+1} \to 0$，即 $\lim\limits_{n \to \infty} R_n(x) = 0$，因此 e^x 展

开式为

$$e^x = 1 + x + \frac{1}{2}x^2 + \cdots + \frac{1}{n!}x^n + \cdots, (-\infty < x < +\infty). \tag{8}$$

在点 $x=0$ 附近，可以用多项式 $1 + x + \dfrac{1}{2}x^2 + \cdots + \dfrac{1}{n!}x^n$ 来近似代替函数 e^x，并且项数越增加，多项式就越接近函数 e^x.

例 2 把函数 $f(x) = \sin x$ 展成 x 的幂级数.

解 $$f^{(n)}(x) = \sin\left(x + \frac{n}{2}\pi\right), n = 1, 2, \cdots,$$

所以 $f(0) = 0, f'(0) = 1, f''(0) = 0, f'''(0) = -1, \cdots$.

$$f^{(2k)}(0) = 0, f^{(2k+1)}(0) = (-1)^k, \cdots.$$

则得到级数 $x - \dfrac{1}{3!}x^3 + \dfrac{1}{5!}x^5 + \cdots + (-1)^k \dfrac{1}{(2k+1)!}x^{2k+1} + \cdots$.

它的收敛半径为 $R = \lim\limits_{k \to \infty} \left| \dfrac{a_n}{a_{n+1}} \right| = \lim\limits_{k \to \infty} \dfrac{(2k+1)!}{(2k-1)!} = \lim\limits_{k \to \infty} 2k(2k+1) = +\infty$，收敛区间为

$(-\infty, +\infty)$.

对于 $x \in (-\infty, +\infty)$，$R_n(x) = \dfrac{\sin\left(\xi + \dfrac{n+1}{2}\pi\right)}{(n+1)!} x^{n+1}$，$0 < \xi < x$，

$$\left| R_n(x) \right| = \left| \frac{\sin\left(\xi + \dfrac{n+1}{2}\pi\right)}{(n+1)!} x^{n+1} \right| < \frac{1}{(n+1)!} \left| x \right|^{n+1},$$

其中 $\lim\limits_{n \to \infty} \dfrac{\left| x \right|^{n+1}}{(n+1)!} = 0$，当 $n \to \infty$ 时，有 $\dfrac{\left| \sin\left(\xi + \dfrac{n+1}{2}\pi\right) \right|}{(n+1)!} \left| x \right|^{n+1} \to 0$，即 $\lim\limits_{n \to \infty} R_n(x) = 0$，

因此 $\sin x$ 的展开式为

$$\sin x = x - \frac{1}{3!} x^3 + \frac{1}{5!} x^5 + \cdots + (-1)^k \frac{1}{(2k+1)!} x^{2k+1} + \cdots, \quad (-\infty < x < +\infty). \tag{9}$$

例 3 把函数 $f(x) = (1+x)^m$ 展成 x 的幂级数，其中 m 为任意实数.

解 因为
$$f'(x) = m(1+x)^{m-1},$$
$$f''(x) = m(m-1)(1+x)^{m-2},$$
$$\cdots\cdots$$
$$f^{(n)}(x) = m(m-1)\cdots(m-n+1)(1+x)^{m-n},$$
$$\cdots\cdots$$

所以
$$f(0) = 1, f'(0) = m, f''(0) = m(m-1), f'''(0) = m(m-1)(m-2), \cdots,$$
$$f^{(n)}(0) = m(m-1)(m-2)\cdots(m-n+1),$$
$$\cdots\cdots$$

则得到级数 $1 + mx + \dfrac{m(m-1)}{2} x^2 + \cdots + \dfrac{m(m-1)\cdots(m-n+1)}{n!} x^n + \cdots$.

它的收敛半径为 $R = \lim\limits_{n \to \infty} \left| \dfrac{a_n}{a_{n+1}} \right| = \lim\limits_{n \to \infty} \left| \dfrac{n+1}{m-n} \right| = 1$，收敛区间为 $(-1, 1)$.

可以证明对于 $x \in (-1, 1)$，$\lim\limits_{n \to \infty} R_n(x) = 0$，因此 $(1+x)^m$ 的展开式为

$$(1+x)^m = 1 + mx + \frac{m(m-1)}{2} x^2 + \cdots + \frac{m(m-1)\cdots(m-n+1)}{n!} x^n + \cdots, (-1 < x < 1). \tag{10}$$

在端点处级数的敛散性取决于实数 m 的值.

公式（10）叫作函数的二项展开式，其中当 m 是整数的时候，级数就变成 x 的有限项多项式，即是代数学中的二次多项式展开式.

例如，$m = \dfrac{1}{2}$，$m = -\dfrac{1}{2}$ 时有

$$\sqrt{1+x} = 1 + \frac{1}{2} x - \frac{1}{2 \cdot 4} x^2 + \frac{1 \cdot 3}{2 \cdot 4 \cdot 6} x^3 + \cdots, (-1 \leqslant x \leqslant 1).$$

$$\frac{1}{\sqrt{1+x}} = 1 - \frac{1}{2}x + \frac{1 \cdot 3}{2 \cdot 4}x^2 - \frac{1 \cdot 3 \cdot 5}{2 \cdot 4 \cdot 6}x^3 + \cdots, \quad (-1 < x \leqslant 1).$$

直接利用定理将函数展成幂级数的方法叫作直接展开法，一般来说利用直接展开法求函数的幂级数展开不是很容易，原因是既要求函数 $f^{(n)}(x)$，还要去求 $\lim\limits_{n \to \infty} R_n(x)$.

下面介绍间接展开法，利用一些已知函数的幂级数展开式，根据函数的幂级数展开式唯一的性质，通过函数之间的运算（四则运算、变量代换运算、恒等变形、逐项积分或逐项求导运算），将所给函数展成幂级数，这样做的好处在于既不用求函数的高阶导数，也不用去讨论级数的余项问题，更不用去讨论级数的收敛区间.

2. 间接展开法

前面已经求得的函数的幂级数展开式为

$$e^x = 1 + x + \frac{1}{2}x^2 + \cdots + \frac{1}{n!}x^n + \cdots, \quad (-\infty < x < +\infty). \tag{11}$$

$$\sin x = x - \frac{1}{3!}x^3 + \frac{1}{5!}x^5 + \cdots + (-1)^k \frac{1}{(2k+1)!}x^{2k+1} + \cdots, \quad (-\infty < x < +\infty). \tag{12}$$

$$(1+x)^m = 1 + mx + \frac{m(m-1)}{2}x^2 + \cdots + \frac{m(m-1)\cdots(m-n+1)}{n!}x^n + \cdots, \quad (-1 < x < 1). \tag{13}$$

还有几何级数

$$\frac{1}{1-x} = 1 + x + x^2 + \cdots + x^n + \cdots, \quad (-1 < x < 1). \tag{14}$$

$$\frac{1}{1+x} = 1 - x + x^2 + \cdots + (-1)^n x^n + \cdots, \quad (-1 < x < 1). \tag{15}$$

利用这几个幂级数展开式可以求许多函数的幂级数展开式.

例 4 把函数 $f(x) = \cos x$ 展成 x 的幂级数.

解 $\cos x = (\sin x)'$.

$$\sin x = x - \frac{1}{3!}x^3 + \frac{1}{5!}x^5 + \cdots + (-1)^k \frac{1}{(2k+1)!}x^{2k+1} + \cdots.$$

将上式逐项求导得

$$\cos x = 1 - \frac{1}{2!}x^2 + \frac{1}{4!}x^4 + \cdots + (-1)^k \frac{1}{(2k)!}x^{2k} + \cdots, \quad (-\infty < x < +\infty). \tag{16}$$

例 5 把函数 $f(x) = \ln(1+x)$ 展成 x 的幂级数.

解 $$\ln(1+x) = \int_0^x \frac{1}{1+x}\mathrm{d}x.$$

$$\frac{1}{1+x} = 1 - x + x^2 + \cdots + (-1)^n x^n + \cdots.$$

将上式逐项求积分得

$$\ln(1+x) = \int_0^x \frac{1}{1+x} dx = x - \frac{x^2}{2} + \frac{x^3}{3} - \cdots + (-1)^{n-1} \frac{x^n}{n} + \cdots.$$

当 $x=1$ 时，级数 $\sum_{n=1}^{\infty} \frac{(-1)^{n-1}}{n}$ 收敛，$x=-1$ 时，级数是发散的调和级数.

所以　　　　$\ln(1+x) = x - \frac{x^2}{2} + \frac{x^3}{3} - \cdots + (-1)^{n-1} \frac{x^n}{n} + \cdots, (-1 < x \leqslant 1)$.　　　(17)

例 6　把函数 $f(x) = \arctan x$ 展成 x 的幂级数.

解　　　　　　　　　　　$\arctan x = \int_0^x \frac{1}{1+x^2} dx.$

$$\frac{1}{1+x^2} = 1 - x^2 + x^4 + \cdots + (-1)^n x^{2n} + \cdots.$$

将上式逐项求积分得

$$\arctan x = \int_0^x \frac{1}{1+x^2} dx = x - \frac{x^3}{3} + \frac{x^5}{5} - \cdots + (-1)^n \frac{x^{2n+1}}{2n+1} + \cdots.$$

当 $x = \pm 1$ 时，级数均可以化为收敛的级数 $\sum_{n=1}^{\infty} \frac{(-1)^n}{2n+1}$.

所以　　　$\arctan x = x - \frac{x^3}{3} + \frac{x^5}{5} - \cdots + (-1)^n \frac{x^{2n+1}}{2n+1} + \cdots, (-1 \leqslant x \leqslant 1)$.　　　(18)

例 7　把函数 $f(x) = a^x$ 展成 x 的幂级数.

解　　　　　　　　　　　　$a^x = e^{x \ln a}.$

$$e^x = 1 + x + \frac{1}{2} x^2 + \cdots + \frac{1}{n!} x^n + \cdots.$$

则有　　$a^x = 1 + \ln a \cdot x + \frac{(\ln a)^2}{2} x^2 + \cdots + \frac{(\ln a)^n}{n!} x^n + \cdots, \quad (-\infty < x < +\infty)$.　　　(19)

例 8　把函数 $f(x) = (1+x)\ln(1+x)$ 展成 x 的幂级数.

解　$\ln(1+x) = x - \frac{x^2}{2} + \frac{x^3}{3} - \cdots + (-1)^{n-1} \frac{x^n}{n} + \cdots = \sum_{n=1}^{\infty} (-1)^{n-1} \frac{x^n}{n}.$

所以　$f(x) = (1+x)\ln(1+x) = (1+x) \sum_{n=1}^{\infty} (-1)^{n-1} \frac{x^n}{n}$

$$= \sum_{n=1}^{\infty} (-1)^{n-1} \frac{x^n}{n} + x \sum_{n=1}^{\infty} (-1)^{n-1} \frac{x^n}{n} = \sum_{n=1}^{\infty} (-1)^{n-1} \frac{x^n}{n} + \sum_{n=1}^{\infty} (-1)^{n-1} \frac{x^{n+1}}{n}$$

$$= \sum_{n=1}^{\infty} (-1)^{n-1} \frac{x^n}{n} + \sum_{n=2}^{\infty} (-1)^n \frac{x^n}{n-1} = x + \sum_{n=2}^{\infty} (-1)^{n-1} \frac{x^n}{n} + \sum_{n=2}^{\infty} (-1)^n \frac{x^n}{n-1}$$

$$= x + \sum_{n=2}^{\infty} (-1)^n \left(\frac{1}{n-1} - \frac{1}{n} \right) x^n$$

$$= x + \sum_{n=2}^{\infty} (-1)^n \frac{x^n}{n(n-1)}, \quad (-1 < x \leqslant 1).$$

例 9 把函数 $f(x) = \sin x$ 展成 $x - \frac{\pi}{4}$ 的幂级数.

解
$$\sin x = \sin\left[\left(x - \frac{\pi}{4}\right) + \frac{\pi}{4}\right]$$

$$= \sin\left(x - \frac{\pi}{4}\right)\cos\frac{\pi}{4} + \cos\left(x - \frac{\pi}{4}\right)\sin\frac{\pi}{4}$$

$$= \frac{\sqrt{2}}{2}\left[\sin\left(x - \frac{\pi}{4}\right) + \cos\left(x - \frac{\pi}{4}\right)\right].$$

并且由前面例题有

$$\sin\left(x - \frac{\pi}{4}\right) = \left(x - \frac{\pi}{4}\right) - \frac{1}{3!}\left(x - \frac{\pi}{4}\right)^3 + \frac{1}{5!}\left(x - \frac{\pi}{4}\right)^5 + \cdots, \quad (-\infty < x < +\infty).$$

$$\cos\left(x - \frac{\pi}{4}\right) = 1 - \frac{1}{2!}\left(x - \frac{\pi}{4}\right)^2 + \frac{1}{4!}\left(x - \frac{\pi}{4}\right)^4 + \cdots, \quad (-\infty < x < +\infty).$$

所以有

$$\sin x = \frac{\sqrt{2}}{2}\left[1 + \left(x - \frac{\pi}{4}\right) - \frac{1}{2!}\left(x - \frac{\pi}{4}\right)^2 - \frac{1}{3!}\left(x - \frac{\pi}{4}\right)^3 + \frac{1}{4!}\left(x - \frac{\pi}{4}\right)^4 + \frac{1}{5!}\left(x - \frac{\pi}{4}\right)^5 + \cdots\right],$$

$$(-\infty < x < +\infty).$$

例 10 把函数 $f(x) = \frac{1}{x^2 + 3x + 2}$ 展成 $x - 1$ 的幂级数.

解
$$f(x) = \frac{1}{x^2 + 3x + 2} = \frac{1}{(x+1)(x+2)} = \frac{1}{x+1} - \frac{1}{x+2}$$

$$= \frac{1}{x-1+2} - \frac{1}{x-1+3} = \frac{1}{2} \cdot \frac{1}{1 + \frac{x-1}{2}} - \frac{1}{3} \cdot \frac{1}{1 + \frac{x-1}{3}}.$$

因为
$$\frac{1}{1+x} = 1 - x + x^2 + \cdots + (-1)^n x^n + \cdots = \sum_{n=0}^{\infty} (-1)^n x^n, \quad (-1 < x < 1),$$

则
$$\frac{1}{1 + \frac{x-1}{2}} = \sum_{n=0}^{\infty} (-1)^n \left(\frac{x-1}{2}\right)^n, \quad \left(-1 < \frac{x-1}{2} < 1\right),$$

$$\frac{1}{1 + \frac{x-1}{3}} = \sum_{n=0}^{\infty} (-1)^n \left(\frac{x-1}{3}\right)^n, \quad \left(-1 < \frac{x-1}{3} < 1\right).$$

所以
$$f(x) = \frac{1}{2} \cdot \sum_{n=0}^{\infty} (-1)^n \left(\frac{x-1}{2}\right)^n - \frac{1}{3} \cdot \sum_{n=0}^{\infty} (-1)^n \left(\frac{x-1}{3}\right)^n$$

$$= \sum_{n=0}^{\infty} (-1)^n \left(\frac{1}{2^{n+1}} - \frac{1}{3^{n+1}} \right)(x-1)^n , \quad (-1 < x < 3).$$

习题 8-5

1. 将下列各式展成 x 的幂级数.

（1）$\dfrac{1}{\sqrt{1+x^2}}$；　　（2）$\dfrac{1}{x^2+4x-12}$；（3）$x^2 \mathrm{e}^{-x}$；　　　（4）$\cos^2 x = \dfrac{1}{2}(1+\cos 2x)$；

（5）$\dfrac{x}{\sqrt{2-x}}$；　　　（6）$\ln(1-x^2)$；　　　（7）$\arctan\dfrac{1+x}{1-x}$；　　（8）$\dfrac{\mathrm{e}^x + \mathrm{e}^{-x}}{2}$.

2. 将下列各式展成 $x-1$ 的幂级数.

（1）$\ln x$；　　　　（2）$\dfrac{1}{x^2+4x-12}$.

3. 利用直接展开法求 $\sin\dfrac{x}{3}$ 的幂级数.

本 章 小 结

本章主要给出了级数收敛与发散的定义，介绍了收敛级数的基本性质，级数收敛的必要条件，几何级数和 p 级数；对于正项级数敛散性的判断，给出了比较审敛法、比值审敛法、根值审敛法；对于交错级数，给出了莱布尼茨判别法，以及绝对收敛和条件收敛的概念；对于函数项级数，给出了收敛域与和函数的概念；对于函数项级数中的幂级数，给出了幂级数的收敛半径、收敛区间和收敛域的计算方法，以及幂级数在其收敛区间内的基本性质，借助于幂级数的性质，求在其收敛域内的和函数；在最后给出了函数可展开为泰勒级数的充分必要条件以及麦克劳林展开式.

学习本章，要掌握几何级数和 p 级数的收敛与发散的条件，知道调和级数的敛散性；收敛级数的基本性质和级数收敛的必要条件；正项级数的比较审敛法、比值审敛法、根值审敛法；交错级数的莱布尼茨判别法；任意项级数绝对收敛和条件收敛的概念，掌握绝对收敛和条件收敛的判别法；幂级数的收敛半径、收敛域、和函数的计算；几种简单函数的麦克劳林展开式，会用它们将一些简单函数间接展成幂级数.

总习题 8

（A）

1. 是非题.

（1）若 $\lim\limits_{n\to\infty} u_n = 0$，则级数 $\sum\limits_{n=1}^{\infty} u_n$ 收敛；

（2）对常数项级数 $\sum\limits_{n=1}^{\infty} a_n$ 和 $\sum\limits_{n=1}^{\infty} b_n$，若对于一切 n 均有 $u_n \leqslant b_n$，且级数 $\sum\limits_{n=1}^{\infty} b_n$ 收敛，则级数 $\sum\limits_{n=1}^{\infty} a_n$ 收敛；

（3）若 $\sum\limits_{n=1}^{\infty} a_n$ 发散，则 $\sum\limits_{n=1}^{\infty} |a_n|$ 也一定发散；

（4）若级数 $\sum\limits_{n=1}^{\infty} a_n$ 的前 n 项部分和数列 $\{s_n\}$ 有界，则级数 $\sum\limits_{n=1}^{\infty} a_n$ 收敛；

（5）对任意项级数 $\sum\limits_{n=1}^{\infty} a_n$，若 $|a_{n+1}| \leqslant |a_n|$，且 $\lim\limits_{n \to \infty} a_n = 0$，则级数 $\sum\limits_{n=1}^{\infty} a_n$ 收敛；

（6）若 $\lim\limits_{n \to \infty} \left| \dfrac{a_{n+1}}{a_n} \right| = r > 1$，则级数 $\sum\limits_{n=1}^{\infty} a_n$ 发散；

（7）设 $\sum\limits_{n=1}^{\infty} a_n$ 收敛，$\sum\limits_{n=1}^{\infty} b_n$ 发散，则 $\sum\limits_{n=1}^{\infty} (a_n + b_n)$ 发散；

（8）若级数 $\sum\limits_{n=1}^{\infty} a_n$ 绝对收敛，则 $\sum\limits_{n=1}^{\infty} \dfrac{n+1}{n} a_n$ 也绝对收敛；

（9）奇函数 $f(x)$ 的幂级数展开式中只含有 x 的奇次幂；

（10）n 次多项式 $P_n(x)$ 在 $x=0$ 处的幂级数展开式就是 $P(x)$ 本身；

（11）若级数 $\sum\limits_{n=1}^{\infty} a_n$ 收敛，则级数 $\sum\limits_{n=1}^{\infty} a_n^2$ 必定收敛；

（12）若级数 $\sum\limits_{n=1}^{\infty} a_n$ 收敛，则必有 $\lim\limits_{n \to \infty} \left| \dfrac{a_{n+1}}{a_n} \right| = r < 1$；

（13）若级数 $\sum\limits_{n=1}^{\infty} a_n$ 收敛，且 $\lim\limits_{n \to \infty} \dfrac{b_n}{a_n} = 1$，则级数 $\sum\limits_{n=1}^{\infty} b_n$ 也收敛；

（14）幂级数逐项求导后，收敛半径不变，因而收敛域也不变.

2．填空题.

（1）$\lim\limits_{n \to \infty} u_n = 0$ 是级数 $\sum\limits_{n=1}^{\infty} u_n$ 收敛的_____条件，部分和数列 $\{s_n\}$ 有界是正项级数 $\sum\limits_{n=1}^{\infty} u_n$ 收敛的_____条件；

（2）级数 $\sum\limits_{n=1}^{\infty} u_n$ 收敛是级数 $\sum\limits_{n=1}^{\infty} |u_n|$ 收敛的_____条件.

3．选择题.

（1）若级数 $\sum\limits_{n=1}^{\infty} a_n$ 收敛，下列结论正确的是（　　）.

A．$\sum\limits_{n=1}^{\infty} \dfrac{a_n}{n}$ 绝对收敛　　　　　　　　B．$\sum\limits_{n=1}^{\infty} a_n^2$ 收敛

C. $\displaystyle\sum_{n=1}^{\infty}(a_n+a_{n+1})$ 收敛　　　　D. $\displaystyle\sum_{n=1}^{\infty}(a_{2n-1}-a_{2n})$ 收敛

（2）若正向级数 $\displaystyle\sum_{n=1}^{\infty}a_n$ 收敛，则下列结论正确的是（　　）.

A. $\displaystyle\sum_{n=1}^{\infty}a_n^2$ 收敛　　　　B. $\displaystyle\sum_{n=1}^{\infty}\frac{a_n}{1+a_n}$ 发散

C. $\displaystyle\sum_{n=1}^{\infty}\frac{1}{1+a_n^2}$ 收敛　　　　D. $\displaystyle\sum_{n=1}^{\infty}\frac{\sqrt{a_n}}{1+a_n}$ 收敛

（3）若幂级数 $\displaystyle\sum_{n=1}^{\infty}a_n(x-2)^n$ 在 $x=-2$ 处收敛，则该级数在 $x=2$ 处（　　）.

A. 条件收敛　　　B. 绝对收敛　　　C. 发散　　　D. 敛散性无法确定

（4）下列结论正确的是（　　）.

A. 若级数 $\displaystyle\sum_{n=1}^{\infty}u_n$ 与 $\displaystyle\sum_{n=1}^{\infty}v_n$ 都发散，则级数 $\displaystyle\sum_{n=1}^{\infty}(u_n+v_n)$ 发散

B. 若级数 $\displaystyle\sum_{n=1}^{\infty}(u_n+v_n)$ 收敛，则级数 $\displaystyle\sum_{n=1}^{\infty}u_n$ 与 $\displaystyle\sum_{n=1}^{\infty}v_n$ 都收敛

C. 若级数 $\displaystyle\sum_{n=1}^{\infty}u_n$ 与 $\displaystyle\sum_{n=1}^{\infty}v_n$ 都收敛，则级数 $\displaystyle\sum_{n=1}^{\infty}(u_n+v_n)$ 收敛

D. 若级数 $\displaystyle\sum_{n=1}^{\infty}u_n$ 收敛，$\displaystyle\sum_{n=1}^{\infty}v_n$ 发散，则级数 $\displaystyle\sum_{n=1}^{\infty}(u_n+v_n)$ 敛散性无法确定

（5）已知 $\lim\limits_{n\to\infty}a_n=a$，则对于级数 $\displaystyle\sum_{n=1}^{\infty}(a_n-a_{n+1})$，以下结论成立的是（　　）.

A. 收敛且和为 a_1　　　　B. 收敛且和为 $-a$

C. 收敛且和为 a_1-a　　　　D. 发散

（6）下列级数中条件收敛的级数为（　　）.

A. $\displaystyle\sum_{n=1}^{\infty}\frac{(-1)^n}{n^2}$　　　　B. $\displaystyle\sum_{n=1}^{\infty}(-1)^n\cos\frac{1}{n}$

C. $\displaystyle\sum_{n=1}^{\infty}(-1)^n\frac{n+1}{3n^2+1}$　　　　D. $\displaystyle\sum_{n=1}^{\infty}(-1)^n\frac{1}{n+1}\tan\frac{1}{n}$

（7）下列级数中绝对收敛的级数为（　　）.

A. $\displaystyle\sum_{n=1}^{\infty}(-1)^n\frac{2^n}{2n}$　　　　B. $\displaystyle\sum_{n=1}^{\infty}(-1)^n\frac{n}{n+1}$

C. $\displaystyle\sum_{n=1}^{\infty}(-1)^n\sin\frac{1}{n^2}$　　　　D. $\displaystyle\sum_{n=1}^{\infty}(-1)^n\frac{n}{2n^2+1}$

（8）级数 $\displaystyle\sum_{n=1}^{\infty}u_n$ 与 $\displaystyle\sum_{n=1}^{\infty}v_n$ 满足 $u_n\leqslant v_n(n=1,2,\cdots)$，则下列结论正确的是（　　）.

A. 若 $\sum\limits_{n=1}^{\infty} v_n$ 收敛，则 $\sum\limits_{n=1}^{\infty} u_n$ 也收敛　　B. 若 $\sum\limits_{n=1}^{\infty} u_n$ 发散，则 $\sum\limits_{n=1}^{\infty} v_n$ 也发散

C. 若 $\sum\limits_{n=1}^{\infty} v_n$ 收敛，则 $\sum\limits_{n=1}^{\infty} u_n$ 未必收敛　　D. 若 $\sum\limits_{n=1}^{\infty} u_n$ 发散，则 $\sum\limits_{n=1}^{\infty} v_n$ 未必发散

（9）级数 $\sum\limits_{n=1}^{\infty} (u_{2n-1} + u_{2n})$ 是收敛的，则有（　　）.

A. $\sum\limits_{n=1}^{\infty} u_n$ 收敛　　　　　　　　B. $\sum\limits_{n=1}^{\infty} u_n$ 发散

C. $\lim\limits_{n \to \infty} u_n = 0$ 　　　　　　　　D. $\sum\limits_{n=1}^{\infty} u_n$ 敛散性不定

4. 判断下列级数的敛散性，若是收敛则判断是绝对收敛还是条件收敛.

（1）$\sum\limits_{n=1}^{\infty} \dfrac{n^n}{n!}$ ；　　　　　　（2）$\sum\limits_{n=1}^{\infty} \left(\dfrac{1}{n} - \ln \dfrac{n+1}{n} \right)$ ；　　（3）$\sum\limits_{n=1}^{\infty} \dfrac{1}{n \sqrt[n]{n}}$ ；

（4）$\sum\limits_{n=1}^{\infty} \dfrac{(-1)^n}{n - \ln n}$ ；　　　　（5）$\sum\limits_{n=1}^{\infty} \dfrac{6^n}{7^n - 5^n}$ ；　　　（6）$\sum\limits_{n=1}^{\infty} (-1)^n (\sqrt{n+1} - \sqrt{n})$ ；

（7）$\sum\limits_{n=1}^{\infty} \dfrac{\cos n\pi}{\sqrt{n^3 + \pi}}$ ；　　（8）$\sum\limits_{n=1}^{\infty} \dfrac{\ln n}{n}$ ；　　　　　（9）$\sum\limits_{n=1}^{\infty} \sin \left(n\pi + \dfrac{1}{\ln n} \right)$.

5. 判断下列级数的收敛区间.

（1）$\sum\limits_{n=1}^{\infty} (2n+1) x^{2n+1}$ ；　　（2）$\sum\limits_{n=1}^{\infty} \dfrac{(-1)^n}{3^n \sqrt{n}} x^n$ ；　　（3）$\sum\limits_{n=1}^{\infty} \dfrac{2^n + 3^n}{n} x^n$ ；

（4）$\sum\limits_{n=1}^{\infty} \dfrac{3^n + (-1)^n}{n} x^n$ ；　　（5）$\sum\limits_{n=1}^{\infty} (1 + 2 + 3 + \cdots + n) x^n$ ；

（6）$\sum\limits_{n=1}^{\infty} (-1)^n \dfrac{n!}{n^n} x^n$ ；　　（7）$\sum\limits_{n=1}^{\infty} (\sqrt{n+1} - \sqrt{n}) 2^n x^{2n}$ ；

（8）$\sum\limits_{n=1}^{\infty} n 2^{\frac{n}{2}} x^{2n-1}$ ；　　　（9）$\sum\limits_{n=1}^{\infty} \dfrac{(x-3)^n}{n^3}$ ；　　　（10）$\sum\limits_{n=1}^{\infty} \dfrac{(x-4)^n}{\sqrt{n}}$.

6. 指出下列幂级数的收敛区间与和函数.

（1）$\sum\limits_{n=1}^{\infty} \dfrac{n}{n+1} x^n$ ；　　　（2）$\sum\limits_{n=1}^{\infty} (n+2) x^n$ ；　　　（3）$\sum\limits_{n=1}^{\infty} (-1)^n \dfrac{2n-1}{n} x^{2n}$ ；

（4）$\sum\limits_{n=1}^{\infty} \dfrac{n^2 + 1}{n} x^n$ ；　　　（5）$\sum\limits_{n=1}^{\infty} n 2^n x^{2n-1}$ ；　　（6）$\sum\limits_{n=1}^{\infty} \dfrac{n}{2^n} x^{2n}$ ；

（7）$\sum\limits_{n=1}^{\infty} \dfrac{(x+2)^n}{n 3^n}$ ；　　　（8）$\sum\limits_{n=1}^{\infty} \dfrac{(-1)^{n-1}}{n(2n-1)} x^{2n+1}$.

7. 求下列级数的和.

（1）$\sum\limits_{n=1}^{\infty} \dfrac{2n-1}{2^n}$ ；　　　　（2）$\sum\limits_{n=1}^{\infty} \dfrac{1}{2n 4^n}$ ；　　　（3）$\sum\limits_{n=1}^{\infty} \dfrac{n}{2^n}$ ；

(4) $\displaystyle\sum_{n=1}^{\infty}\frac{n^2+1}{n\cdot 3^n}$; (5) $\displaystyle\sum_{n=1}^{\infty}\frac{1}{n\cdot 3^n}$.

8. 将下列函数展成 x_0 处的幂级数.

(1) $f(x)=\ln(4-3x-x^2)$, $x_0=0$;

(2) $f(x)=x\arctan x$, $x_0=0$;

(3) $f(x)=\dfrac{3}{2-x-x^2}$, $x_0=0$;

(4) $f(x)=x^3\mathrm{e}^{-x}$, $x_0=0$;

(5) $f(x)=\dfrac{1}{x^2-2x-3}$, $x_0=2$;

(6) $f(x)=\ln x$, $x_0=3$.

（B）

1. 选择题.

(1) 设 $0\leqslant a_n<\dfrac{1}{n}(n=1,2,\cdots)$ ，则下列级数中肯定收敛的是（ ）.

A. $\displaystyle\sum_{n=1}^{\infty}a_n$ B. $\displaystyle\sum_{n=1}^{\infty}(-1)^n a_n$ C. $\displaystyle\sum_{n=1}^{\infty}\sqrt{a_n}$ D. $\displaystyle\sum_{n=1}^{\infty}(-1)^n a_n^2$

(2) 设常数 $\lambda>0$ ，而级数 $\displaystyle\sum_{n=1}^{\infty}a_n^2$ 收敛，则级数 $\displaystyle\sum_{n=1}^{\infty}(-1)^n\dfrac{|a_n|}{\sqrt{n^2+\lambda}}$ （ ）.

A. 发散 B. 条件收敛 C. 绝对收敛 D. 收敛性与 λ 有关

(3) 下列各选项正确的是（ ）.

A. 若 $\displaystyle\sum_{n=1}^{\infty}u_n^2$ 和 $\displaystyle\sum_{n=1}^{\infty}v_n^2$ 都收敛，则 $\displaystyle\sum_{n=1}^{\infty}(u_n+v_n)^2$ 也收敛

B. 若 $\displaystyle\sum_{n=1}^{\infty}|u_n v_n|$ 收敛，则 $\displaystyle\sum_{n=1}^{\infty}u_n^2$ 和 $\displaystyle\sum_{n=1}^{\infty}v_n^2$ 都收敛

C. 若正项级数 $\displaystyle\sum_{n=1}^{\infty}u_n$ 发散，则 $u_n\geqslant\dfrac{1}{n}$

D. 若级数 $\displaystyle\sum_{n=1}^{\infty}u_n$ 收敛，且 $u_n\geqslant v_n(n=1,2,\cdots)$ ，则级数 $\displaystyle\sum_{n=1}^{\infty}v_n$ 也收敛

(4) 设幂级数 $\displaystyle\sum_{n=1}^{\infty}a_n x^n$ 与 $\displaystyle\sum_{n=1}^{\infty}b_n x^n$ 的收敛半径为 $\dfrac{\sqrt{5}}{3}$ 与 $\dfrac{1}{3}$ ，则幂级数 $\displaystyle\sum_{n=1}^{\infty}\dfrac{a_n^2}{b_n^2}x^n$ 的收敛半径为（ ）.

A. 5 B. $\dfrac{\sqrt{5}}{3}$ C. $\dfrac{1}{3}$ D. $\dfrac{1}{5}$

(5) 设 $p_n=\dfrac{a_n+|a_n|}{2}$ ， $q_n=\dfrac{a_n-|a_n|}{2}$ ， $n=1,2,\cdots$ ，则下列命题正确的是（ ）.

A. 若 $\sum_{n=1}^{\infty} a_n$ 条件收敛，则 $\sum_{n=1}^{\infty} p_n$ $\sum_{n=1}^{\infty} q_n$ 也收敛

B. 若 $\sum_{n=1}^{\infty} a_n$ 绝对收敛，则 $\sum_{n=1}^{\infty} p_n$ $\sum_{n=1}^{\infty} q_n$ 也收敛

C. 若 $\sum_{n=1}^{\infty} a_n$ 条件收敛，则 $\sum_{n=1}^{\infty} p_n$ $\sum_{n=1}^{\infty} q_n$ 敛散性不一定

D.)若 $\sum_{n=1}^{\infty} a_n$ 绝对收敛，则 $\sum_{n=1}^{\infty} p_n$ $\sum_{n=1}^{\infty} q_n$ 敛散性不一定

（6）设有以下命题：

① 若 $\sum_{n=1}^{\infty}(u_{2n-1}+u_{2n})$ 收敛，则 $\sum_{n=1}^{\infty} u_n$ 收敛；

② 若 $\sum_{n=1}^{\infty} u_n$ 收敛，则 $\sum_{n=1}^{\infty} u_{n+1000}$ 收敛；

③ 若 $\lim_{n\to\infty}\dfrac{u_{n+1}}{u_n}>1$，则 $\sum_{n=1}^{\infty} u_n$ 发散；

④ 若 $\sum_{n=1}^{\infty}(u_n+v_n)$ 收敛，则 $\sum_{n=1}^{\infty} u_n$，$\sum_{n=1}^{\infty} v_n$ 都收敛.

则以上命题正确的是（　　）.

A. ①② 　　　　 B. ②③ 　　　　 C. ③④ 　　　　 D. ①④

（7）设 $a_n>0, n=1,2,\cdots$，若 $\sum_{n=1}^{\infty} a_n$ 发散，$\sum_{n=1}^{\infty}(-1)^{n-1} a_n$ 收敛，则下列结论正确的是

（　　）.

A. $\sum_{n=1}^{\infty} a_{2n-1}$ 收敛，$\sum_{n=1}^{\infty} a_{2n}$ 发散 　　　 B. $\sum_{n=1}^{\infty} a_{2n}$ 收敛，$\sum_{n=1}^{\infty} a_{2n-1}$ 发散

C. $\sum_{n=1}^{\infty}(a_{2n-1}+a_{2n})$ 收敛 　　　 D. $\sum_{n=1}^{\infty}(a_{2n-1}-a_{2n})$ 收敛

（8）若级数 $\sum_{n=1}^{\infty} a_n$ 收敛，则级数（　　）.

A. $\sum_{n=1}^{\infty}|a_n|$ 收敛 　　　 B. $\sum_{n=1}^{\infty}(-1)^n a_n$ 收敛

C. $\sum_{n=1}^{\infty} a_n a_{n+1}$ 收敛 　　　 D. $\sum_{n=1}^{\infty}\dfrac{a_n+a_{n+1}}{2}$ 收敛

（9）设 $\{u_n\}$ 是数列，则下列正确的是（　　）.

A. 若 $\sum_{n=1}^{\infty} u_n$ 收敛，则 $\sum_{n=1}^{\infty}(u_{2n-1}+u_{2n})$ 收敛

B. 若 $\sum\limits_{n=1}^{\infty}(u_{2n-1}+u_{2n})$ 收敛，则 $\sum\limits_{n=1}^{\infty}u_n$ 收敛

C. 若 $\sum\limits_{n=1}^{\infty}u_n$ 收敛，则 $\sum\limits_{n=1}^{\infty}(u_{2n-1}-u_{2n})$ 收敛

D. 若 $\sum\limits_{n=1}^{\infty}(u_{2n-1}-u_{2n})$ 收敛，则 $\sum\limits_{n=1}^{\infty}u_n$ 收敛

（10）已知级数 $\sum\limits_{n=1}^{\infty}(-1)^n\sqrt{n}\sin\dfrac{1}{n^{\alpha}}$ 绝对收敛，$\sum\limits_{n=1}^{\infty}\dfrac{(-1)^n}{n^{2-\alpha}}$ 条件收敛，则 α 的范围为

（　　）.

A. $0<\alpha\leqslant\dfrac{1}{2}$　　B. $\dfrac{1}{2}<\alpha\leqslant1$　　C. $1<\alpha\leqslant\dfrac{3}{2}$　　D. $\dfrac{3}{2}<\alpha\leqslant2$

2．填空题.

（1）级数 $\sum\limits_{n=1}^{\infty}\dfrac{(x-2)^{2n}}{n4^n}$ 的收敛域为_____.

（2）级数 $\sum\limits_{n=1}^{\infty}\dfrac{(\ln3)^n}{2^n}$ 的和为_____.

（3）幂级数 $\sum\limits_{n=1}^{\infty}\dfrac{e^n-(-1)^n}{n^2}x^n$ 的收敛半径为_____.

3．计算题.

（1）将函数 $y=\ln(1-x-2x^2)$ 展成 x 的幂级数，并求收敛区间.

（2）设正项数列 $\{a_n\}$ 单调减少，且 $\sum\limits_{n=1}^{\infty}(-1)^n a_n$ 发散，试问级数 $\sum\limits_{n=1}^{\infty}\left(\dfrac{1}{a_n+1}\right)^n$ 是否

收敛，并说明理由.

（3）求幂级数 $1+\sum\limits_{n=1}^{\infty}(-1)^n\dfrac{x^{2n}}{2n}(|x|<1)$ 的和函数 $f(x)$ 及其极值.

（4）求幂级数 $\sum\limits_{n=1}^{\infty}\left(\dfrac{1}{2n+1}-1\right)x^{2n}$ 在区间 $(-1,1)$ 内的和函数 $s(x)$.

（5）求幂级数 $\sum\limits_{n=1}^{\infty}\dfrac{(-1)^{n-1}x^{2n+1}}{n(2n-1)}$ 的收敛域及和函数 $s(x)$.

（6）把函数 $\dfrac{1}{x^2-3x-4}$ 展成 $x-1$ 的幂级数，并指出其收敛区间.

第9章　微分方程与差分方程

微积分的研究对象是函数，但是在自然科学、生物科学以及经济管理学等实际问题中，有时候很难给出所研究的变量之间的函数关系，而往往却可以给出所求函数的导数或微分和自变量的关系，这种关系就是所谓的微分方程，建立微分方程之后，再通过求解微分方程得到要寻找的函数关系.

本章主要来介绍微分方程的一些基本概念，一阶微分方程和二阶微分方程的解法，以及差分方程的基本概念，一阶常系数线性差分方程的解法.

第1节　微分方程的基本概念

看下面这几个例子.

例1　已知一曲线通过点(2，0)，且在曲线上任意点 $P(x，y)$ 处切线的斜率为该点横坐标的 2 倍，求该曲线方程.

解　设曲线方程为 $y = f(x)$，根据导数的几何意义，有

$$\frac{\mathrm{d}y}{\mathrm{d}x} = 2x. \tag{1}$$

而且未知曲线 $y = f(x)$ 还满足以下条件：

$$x=2 \text{ 时，} y=0. \tag{2}$$

把表达式（1）两端进行积分有

$$y = \int 2x\mathrm{d}x，\text{即 } y = x^2 + C, \tag{3}$$

其中 C 是任意常数.

把条件"$x=2$ 时，$y=0$"代入式（3），得

$$0 = 4 + C, \tag{4}$$

解得 $C = -4$，则曲线方程为

$$y = x^2 - 4. \tag{5}$$

例2　一质量为 m 的物体自高度为 h 处做自由落体运动，求下落距离和时间的关系.

解　设物体在下落过程中距离和时间的函数关系为 $s = s(t)$，根据导数的物理意义，在不计空气阻力的情况下，自由落体的加速度为 g，有

$$\frac{\mathrm{d}^2 s}{\mathrm{d}t^2} = g. \tag{6}$$

满足的条件为

$$t=0 \text{ 时}, \quad s=0, v=\frac{\mathrm{d}s}{\mathrm{d}t}=0. \tag{7}$$

将式（6）两端积分一次得

$$\frac{\mathrm{d}s}{\mathrm{d}t}=gt+C_1. \tag{8}$$

再积分一次有

$$s=\frac{1}{2}gt^2+C_1t+C_2. \tag{9}$$

其中 C_1, C_2 为任意常数.

将条件（7）代入方程（8）和（9）中，得 $C_1=C_2=0$.

所以距离和时间的关系为

$$s=\frac{1}{2}gt^2. \tag{10}$$

上面两个例题中表达式（1）和（6）都含有未知函数的导数，它们就是微分方程.

定义 1　含有未知函数及未知函数的导数的方程称为微分方程.

在微分方程中，如果未知函数是一元函数，称为常微分方程；否则称为偏微分方程. 例如上面式（1）和式（6）都是常微分方程，$\dfrac{\partial^2 u}{\partial x^2}+\dfrac{\partial^2 u}{\partial y^2}+\dfrac{\partial^2 u}{\partial z^2}=0$ 是偏微分方程.

定义 2　微分方程中所含有的未知函数的最高阶导数称为微分方程的阶.

例如：

一阶常微分方程　$\dfrac{\mathrm{d}y}{\mathrm{d}x}=2x.$

二阶常微分方程　$\dfrac{\mathrm{d}^2 s}{\mathrm{d}t^2}=g.$

一阶偏微分方程　$\dfrac{\partial u}{\partial x}+y\dfrac{\partial u}{\partial y}=f(x,y).$

二阶偏微分方程　$\dfrac{\partial^2 u}{\partial x^2}+\dfrac{\partial^2 u}{\partial y^2}+\dfrac{\partial^2 u}{\partial z^2}=0.$

本章只讨论常微分方程，可以简称为微分方程或方程.

n 阶微分方程的一般形式为

$$F(x,y,y',y'',\cdots,y^{(n)})=0. \tag{11}$$

其中 $y^{(n)}$ 必须出现，而 $x,y,y',y'',\cdots,y^{(n-1)}$ 可以出现也可以不出现，如 n 阶微分方程

$$y^{(n)}=x.$$

若能从式（11）中解出 $y^{(n)}$，则微分方程为

$$y^{(n)}=f(x,y,y',y'',\cdots,y^{(n-1)}), \tag{12}$$

并且假设右端函数在讨论的范围内连续.

如果 $F(x, y, y', y'', \cdots, y^{(n)})$ 中函数为 $y, y', y'', \cdots, y^{(n)}$ 的线性函数，则称为 n 阶线性微分方程，其形式为

$$y^{(n)} + a_1(t)y^{(n-1)} + a_2(t)y^{(n-2)} + \cdots + a_{n-1}(t)y' + a_n(t)y = f(x),$$

$a_1(t), a_2(t), \cdots, a_{n-1}(t), a_n(t)$ 是已知函数；否则称方程为非线性微分方程.

例如：

一阶线性微分方程 $\qquad\qquad \dfrac{\mathrm{d}y}{\mathrm{d}x} = x^2 + 2x - y.$

一阶非线性微分方程 $\qquad\qquad x\left(\dfrac{\mathrm{d}y}{\mathrm{d}x}\right)^2 = 1.$

二阶非线性微分方程 $\qquad\qquad \dfrac{\mathrm{d}^2 y}{\mathrm{d}x^2} + x\dfrac{\mathrm{d}y}{\mathrm{d}x} = \sin y.$

定义 3 如果将已知函数代入微分方程，使方程两端成为恒等式，则称该函数为微分方程的解. 若方程的解中含有的任意个相互独立的常数的个数等于微分方程的阶数，则称为微分方程的通解，不含有任意常数的方程的解称为微分方程的特解.

所谓相互独立的常数，是指它们的个数不能通过加减乘除等运算使得常数的个数发生变化，确定方程通解中任意常数值的条件称为定解条件或初始条件，求微分方程满足某个定解条件的特解问题，称为微分方程的定解问题或初值问题.

一般地，一阶微分方程 $y' = f(x, y)$ 的定解条件为

$$y\big|_{x=x_0} = y_0.$$

或写成 $\qquad\qquad\qquad\qquad x = x_0 \text{ 时}, \quad y = y_0,$

其中 x_0, y_0 是已知常数.

二阶微分方程 $y'' = f(x, y, y')$ 的定解条件为

$$y\big|_{x=x_0} = y_0, \quad y'\big|_{x=x_0} = y_0'.$$

或写成 $\qquad\qquad\qquad x = x_0 \text{ 时}, \quad y = y_0, \quad y' = y_0',$

其中 x_0, y_0, y_0' 是已知常数.

注：通解中未必包含方程的全部解，例如，$y = \sin(x + C)$ 是方程 $y' = \sqrt{1 - y^2}$ 的通解，同时 $y = 1$ 也是方程的解，显然不是满足某个条件的特解，即 $y = 1$ 不包含在通解中，$y = 1$ 称为方程的一个奇解，本章只讨论方程的通解和特解.

例 3 验证 $y = \sin 2x, y = \cos 2x$ 是方程 $\dfrac{\mathrm{d}^2 y}{\mathrm{d}x^2} + 4y = 0$ 的解.

证 由 $y = \sin 2x$，求导得 $\quad y' = 2\cos 2x, \quad y'' = -4\sin 2x.$

满足 $\dfrac{\mathrm{d}^2 y}{\mathrm{d}x^2} + 4y = 0$，即 $y = \sin 2x$ 是方程的解. 同理可得 $y = \cos 2x$ 也是方程的解.

例 4 验证 $y = (C_1 + C_2 x)\mathrm{e}^{-x}$ 是方程 $y'' + 2y' + y = 0$ 的通解，并求满足条件 $y\big|_{x=0} = 2, y'\big|_{x=0} = -2$ 的特解.

证
$$y = (C_1 + C_2 x)e^{-x},$$
$$y' = (C_2 - C_1 - C_2 x)e^{-x},$$
$$y'' = (C_1 - 2C_2 + C_2 x)e^{-x},$$

则有 $y'' + 2y' + y = [(C_1 + C_2 x) + 2(C_2 - C_1 - C_2 x) + (C_1 - 2C_2 + C_2 x)]e^{-x} = 0.$

即 $y = (C_1 + C_2 x)e^{-x}$ 是方程 $y'' + 2y' + y = 0$ 的通解.

把条件 "$x = 0, y = 2$" 代入 $y = (C_1 + C_2 x)e^{-x}$ 中得 $C_1 = 2$.

把条件 "$x = 0, y' = -2$" 代入 $y' = (C_2 - C_1 - C_2 x)e^{-x}$ 中得 $C_2 = 0$.

则方程的特解为 $y = 2e^{-x}$.

习题 9-1

1. 指出下列方程的阶数.

(1) $xy'' + 3y' + \sin x \cdot y = 0$;   (2) $(7x - 2y)dx + (2x - 11y)dy = 0$;

(3) $x(y')^2 + y = 0$;   (4) $y^{(4)} + x = 0$.

2. 判断下列方程是否为线性方程.

(1) $y' = x^2 - y$;   (2) $(y')^2 + \sin x = 0$;   (3) $y'' = \sin x$.

3. 验证下列函数是否是方程的解.

(1) $y = (x^2 + c)\sin x$, $y' - y\cot x - 2x\sin x = 0$;

(2) $y = x^2 + x$, $y'' - \dfrac{2}{x}y' + \dfrac{y}{x^2} = 0$;

(3) $y = cx^{-2}$, $xy' + 2y = 0$.

4. 验证 $y = C_1 e^{2x} + C_2 e^{-4x}$ 是方程 $y'' + 2y' - 8y = 0$ 的通解，并求满足条件 $y\big|_{x=0} = 2, y'\big|_{x=0} = 2$ 的特解.

第 2 节　一阶微分方程

一阶微分方程的一般形式为
$$F(x, y, y') = 0.$$

或者解出 y'，方程为
$$y' = f(x, y).$$

再或者写成对称的形式
$$P(x, y)dx + Q(x, y)dy = 0.$$

本节主要讨论一些特殊的一阶微分方程.

一、可分离变量的一阶微分方程

形如
$$y' = f(x)g(y) \tag{1}$$

的一阶微分方程，称为可分离变量的微分方程，其中 $f(x), g(y)$ 是已知的函数.

方程（1）的解题步骤如下.

第一步：把方程分离变量写成

$$\frac{\mathrm{d}y}{g(y)} = f(x)\mathrm{d}x, g(y) \neq 0.$$

第二步：根据一阶微分形式的不变性，对两端分别积分

$$\int \frac{\mathrm{d}y}{g(y)} = \int f(x)\mathrm{d}x,$$

则得到方程的通解.

注：如果存在 $y = y_0$ 使得 $g(y_0) = 0$，则 $y = y_0$ 也是方程的解.

这种求解微分方程的方法叫作可分离变量法.

例 1 求微分方程 $y' = 2xy$ 的通解.

解 方程为可分离变量方程，分离变量得

$$\frac{\mathrm{d}y}{y} = 2x\mathrm{d}x.$$

两端积分

$$\int \frac{\mathrm{d}y}{y} = \int 2x\mathrm{d}x,$$

得

$$\ln|y| = x^2 + C_1,$$

$$y = \pm \mathrm{e}^{x^2 + C_1} = C\mathrm{e}^{x^2}, \ (C = \pm \mathrm{e}^{C_1}).$$

同时 $y = 0$ 也是方程的解，在上式中令 $C = 0$ 可以转化为 $y = 0$.

所以方程的通解为 $y = C\mathrm{e}^{x^2}$.

例 2 求微分方程 $x\mathrm{d}y + y\mathrm{d}x = 0$ 的通解.

解 方程为可分离变量方程，分离变量得

$$\frac{\mathrm{d}y}{y} = -\frac{\mathrm{d}x}{x}.$$

两端积分

$$\int \frac{\mathrm{d}y}{y} = -\int \frac{\mathrm{d}x}{x},$$

得

$$\ln|y| = -\ln|x| + \ln C,$$

$$xy = C.$$

同时 $y = 0$ 也是方程的解，在上式中令 $C = 0$ 可以转化为 $y = 0$.

所以方程的通解为 $xy = C$.

例 3 求微分方程 $\mathrm{d}y = \sqrt{1 + y^2}\mathrm{d}x$ 满足条件 $x = \frac{\pi}{4}, y = 1$ 的特解.

解 方程为可分离变量方程，分离变量得

$$\frac{\mathrm{d}y}{\sqrt{1 + y^2}} = \mathrm{d}x.$$

两端积分

$$\int \frac{\mathrm{d}y}{\sqrt{1+y^2}} = \int \mathrm{d}x,$$

得

$$\arctan y = x + C.$$

把条件" $x = \frac{\pi}{4}, y = 1$ "代入方程得 $C = 0$.

所以方程的特解为 $y = \tan x$.

例 4 求微分方程 $y' = \dfrac{\mathrm{e}^x}{y}$ 的通解.

解 方程为可分离变量方程,分离变量得

$$y\mathrm{d}y = \mathrm{e}^x \mathrm{d}x.$$

两端积分

$$\int y\mathrm{d}y = \int \mathrm{e}^x \mathrm{d}x,$$

得

$$\frac{1}{2}y^2 = \mathrm{e}^x + C.$$

所以方程的通解为

$$\frac{1}{2}y^2 = \mathrm{e}^x + C.$$

二、一阶齐次微分方程

形如

$$y' = f\left(\frac{y}{x}\right) \tag{2}$$

的一阶微分方程,称为一阶齐次微分方程,简称为齐次方程,其中 f 是已知的函数.

例如:

$$y' = \left(\frac{y}{x}\right)^2 + \frac{y}{x}.$$

$$y' = \frac{y}{x} + \tan \frac{y}{x}.$$

$$y' = \frac{y^2}{xy - x^2}.$$

解题思路:利用变量代换,把齐次方程化为可分离变量方程.

方程(2)的解题步骤如下.

第一步:设 $u = \dfrac{y}{x}$,则

$$y = ux, \frac{\mathrm{d}y}{\mathrm{d}x} = u + x\frac{\mathrm{d}u}{\mathrm{d}x}.$$

把 $y, \dfrac{\mathrm{d}y}{\mathrm{d}x}$ 代入方程(2),有

$$u + x\frac{\mathrm{d}u}{\mathrm{d}x} = f(u). \tag{3}$$

第二步：分离变量

$$\frac{\mathrm{d}u}{f(u)-u}=\frac{\mathrm{d}x}{x}.$$

第三步：根据一阶微分形式的不变性，对两端分别积分

$$\int\frac{\mathrm{d}u}{f(u)-u}=\int\frac{\mathrm{d}x}{x}.$$

第四步：代回变量 $u=\dfrac{y}{x}$，则得到方程（2）的通解.

注：如果存在 $u=u_0$ 使得 $f(u)=u$，则 $u=u_0$ 也是方程（3）的解，则 $y=u_0x$ 是方程（2）的解.

例 5　求微分方程 $y'=\left(\dfrac{y}{x}\right)^2+\dfrac{y}{x}$ 的通解.

解　方程为齐次方程，设 $u=\dfrac{y}{x}$，则

$$y=ux,\frac{\mathrm{d}y}{\mathrm{d}x}=u+x\frac{\mathrm{d}u}{\mathrm{d}x}.$$

原方程化为

$$u+x\frac{\mathrm{d}u}{\mathrm{d}x}=u^2+u,$$

即

$$x\frac{\mathrm{d}u}{\mathrm{d}x}=u^2.$$

分离变量得

$$\frac{\mathrm{d}u}{u^2}=\frac{\mathrm{d}x}{x}.$$

两端积分

$$\int\frac{\mathrm{d}u}{u^2}=\int\frac{\mathrm{d}x}{x},$$

得

$$-\frac{1}{u}=\ln|x|+C_1,$$

或者

$$x=Ce^{-\frac{1}{u}}.$$

把 $u=\dfrac{y}{x}$ 代回，得方程的通解为

$$x=Ce^{-\frac{x}{y}}.$$

例 6　求微分方程 $y'=\dfrac{y}{x}+\tan\dfrac{y}{x}$ 的通解.

解　方程为齐次方程，设 $u=\dfrac{y}{x}$，则

$$y=ux,\frac{\mathrm{d}y}{\mathrm{d}x}=u+x\frac{\mathrm{d}u}{\mathrm{d}x}.$$

原方程化为

$$u+x\frac{\mathrm{d}u}{\mathrm{d}x}=u+\tan u,$$

即 $$x\frac{du}{dx} = \tan u.$$

分离变量得 $$\frac{\cos u du}{\sin u} = \frac{dx}{x}.$$

两端积分 $$\int\frac{\cos u du}{\sin u} = \int\frac{dx}{x},$$

得 $$\ln|\sin u| = \ln|x| + \ln|C|,$$

或者 $$\sin u = Cx.$$

把 $u = \dfrac{y}{x}$ 代回，得方程的通解为 $$\sin\frac{y}{x} = Cx.$$

例7 求微分方程 $y' = \dfrac{y^2}{xy - x^2}$ 满足条件 $x = 1, y = 1$ 的特解.

解 方程变形为 $$y' = \frac{\left(\dfrac{y}{x}\right)^2}{\dfrac{y}{x} - 1}.$$

方程为齐次方程，设 $u = \dfrac{y}{x}$，则 $y = ux, \dfrac{dy}{dx} = u + x\dfrac{du}{dx}.$

原方程化为 $$u + x\frac{du}{dx} = \frac{u^2}{u-1},$$

即 $$x\frac{du}{dx} = \frac{u}{u-1}.$$

分离变量得 $$\left(1 - \frac{1}{u}\right)du = \frac{dx}{x}.$$

两端积分 $$\int\left(1 - \frac{1}{u}\right)du = \int\frac{dx}{x},$$

得 $$u - \ln|u| = \ln|x| + \ln|C|,$$

或者 $$ux = Ce^u.$$

把 $u = \dfrac{y}{x}$ 代回，得方程的通解为 $$y = Ce^{\frac{y}{x}}.$$

把条件"$x = 1, y = 1$"代入方程得 $C = \dfrac{1}{e}.$

所以方程的特解为 $y = e^{\frac{y}{x} - 1}.$

三、一阶线性微分方程

形如

$$y' + P(x)y = Q(x) \tag{4}$$

的方程称为一阶线性微分方程，如果 $Q(x)=0$，方程（4）为

$$y' + P(x)y = 0, \tag{5}$$

称方程（5）为齐次的，如果 $Q(x) \neq 0$，称方程为非齐次的，并把方程（5）称为对应于方程（4）的齐次线性方程.

解题思路：利用常数变易法，把一阶线性微分方程对应的齐次方程的通解中的任意常数变易成函数．具体步骤如下．

第一步：利用分离变量法，解一阶线性方程所对应的齐次方程（5）的通解．

先分离变量

$$\frac{\mathrm{d}y}{y} = -P(x)\mathrm{d}x.$$

两端积分得通解为

$$y = Ce^{-\int P(x)\mathrm{d}x}. \tag{6}$$

第二步：利用常数变易法，把方程（5）通解（6）中的任意常数 C 变易成未知函数 $C(x)$，即做变换

$$y = C(x)e^{-\int P(x)\mathrm{d}x}. \tag{7}$$

求导得

$$\frac{\mathrm{d}y}{\mathrm{d}x} = C'(x)e^{-\int P(x)\mathrm{d}x} - C(x)P(x)e^{-\int P(x)\mathrm{d}x}. \tag{8}$$

把式（7）、（8）代入方程（4）得

$$C'(x)e^{-\int P(x)\mathrm{d}x} - C(x)P(x)e^{-\int P(x)\mathrm{d}x} + P(x)C(x)e^{-\int P(x)\mathrm{d}x} = Q(x).$$

整理得

$$C'(x)e^{-\int P(x)\mathrm{d}x} = Q(x).$$

分离变量，两端积分得

$$C(x) = \int Q(x)e^{\int P(x)\mathrm{d}x}\mathrm{d}x + C.$$

代入式（7）中，得非齐次线性微分方程（4）的通解为

$$y = e^{-\int P(x)\mathrm{d}x}\left(\int Q(x)e^{\int P(x)\mathrm{d}x}\mathrm{d}x + C\right). \tag{9}$$

或者

$$y = Ce^{-\int P(x)\mathrm{d}x} + e^{-\int P(x)\mathrm{d}x}\int Q(x)e^{\int P(x)\mathrm{d}x}\mathrm{d}x.$$

可见对于非齐次线性微分方程的通解可以写成两部分之和，其中第一部分是对应的齐次线性微分方程的通解，第二部分是非齐次线性微分方程的一个特解（在通解（9）中令 $C=0$ 的特解）.

例8 求微分方程 $y' = y + x$ 的通解．

解 （解法一）方程为一阶线性微分方程，先解对应的齐次方程

$$y' = y.$$

分离变量两端积分得通解为 $y = Ce^x$.

用常数变易法，把任意常数 C 变易为函数 $C(x)$，即 $y = C(x)e^x$ 是原方程的通解.

求导得 $\qquad y' = C'(x)e^x + C(x)e^x.$

代入原方程得 $\qquad C'(x) = xe^{-x}.$

积分得 $\qquad C(x) = -(x+1)e^{-x} + C.$

则原方程的通解为 $\qquad y = Ce^x - x - 1.$

（解法二）直接应用公式（9），但是必须先把方程化成式（4）的形式.

这里 $P(x) = -1, Q(x) = x$，则通解为

$$y = e^{-\int P(x)dx}(\int Q(x)e^{\int P(x)dx}dx + C).$$

$$= e^{\int dx}(\int xe^{-\int dx}dx + C) = e^x(\int xe^{-x}dx + C).$$

$$= Ce^x - x - 1.$$

例 9 求微分方程 $y' = 1 - x + y - xy$ 满足条件 $x = 0, y = 1$ 的特解.

解 方程为一阶线性微分方程，先解对应的齐次方程

$$y' = y - xy.$$

分离变量两端积分得通解为 $y = Ce^{x - \frac{1}{2}x^2}.$

用常数变易法，把任意常数 C 变易为函数 $C(x)$，即 $y = C(x)e^{x - \frac{1}{2}x^2}$ 是原方程的通解.

求导得 $\qquad y' = C'(x)e^{x - \frac{1}{2}x^2} + C(x)(1-x)e^{x - \frac{1}{2}x^2}.$

代入原方程得 $\qquad C'(x) = (1-x)e^{\frac{1}{2}x^2 - x}.$

积分得 $\qquad C(x) = -e^{\frac{1}{2}x^2 - x} + C.$

则原方程的通解为 $\qquad y = Ce^{x - \frac{1}{2}x^2} - 1.$

把条件"$x = 0, y = 1$"代入方程得 $C = 2.$

所以方程的特解为

$$y = 2e^{x - \frac{1}{2}x^2} - 1.$$

例 10 求微分方程 $\dfrac{dy}{dx} = \dfrac{1}{x+y}$ 的通解.

解 （解法一）方程变形为

$$\frac{dx}{dy} = x + y.$$

这是以 x 为未知函数，y 为自变量的微分方程，应用一阶线性微分方程的解法，方程的通解为

$$x = e^{\int dy}(\int ye^{-\int dy}dy + C) = Ce^y - (y+1).$$

（解法二）设变量 $u = x + y.$

则有
$$\frac{du}{dx} = 1 + \frac{dy}{dx}.$$

代入方程整理得
$$\frac{du}{dx} - 1 = \frac{1}{u},$$
$$\frac{du}{dx} = \frac{1+u}{u}.$$

分离变量得
$$\frac{u}{u+1}\,du = dx.$$

两端积分得
$$u - \ln|u+1| = x + C.$$

代回原变量得
$$y - \ln|x+y+1| = C,$$

或者
$$x = C_1 e^y - y - 1.$$

即为原方程的通解.

习题 9-2

1．求下列方程的通解.

（1）$xy' + y = e^{2x}$；　　　　（2）$y' = \dfrac{y}{x+y^2}$；　　　（3）$y' = y + \sin x$；

（4）$(2x - y)dy = dx$；　　　（5）$y' = y + e^{-x}$；　　　（6）$y\ln y\,dx + (x - \ln y)dy = 0$；

（7）$y' + 25y = 0$；　　　　　（8）$y\,dx + (x - y^3)dy = 0$．

2．已知连续函数 $f(x)$ 满足条件 $f(x) = \displaystyle\int_0^{2x} f\left(\frac{t}{2}\right)dt + \sin x$，求 $f(x)$．

3．求以下方程的特解.

（1）$y' + \dfrac{2x}{1+x^2}y = \dfrac{2x^2}{1+x^2}$，满足条件 $x = 0, y = 1$；

（2）$e^x \dfrac{dy}{dx} + 2e^x y = x$，满足条件 $x = 0, y = 1$．

第3节　可降阶的二阶微分方程

前面讨论了一阶微分方程的解法，从这一节开始讨论二阶微分方程. 对于部分二阶微分方程，在通过适当的积分代换之后，可以化为一阶微分方程，从而利用一阶微分方程的解法来解方程. 把这种方程称为可降阶的微分方程，相应的这种求解方法称为降阶法. 在本节主要介绍三种可降阶方程的解法.

一、$y'' = f(x)$ 型微分方程

微分方程
$$y'' = f(x).$$

方程特点：方程右端仅含有自变量 x.

方程解法：方程可以看成 y' 的一阶微分方程

$$(y')' = f(x).$$

两端积分一次

$$y' = \int f(x)\mathrm{d}x + C_1.$$

两端再积分一次

$$y = \iint f(x)\mathrm{d}x\mathrm{d}x + C_1 x + C_2.$$

即两端连续积分两次，便得到方程 $y'' = f(x)$ 的通解.

这种逐次积分的方法，也可以求解更高阶的微分方程 $y^{(n)} = f(x)$，两端同时积分 n 次，即可得方程的通解.

例 1 求方程 $y'' = \mathrm{e}^{-x} + \sin x$ 的通解.

解 对方程两端连续积分两次，得

$$y' = -\mathrm{e}^{-x} - \cos x + C_1.$$

$$y = \mathrm{e}^{-x} - \sin x + C_1 x + C_2.$$

即为所求方程通解.

例 2 求方程 $y''' = x\mathrm{e}^{-x}$ 满足条件 $x = 0, y = y' = y'' = 1$ 的特解.

解 对方程两端积分三次，得

$$y'' = -x\mathrm{e}^{-x} - \mathrm{e}^{-x} + C_1.$$

$$y' = x\mathrm{e}^{-x} + 2\mathrm{e}^{-x} + C_1 x + C_2.$$

$$y = -x\mathrm{e}^{-x} - 3\mathrm{e}^{-x} + \frac{C_1}{2}x^2 + C_2 x + C_3.$$

代入条件得 $C_1 = 2$，$C_2 = -1$，$C_3 = 4$.

所以原方程的特解为

$$y = -x\mathrm{e}^{-x} - 3\mathrm{e}^{-x} + x^2 - x + 4.$$

二、$y'' = f(x, y')$ 型微分方程

方程 $\qquad\qquad\qquad y'' = f(x, y').$

方程特点：方程右端不显含 y，是自变量 x 和未知函数 y' 的函数.

方程解法：引入变量 p，设 $y' = p$，则 $y'' = \dfrac{\mathrm{d}p}{\mathrm{d}x}$，从而方程可以化为

$$p' = f(x, p).$$

这是一个以 x 为自变量，p 为未知函数的一阶微分方程，如果可以求出该方程的通解为

$$p = \varphi(x, C_1),$$

则因为 $y' = p$，又可以得到一个新的一阶微分方程

$$y' = \varphi(x, C_1).$$

两端积分，得方程的通解为

$$y = \int \varphi(x, C_1) \mathrm{d}x + C_2.$$

例3　求方程 $y'' = \dfrac{1}{x} y'$ 的通解.

解　设 $y' = p$ ，则 $y'' = \dfrac{\mathrm{d}p}{\mathrm{d}x}$ ，方程可以转化为

$$\frac{\mathrm{d}p}{\mathrm{d}x} = \frac{1}{x} p.$$

分离变量积分得方程的通解为 $p = C_1 x$.

即

$$y' = C_1 x.$$

积分得方程的通解为

$$y = \frac{C_1}{2} x^2 + C_2.$$

例4　求方程 $(1 + x^2) y'' = 2xy'$ 满足条件 $x = 0, y = y' = 1$ 的特解.

解　设 $y' = p$ ，则 $y'' = \dfrac{\mathrm{d}p}{\mathrm{d}x}$ ，方程可以转化为

$$(1 + x^2) \frac{\mathrm{d}p}{\mathrm{d}x} = 2xp.$$

分离变量积分得方程的通解为

$$p = C_1(1 + x^2),$$

即

$$y' = C_1(1 + x^2).$$

积分得方程的通解为

$$y = \frac{C_1}{3} x^3 + C_1 x + C_2.$$

由条件得　$C_1 = C_2 = 1$.

所以方程的特解为

$$y = \frac{1}{3} x^3 + x + 1.$$

三、$y'' = f(y, y')$ 型微分方程

方程　　　　　　　　　$y'' = f(y, y').$

方程特点：方程右端不显含 x ，是未知函数 y 和 y' 的函数.

方程解法：引入变量 p ，设 $y' = p$ ，利用复合函数的求导法则，把 y'' 转化为对 y 的导数，即

$$y'' = \frac{\mathrm{d}p}{\mathrm{d}x} = \frac{\mathrm{d}p}{\mathrm{d}y} \cdot \frac{\mathrm{d}y}{\mathrm{d}x} = p \frac{\mathrm{d}p}{\mathrm{d}y}.$$

从而方程可以化为

$$p\frac{\mathrm{d}p}{\mathrm{d}y} = f(y, p).$$

这是一个以 y 为自变量，p 为未知函数的一阶微分方程，如果可以求出该方程的通解为

$$p = \varphi(y, C_1).$$

则因为 $y' = p$，又可以得到一个新的一阶微分方程

$$y' = \varphi(y, C_1).$$

分离变量并两端积分，得方程的通解为

$$\int \frac{1}{\varphi(y, C_1)}\mathrm{d}y = x + C_2.$$

例 5　求方程 $yy'' - (y')^2 = 0$ 满足条件 $x = 0, y = y' = 1$ 的特解.

解　设 $y' = p$，则 $y'' = \dfrac{\mathrm{d}p}{\mathrm{d}x} = \dfrac{\mathrm{d}p}{\mathrm{d}y} \cdot \dfrac{\mathrm{d}y}{\mathrm{d}x} = p\dfrac{\mathrm{d}p}{\mathrm{d}y}$，方程可以转化为

$$yp\frac{\mathrm{d}p}{\mathrm{d}y} - p^2 = 0,$$

即

$$p\left(y\frac{\mathrm{d}p}{\mathrm{d}y} - p\right) = 0.$$

有 $p = 0$ 或 $y\dfrac{\mathrm{d}p}{\mathrm{d}y} - p = 0$.

当 $p = 0$ 时，$y = C$.

对于

$$y\frac{\mathrm{d}p}{\mathrm{d}y} - p = 0,$$

分离变量积分得方程的通解为　$p = C_1 y,$
即　　　　　　　　　　　$y' = C_1 y.$
分离变量并积分得方程的通解为　$y = C_2 \mathrm{e}^{C_1 x}.$
由条件得　　　　　　　　$C_1 = C_2 = 1.$
所以方程的特解为　　　　$y = \mathrm{e}^x.$

例 6　求方程 $yy'' - y'^2 + y' = 0$ 的通解.

解　设 $y' = p$，则 $y'' = p\dfrac{\mathrm{d}p}{\mathrm{d}y}$，方程可以转化为

$$p\left(y\frac{\mathrm{d}p}{\mathrm{d}y} - p + 1\right) = 0.$$

即 $p = 0$ 或 $y\dfrac{\mathrm{d}p}{\mathrm{d}y} - p + 1 = 0$.

若 $p = 0$，即 $y' = 0$，方程的通解为 $y = C$.

对于 $y\dfrac{\mathrm{d}p}{\mathrm{d}y}-p+1=0$，变形为

$$\frac{\mathrm{d}p}{\mathrm{d}y}-\frac{1}{y}p=-\frac{1}{y}.$$

这是一个非齐次线性微分方程，可以解得通解为

$$p=\mathrm{e}^{\int\frac{1}{y}\mathrm{d}y}\left[\int\left(-\frac{1}{y}\right)\mathrm{e}^{-\int\frac{1}{y}\mathrm{d}y}\mathrm{d}y+C_1\right]=1+C_1y,$$

即

$$y'=1+C_1y.$$

分离变量并积分得

$$y=\frac{C_2\mathrm{e}^{C_1x}-1}{C_1}.$$

$y=C$ 包含在 $y=\dfrac{C_2\mathrm{e}^{C_1x}-1}{C_1}$ 中（$C_2=0$），所以方程的通解为 $y=\dfrac{C_2\mathrm{e}^{C_1x}-1}{C_1}$.

习题 9-3

1．求下列方程的通解.

（1）$y'''=x\sin x$；　（2）$(1-x^2)y''+2xy'=0$；　（3）$y''+y'^2=0$.

2．求下列方程的特解.

（1）$yy''=2(y'^2-y')$ 满足条件 $x=0,y=1,y'=2$；

（2）$xy''+y'=0$，满足条件 $x=1,y=1$.

3．求下列方程的解.

（1）$xy''-2y'=x^2+x$；　（2）$(x+1)y''+y'=\ln(x+1)$；　（3）$y''+\dfrac{3}{x}y'+1=0$；

（4）$yy''-2yy'\ln y=(y')^2$ 满足条件 $y(0)=y'(0)=1$的特解.

第4节　二阶常系数线性微分方程

二阶线性微分方程的一般形式为

$$F(x,y,y',y'')=0,$$

或者

$$y''+P(x)y'+Q(x)y=f(x).$$

其中 $P(x),Q(x)$ 都是方程的系数，$f(x)$ 称为自由项.

如果 $P(x),Q(x)$ 都是常数，那么称

$$y''+py'+qy=f(x) \tag{1}$$

为二阶常系数线性微分方程. 如果 $f(x)\equiv0$，则称

$$y''+py'+qy=0 \tag{2}$$

为二阶常系数齐次线性微分方程，否则称方程（1）为二阶常系数非齐次线性微分方程．我们首先讨论二阶线性微分方程通解的结构．

一、二阶常系数微分方程的通解结构

1. 二阶常系数齐次线性微分方程通解的结构

定理 1（解的叠加原理） 如果函数 $y_1(x), y_2(x)$ 是方程（2）的两个解，则有

$$y = C_1 y_1(x) + C_2 y_2(x)$$

也是方程（2）的解，其中 C_1, C_2 是任意常数．

证 $y_1(x), y_2(x)$ 是方程（2）的两个解，即

$$y_1'' + p y_1' + q y_1 = 0.$$
$$y_2'' + p y_2' + q y_2 = 0.$$

则有
$$(C_1 y_1 + C_2 y_2)'' + p(C_1 y_1 + C_2 y_2)' + q(C_1 y_1 + C_2 y_2)$$
$$= C_1(y_1'' + p y_1' + q y_1) + C_2(y_2'' + p y_2' + q y_2) = 0.$$

即 $y = C_1 y_1(x) + C_2 y_2(x)$ 也是方程（2）的解．

从该定理可以看出，如果知道方程（2）的两个解 $y_1(x), y_2(x)$，那么 $C_1 y_1(x) + C_2 y_2(x)$ 也是方程的解，而这个解中含有两个任意常数 C_1, C_2，那么这个解 $C_1 y_1(x) + C_2 y_2(x)$ 是不是方程的通解？

答案是不一定的．例如，$y_1(x)$ 和 $2y_1(x)$ 是方程（2）的两个解，则 $y = C_1 y_1(x) + 2C_2 y_1(x) = (C_1 + 2C_2) y_1(x) = C y_1(x)$ 也是方程的解，但是显然不是方程的通解．那么在什么情况下，$y = C_1 y_1(x) + C_2 y_2(x)$ 才是方程的通解？即满足什么条件的解的组合中才能含有两个任意独立的常数？要解决这个问题我们引入线性相关和线性无关的概念．

定义 设 $y_1(x), y_2(x)$ 是定义在区间 I 上的两个函数，如果存在不全为零的两个常数 l_1, l_2，使得对于 $\forall x \in I$，恒有

$$l_1 y_1(x) + l_2 y_2(x) = 0$$

成立，那么称这两个函数在区间 I 上是线性相关的；否则称它们为线性无关．

例如，函数 $1 - \cos^2 x$，$\sin^2 x$ 在任意区间上都是线性相关的，因为当选取 $l_1 = 1, l_2 = -1$ 时，有 $1 - \cos^2 x - \sin^2 x = 0$ 恒成立；而 $\sin x, \cos x$ 是线性无关的，因为使 $l_1 \sin x + l_2 \cos x = 0$（$l_1, l_2$ 不同时为零），在数轴上成立的 x 只有有限个点．

从线性无关和线性相关的定义可以看出，如果两个函数 $y_1(x), y_2(x)$ 线性相关，则存在两个不全为零的常数 l_1, l_2，使得 $l_1 y_1(x) + l_2 y_2(x) = 0$，假设 $l_1 \neq 0$，则有

$$y_1(x) = -\frac{l_2}{l_1} y_2(x) \text{ 或者 } \frac{y_1(x)}{y_2(x)} = -\frac{l_2}{l_1} = C \text{ （常数）；如果 } \frac{y_1(x)}{y_2(x)} \neq C \text{ （常数），则称}$$

$y_1(x), y_2(x)$ 线性无关．

例如，对于函数 $y_1(x) = \sin 2x, y_2(x) = \sin x$，有 $\dfrac{\sin 2x}{\sin x} = 2\cos x$，所以这两个函数是线性无关的.

有了线性相关和线性无关的定义，我们有如下有关通解的定理.

定理 2 若函数 $y_1(x), y_2(x)$ 是方程（2）两个线性无关解，则
$$y = C_1 y_1(x) + C_2 y_2(x)$$
是方程（2）的通解，其中 C_1, C_2 是任意常数.

2. 二阶常系数非齐次线性微分方程通解的结构

从前面一阶微分方程的通解可以看出，对于一阶非齐次微分方程的通解，可以写成对应齐次方程的通解和一个非齐次方程的特解之和，实际上对于二阶非齐次微分方程同样具有这样的性质.

定理 3 设 y^* 是方程
$$y'' + py' + qy = f(x) \tag{1}$$
的一个特解，Y 是对应的齐次方程的通解，那么
$$y = Y + y^*$$
是方程（1）的通解.

定理 4 设非齐次线性方程（1）的右端 $f(x)$ 是两个函数之和，即
$$y'' + py' + qy = f_1(x) + f_2(x),$$
而 y_1^* 和 y_2^* 分别是方程
$$y'' + py' + qy = f_1(x),$$
$$y'' + py' + qy = f_2(x)$$
的两个特解，那么 $y_1^* + y_2^*$ 是原来方程的特解.

定理 5 设 $y_1 + iy_2$ 是方程
$$y'' + py' + qy = f_1(x) + if_2(x)$$
的解，其中 $i^2 = -1$，则 y_1, y_2 分别是方程
$$y'' + py' + qy = f_1(x),$$
$$y'' + py' + qy = f_2(x)$$
的解.

二、二阶常系数齐次线性微分方程

二阶常系数齐次线性微分方程为
$$y'' + py' + qy = 0. \tag{2}$$
从定理 2 可见，要求出二阶常系数齐次线性微分方程的通解，只需要求出该方程的两个线性无关解 $y_1(x), y_2(x)$，则 $y = C_1 y_1(x) + C_2 y_2(x)$ 即为方程的通解. 那么该如何求出这两个线性无关的特解 $y_1(x), y_2(x)$ 呢？

求方程 $y'' + py' + qy = 0$ 的特解，就是找出一个函数 y，使得 y, y', y'' 各乘一个常数因子后的代数和等于零，即特解 y, y', y'' 之间只差一个常数倍，在所有的初等函数中只有指数函数具有这样的性质，则适当选取指数函数 e^{rx} 中指数 r，看能否满足方程 $y'' + py' + qy = 0$．

假设 e^{rx} 是方程 $y'' + py' + qy = 0$ 的一个解，则有

$$(e^{rx})'' + p(e^{rx})' + qe^{rx} = 0,$$

整理得

$$(r^2 + pr + q)e^{rx} = 0.$$

又因为 $e^{rx} \neq 0$，所以

$$r^2 + pr + q = 0. \tag{3}$$

可见只要 r 是方程（3）的根，那么 e^{rx} 就是方程（2）的一个解，反之若 e^{rx} 就是方程（2）的一个解，则 r 是方程（3）的根．称方程（3）为微分方程（2）的特征方程，特征方程（3）的根称为微分方程的特征根．特征方程就是将微分方程中的 y'', y', y 分别换成 $r^2, r, 1$ 所形成的以 r 为未知函数的二次代数方程．

由一元二次代数方程的求根公式

$$r_{1,2} = \frac{-p \pm \sqrt{p^2 - 4q}}{2}$$

可知，两个特征根 r_1, r_2 存在两个相异实根、两个相同实根以及一对共轭复根三种情况，下面就针对特征根的三种不同的情况来讨论方程（2）的解．

（1）$p^2 - 4q > 0$ 时，r_1, r_2 是两个不相等的实根，则相应的方程（2）存在两个解 $e^{r_1 x}, e^{r_2 x}$，且有 $\dfrac{e^{r_1 x}}{e^{r_2 x}} = e^{(r_1 - r_2)x}$ 不是常数，即 $e^{r_1 x}, e^{r_2 x}$ 是两个线性无关解，因此方程（2）的通解为

$$y = C_1 e^{r_1 x} + C_2 e^{r_2 x}.$$

（2）$p^2 - 4q = 0$ 时，r_1, r_2 是两个相等的实根，$r_1 = r_2 = r = -\dfrac{p}{2}$，此时方程（2）只有一个解 e^{rx}，要想得到方程的通解，还需要找到另外一个和 e^{rx} 线性无关的方程（2）的解，即 $\dfrac{y_2}{e^{rx}} \neq$ 常数．设 $\dfrac{y_2}{e^{rx}} = u(x)$，即 $y_2 = u(x)e^{rx}$（$u(x)$ 为 x 的函数）是方程的解，则有

$$y_2' = u'(x)e^{rx} + ru(x)e^{rx}.$$
$$y_2'' = u''(x)e^{rx} + 2ru'(x)e^{rx} + r^2 u(x)e^{rx}.$$

代入方程（2）整理得

$$[u''(x) + (2r + p)u'(x) + (r^2 + pr + q)u(x)]e^{rx} = 0.$$

又因为 $e^{rx} \neq 0$，所以有

$$u''(x) + (2r+p)u'(x) + (r^2 + pr + q)u(x) = 0.$$

其中 r 是二重特征根，即 $r^2 + pr + q = 0$ ， $2r + p = 0$ ，则有

$$u''(x) = 0.$$

则

$$u(x) = ax + b.$$

而我们只需要求一个不为常数的函数，因此取一个最简单的函数 $u(x) = x$ 即可，则得到方程（2）的另一解 xe^{rx} ，此时方程的通解为

$$y = (C_1 + C_2 x)e^{rx}.$$

（3） $p^2 - 4q < 0$ 时， r_1, r_2 是一对共轭的复根，设 $r_1 = \alpha + i\beta, r_2 = \alpha - i\beta$ ，其中 $\alpha = -\dfrac{p}{2}, \beta = \dfrac{\sqrt{4q - p^2}}{2}$ ， $i^2 = -1$ ，则相应的方程（2）存在两个解 $e^{(\alpha+i\beta)x}, e^{(\alpha-i\beta)x}$ ，则在复数域内方程（2）的通解为

$$y = C_1 e^{(\alpha+i\beta)x} + C_2 e^{(\alpha-i\beta)x}.$$

为了得到方程在实数域内的通解，利用欧拉公式 $e^{i\theta} = \cos\theta + i\sin\theta$ ，有

$$y_1 = e^{(\alpha+i\beta)x} = e^{\alpha x} \cdot e^{i\beta x} = e^{\alpha x}(\cos\beta x + i\sin\beta x).$$
$$y_2 = e^{(\alpha-i\beta)x} = e^{\alpha x} \cdot e^{-i\beta x} = e^{\alpha x}(\cos\beta x - i\sin\beta x).$$

利用定理 1 解的叠加原理有

$$\overline{y_1} = \frac{1}{2}(y_1 + y_2) = e^{\alpha x}\cos\beta x, \overline{y_2} = \frac{1}{2i}(y_1 - y_2) = e^{\alpha x}\sin\beta x$$

也是方程（2）的解，且 $\dfrac{\overline{y_1}}{\overline{y_2}} = \dfrac{\cos\beta x}{\sin\beta x} = \cot\beta x$ 不是常数，即 $\overline{y_1}, \overline{y_2}$ 线性无关，因此方程（2）的通解为

$$y = e^{\alpha x}(C_1 \cos\beta x + C_2 \sin\beta x).$$

综上所述，求二阶常系数齐次线性微分方程

$$y'' + py' + qy = 0$$

通解的步骤如下.

第一步：写出对应的特征方程，求出特征根 r_1, r_2 .

第二步：根据特征根的三种情况写出方程的通解.

若 r_1, r_2 是两个不等的实根，通解为

$$y = C_1 e^{r_1 x} + C_2 e^{r_2 x}.$$

若 r_1, r_2 是两个相等的实根，通解为

$$y = (C_1 + C_2 x)e^{rx}.$$

若 r_1, r_2 是一对共轭的复根， $r_{1,2} = \alpha \pm i\beta$ ，通解为

$$y = e^{\alpha x}(C_1 \cos\beta x + C_2 \sin\beta x).$$

这种根据二阶常系数齐次线性方程的特征方程的根直接确定通解的方法称为

特征方程法或特征根法.

例 1　求方程 $y'' + 2y' - 3y = 0$ 的通解.

解　方程对应的特征方程为

$$r^2 + 2r - 3 = 0.$$

特征根为 $r_1 = -3, r_2 = 1$，是两个不相等的实根.

则方程的通解为

$$y = C_1 e^{-3x} + C_2 e^x.$$

例 2　求方程 $y'' + 4y' + 4y = 0$ 的通解.

解　方程对应的特征方程为

$$r^2 + 4r + 4 = 0.$$

特征根为 $r_1 = r_2 = -2$，是两个相等的实根.

则方程的通解为

$$y = (C_1 + C_2 x) e^{-2x}.$$

例 3　求方程 $y'' + 4y' + 6y = 0$ 的通解.

解　方程对应的特征方程为

$$r^2 + 4r + 6 = 0.$$

特征根为 $r_{1,2} = -2 \pm \sqrt{2}\mathrm{i}$，是一对共轭的复根.

则方程的通解为

$$y = \mathrm{e}^{-2x}(C_1 \cos \sqrt{2}x + C_2 \sin \sqrt{2}x).$$

三、二阶常系数非齐次线性微分方程

对于二阶常系数非齐次线性微分方程

$$y'' + py' + qy = f(x), \tag{1}$$

由定理 3 可见，二阶常系数非齐次线性微分方程的通解可以表示成对应齐次方程的通解和非齐次方程的一个特解之和，前面已经介绍了如何求对应的齐次方程的通解，下面来介绍怎么样求非齐次方程的一个特解.

求方程（1）特解常用的方法有常数变易法和待定系数法.

1. 常数变易法

常数变易法在求解一阶微分方程时已经用过，求二阶常系数非齐次线性微分方程的常数变易法和前面使用过程很类似. 首先求出对应的齐次方程的通解 $y = C_1 y_1 + C_2 y_2$（C_1, C_2 是任意常数），然后设 $y^* = C_1(x) y_1 + C_2(x) y_2$ 是非齐次线性微分方程的特解，其中 $C_1(x), C_2(x)$ 是未知函数，把 y^* 代入方程（1）确定出 $C_1(x), C_2(x)$，则可以得到方程（1）的一个特解.

这种方法在使用时较为复杂，而且通常计算 $C_1(x), C_2(x)$ 时要求积分，有时更为复杂，所以这种方法不常用，较常用的是下面的待定系数法.

2. 待定系数法

待定系数法就是用和方程（1）右端自由项 $f(x)$ 形式相同但是含有待定系数的函数作为方程（1）的特解，然后将所设的函数特解代入方程（1），确定函数中的待定系数，从而确定方程特解的方法，是解二阶常系数非齐次线性微分方程一种常用的有效方法．而特解和右端的自由项有关，在一般情况下要求出特解是比较困难的，本节主要对自由项以下两种形式进行讨论．

（1）$f(x) = e^{\lambda x} P_m(x)$．

（2）$f(x) = e^{\lambda x}(P_m(x)\cos \beta x + Q_n(x)\sin \beta x)$．

情况 I $f(x) = e^{\lambda x} P_m(x)$

方程右端的自由项是多项式和指数函数的乘积，而多项式和指数函数乘积的导数仍然是多项式和指数函数的乘积，故可以推测 $y^* = e^{\lambda x}Q(x)$（$Q(x)$ 是某次多项式）可能是方程（1）的一个特解，那么 $Q(x)$ 该如何选取，才能使 $y^* = e^{\lambda x}Q(x)$ 是方程的特解呢？

将
$$y^* = e^{\lambda x}Q(x),$$
$$(y^*)' = \lambda e^{\lambda x}Q(x) + e^{\lambda x}Q'(x),$$
$$(y^*)'' = \lambda^2 e^{\lambda x}Q(x) + 2\lambda e^{\lambda x}Q'(x) + e^{\lambda x}Q''(x),$$

代入方程（1）整理得
$$e^{\lambda x}[Q''(x) + (2\lambda + p)Q'(x) + (\lambda^2 + p\lambda + q)Q(x)] = e^{\lambda x}P_m(x),$$

即
$$Q''(x) + (2\lambda + p)Q'(x) + (\lambda^2 + p\lambda + q)Q(x) = P_m(x). \tag{4}$$

（1）如果 λ 不是对应的齐次方程的特征根，即 $\lambda^2 + p\lambda + q \neq 0$，因为表达式（4）右端是 m 次多项式，左端中多项式 $Q(x)$ 的次数最大，要使左右两端相等，则 $Q(x)$ 也应该是 m 次的多项式，令
$$Q(x) = Q_m(x) = a_0 + a_1 x + \cdots + a_m x^m,$$

代入方程（4）中比较两端 x 的同次幂的系数，从而可以确定 $a_0, a_1, \cdots, a_m$，则可以得到方程的特解为
$$y^* = e^{\lambda x}Q_m(x).$$

（2）如果 λ 是对应的齐次方程的单根，即 $\lambda^2 + p\lambda + q = 0$，但 $2\lambda + p \neq 0$，因为表达式（4）右端是 m 次多项式，左端中多项式 $Q'(x)$ 的次数最大，要使左右两端相等，则 $Q(x)$ 应该是 $m+1$ 次的多项式，令
$$Q(x) = xQ_m(x) = x(a_0 + a_1 x + \cdots + a_m x^m),$$

代入方程（4）中比较两端 x 的同次幂的系数，从而可以确定 $a_0, a_1, \cdots, a_m$，则可以得到方程的特解为
$$y^* = e^{\lambda x}xQ_m(x).$$

（3）如果 λ 是对应的齐次方程的二重根，即 $\lambda^2 + p\lambda + q = 0$ ， $2\lambda + p = 0$ ，因为表达式（4）右端是 m 次多项式，左端中多项式 $Q''(x)$ 的次数最大，要使左右两端相等，则 $Q(x)$ 应该是 $m+2$ 次的多项式，令

$$Q(x) = x^2 Q_m(x) = x^2(a_0 + a_1 x + \cdots + a_m x^m),$$

代入方程（4）中比较两端 x 的同次幂的系数，从而可以确定 $a_0, a_1, \cdots, a_m$ ，则可以得到方程的特解为

$$y^* = e^{\lambda x} x^2 Q_m(x).$$

综上所述，方程 $y'' + py' + qy = e^{\lambda x} P_m(x)$ 具有形如 $y^* = e^{\lambda x} x^k Q_m(x)$ 的特解，其中 λ 不是特征根时，$k=0$ ； λ 是单根时，$k=1$ ； λ 是二重根时，$k=2$.

例 4 求方程 $y'' + 4y' + 3y = 3x$ 的通解.

解 对应齐次方程的特征方程为

$$r^2 + 4r + 3 = 0,$$

特征根为

$$r_1 = -3, r_2 = -1,$$

则对应的齐次方程的通解为

$$y = C_1 e^{-3x} + C_2 e^{-x}.$$

因为 $\lambda = 0$ 不是特征方程的特征根，设非齐次方程的特解为

$$y^* = a + bx,$$

代入原方程整理得

$$4b + 3a + 3bx = 3x.$$

比较两端 x 的同次幂的系数，有

$$\begin{cases} 3b = 3, \\ 4b + 3a = 0. \end{cases}$$

得 $b = 1, a = -\dfrac{4}{3}$ ，于是求得非齐次方程的一个特解为

$$y^* = -\frac{4}{3} + x.$$

则所求方程的通解为

$$y = C_1 e^{-3x} + C_2 e^{-x} - \frac{4}{3} + x.$$

例 5 求方程 $y'' + 4y' + 3y = 2e^{-x}$ 的通解.

解 由例 4 得对应的齐次方程的通解为

$$y = C_1 e^{-3x} + C_2 e^{-x}.$$

因为 $\lambda = -1$ 是特征方程的单根，设非齐次方程的特解为

$$y^* = axe^{-x},$$

代入原方程整理得

$$2a\mathrm{e}^{-x} = 2\mathrm{e}^{-x},$$

即 $a=1$，于是求得非齐次方程的一个特解为

$$y^* = x\mathrm{e}^{-x}.$$

则所求方程的通解为

$$y = C_1\mathrm{e}^{-3x} + C_2\mathrm{e}^{-x} + x\mathrm{e}^{-x}.$$

例 6　求方程 $y'' + 4y' + 4y = (x+1)\mathrm{e}^{-2x}$ 的通解.

解　对应齐次方程的特征方程为

$$r^2 + 4r + 4 = 0.$$

特征根为 $r_1 = r_2 = -2$，则对应的齐次方程的通解为

$$y = (C_1 + C_2 x)\mathrm{e}^{-2x}.$$

因为 $\lambda = -2$ 是特征方程的二重根，设非齐次方程的特解为

$$y^* = x^2(ax+b)\mathrm{e}^{-2x},$$

代入原方程整理得

$$(6ax + 2b)\mathrm{e}^{-2x} = (x+1)\mathrm{e}^{-2x},$$

比较两端 x 的同次幂的系数，有 $a = \dfrac{1}{6}, b = \dfrac{1}{2}$，于是求得非齐次方程的一个特解为

$$y^* = x^2\left(\frac{x}{6} + \frac{1}{2}\right)\mathrm{e}^{-2x},$$

则所求方程的通解为

$$y = (C_1 + C_2 x)\mathrm{e}^{-2x} + \left(\frac{x^3}{6} + \frac{x^2}{2}\right)\mathrm{e}^{-2x}.$$

情况 Ⅱ　$f(x) = \mathrm{e}^{\lambda x}(P_m(x)\cos\beta x + Q_n(x)\sin\beta x)$

应用欧拉公式有 $\cos\theta = \dfrac{1}{2}(\mathrm{e}^{\mathrm{i}\theta} + \mathrm{e}^{-\mathrm{i}\theta}), \sin\theta = \dfrac{1}{2\mathrm{i}}(\mathrm{e}^{\mathrm{i}\theta} - \mathrm{e}^{-\mathrm{i}\theta}).$

$$\begin{aligned}
f(x) &= \mathrm{e}^{\lambda x}(P_m(x)\cos\beta x + Q_n(x)\sin\beta x)\\
&= \mathrm{e}^{\lambda x}\left[P_m(x)\frac{\mathrm{e}^{\mathrm{i}\beta x} + \mathrm{e}^{-\mathrm{i}\beta x}}{2} + Q_n(x)\frac{\mathrm{e}^{\mathrm{i}\beta x} - \mathrm{e}^{-\mathrm{i}\beta x}}{2\mathrm{i}}\right]\\
&= \left[\frac{P_m(x)}{2} + \frac{Q_n(x)}{2\mathrm{i}}\right]\mathrm{e}^{(\lambda+\mathrm{i}\beta)x} + \left[\frac{P_m(x)}{2} - \frac{Q_n(x)}{2\mathrm{i}}\right]\mathrm{e}^{(\lambda-\mathrm{i}\beta)x}\\
&= P_l(x)\mathrm{e}^{(\lambda+\mathrm{i}\beta)x} + \overline{P_l}(x)\mathrm{e}^{(\lambda-\mathrm{i}\beta)x}
\end{aligned}$$

其中 $l = \max\{m, n\}$，则此时可以设方程的特解为

$$y^* = x^k\mathrm{e}^{\lambda x}[R_l^{(1)}(x)\cos\beta x + R_l^{(2)}(x)\sin\beta x].$$

其中 $R_l^{(1)}(x), R_l^{(2)}(x)$ 是两个 l 次的多项式，$l = \max\{m, n\}$. 当 $\lambda + \mathrm{i}\beta$ 不是特征方程的特征根时，$k=0$；当 $\lambda + \mathrm{i}\beta$ 是特征方程的特征根时，$k=1$.

特殊地，若方程为 $f(x) = \mathrm{e}^{\lambda x}P_m(x)\cos\beta x$ 或 $f(x) = \mathrm{e}^{\lambda x}Q_n(x)\sin\beta x$ 时，即

$$y'' + py' + qy = e^{\lambda x} P_m(x) \cos \beta x, \tag{5}$$

$$y'' + py' + qy = e^{\lambda x} Q_n(x) \sin \beta x. \tag{6}$$

求此时非齐次方程的特解，可以应用前面介绍的方法，但若 m 的次数较高，在 $R_l^{(1)}(x), R_l^{(2)}(x)$ 中共有 $2m$ 个系数需要计算，工作量大，现在再来介绍一种适合这种形式方程的特解的解法.

由欧拉公式可知 $e^{\lambda x} P_m(x) \cos \beta x$ 和 $e^{\lambda x} P_m(x) \sin \beta x$ 分别是

$$P_m(x) e^{(\lambda + i\beta)x} = P_m(x) e^{\lambda x} (\cos \beta x + i \sin \beta x)$$

的实部和虚部，对于方程

$$y'' + py' + qy = P_m(x) e^{(\lambda + i\beta)x},$$

可以应用前面的方法求出方程的一个特解，之后根据定理 5 有，实部是方程（5）的特解，虚部是方程（6）的特解，而复数 $\lambda + i\beta$ 对于特征方程只有是特征根和不是特征根两种情况，故可以设特解为

$$y^* = x^k P_m(x) \, e^{(\lambda + i\beta)x},$$

当 $\lambda + i\beta$ 不是特征方程的特征根时，$k=0$；当 $\lambda + i\beta$ 是特征方程的特征根时，$k=1$.

例 7　求方程 $y'' + 2y' + 5y = e^{-x}(x^2 \cos 2x + 2 \sin 2x)$ 的特解形式.

解　因为 $\lambda + i\beta = -1 + 2i$ 是特征根，故设非齐次方程的特解为

$$y^* = e^{-x} x[(a_0 + a_1 x + a_2 x^2) \cos 2x + (b_0 + b_1 x + b_2 x^2) \sin 2x].$$

例 8　求方程 $y'' + 2y' + 2y = e^{-x}(2 \cos x + \sin x)$ 的通解.

解　对应齐次方程的特征方程为

$$r^2 + 2r + 2 = 0,$$

特征根为 $r_{1,2} = -1 \pm i$，则对应的齐次方程的通解为

$$y = e^{-x}(C_1 \cos x + C_2 \sin x).$$

因为 $\lambda + i\beta = -1 + i$ 是特征根，故设非齐次方程的特解为

$$y^* = e^{-x} x[a \cos x + b \sin x].$$

则

$$(y^*)' = e^{-x}[(-ax + bx + a) \cos x + (-ax - bx + b) \sin x].$$

$$(y^*)'' = e^{-x}[(-2bx - 2a + 2b) \cos x + (2ax - 2a - 2b) \sin x].$$

代入原方程整理得

$$e^{-x}(2b \cos x - 2a \sin x) = e^{-x}(2 \cos x + \sin x).$$

比较两端 x 的同次幂的系数，有 $a = -\dfrac{1}{2}, b = 1$，于是求得非齐次方程的一个特解为

$$y^* = e^{-x}\left(-\frac{x}{2} \cos x + x \sin x\right).$$

则所求方程的通解为

$$y - e^{-x}(C_1 \cos x + C_2 \sin x) + e^{-x}\left(-\frac{x}{2}\cos x + x \sin x\right).$$

例 9 求方程 $y'' - y = 5\sin 2x$ 的通解.

解 （解法一）对应齐次方程的特征方程为

$$r^2 - 1 = 0.$$

特征根为 $r_1 = 1, r_2 = -1$，则对应的齐次方程的通解为

$$y = C_1 e^{-x} + C_2 e^{x}.$$

因为 $\lambda + \mathrm{i}\beta = 2\mathrm{i}$ 不是特征根，故设非齐次方程的特解为

$$y^* = a\sin 2x + b\cos 2x.$$

则

$$\left(y^*\right)'' = -4a\sin 2x - 4b\cos 2x.$$

代入原方程整理得

$$-5a\sin 2x - 5b\cos 2x = 5\sin 2x.$$

比较两端的系数，有 $a = -1, b = 0$，于是求得非齐次方程的一个特解为

$$y^* = -\sin 2x.$$

则所求方程的通解为

$$y = C_1 e^{-x} + C_2 e^{x} - \sin 2x.$$

（解法二）利用欧拉公式知道 $\sin 2x$ 是函数 $e^{2\mathrm{i}x}$ 的虚部，故求这个方程的特解，可以转换成求方程 $y'' - y = 5e^{2\mathrm{i}x}$ 特解中的虚部部分.

因为 $2\mathrm{i}$ 不是方程的特征根，故设方程 $y'' - y = 5e^{2\mathrm{i}x}$ 的特解为

$$y^* = ae^{2\mathrm{i}x}.$$

代入方程整理得

$$a = -1.$$

方程 $y'' - y = 5e^{2\mathrm{i}x}$ 的特解为

$$y^* = -e^{2\mathrm{i}x} = -\cos 2x - \mathrm{i}\sin 2x.$$

所以原方程的特解为

$$y^* = -\sin 2x.$$

则所求方程的通解为

$$y = C_1 e^{-x} + C_2 e^{x} - \sin 2x.$$

注：上面介绍的二阶常系数线性微分方程的求解方法，可以推广到一般的 n 阶常系数线性微分方程.

习题 9-4

求下列方程的解.

（1）$y'' - 2y' - 3y = e^{-x}$；　　　　（2）$y'' - 2y' - 3y = 3x + 1$；

（3）$y'' - 2y' - 3y = 3x + 1 + e^{-x}$;　　（4）$y'' + y' = \cos 2x$;

（5）$y'' + y' - 2y = 8\sin 2x + 5$;

（6）$y'' + 4y = \dfrac{1}{2}(x + \cos 2x)$ 满足条件 $y(0) = y'(0) = 0$ 的特解；

（7）$y'' + 16y = \sin(4x + \alpha)$;　　　　（8）$y'' + 2y' + y = xe^x$;

（9）$y'' - 2y' + y = (x-1)e^x$ 满足条件 $y(1) = 1, y'(1) = 0$ 的特解；

（10）$y'' + 2y' + 5y = 5e^{-x}\cos 2x$.

第5节　差分及差分方程的基本概念

在前面我们讨论了微分方程的求法，在那里 x 是在给定区间内连续取值的，所求函数是自变量 x 的连续函数，但是在经济管理或其他实际问题中，经济变量的数据大多数是在等间隔时间周期内进行统计的，例如，银行的定期存款按所设定的时间等间隔计息，国家财政预算按年制定，国内生产总值(GDP)、消费水平、投资水平等按年、按季统计，产品的产量、成本、收益、利润等按月、周进行统计等. 基于这些原因，在研究分析实际的经济管理问题中，各种有关经济变量的取值是离散的，则描绘各经济变量之间的变化规律的数学模型也是离散的，差分方程是研究这类离散型数学模型最有力的工具.

一、差分的概念

设变量 y 是 t 的函数 $y_t = f(t)$，其自变量 t(通常表示时间)的取值为离散的等间隔的整数值：$t = \cdots, -2, -1, 0, 1, 2, \cdots$，因 t 是离散地取等间隔值，那么函数 y_t 只能在相应点有定义.

定义 1　设函数 $y_t = f(t)$ 在 $t = \cdots, -2, -1, 0, 1, 2, \cdots$ 处有定义，对应的函数值为 $\cdots, y_{-2}, y_{-1}, y_0, y_1, y_2, \cdots$，则函数 $y_t = f(t)$ 在时间 t 的一阶差分定义为

$$\Delta y_t = y_{t+1} - y_t = f(t+1) - f(t).$$

其中 " Δ " 称为 "差分"，Δy_t 表示对 y_t 的差分；类似地有

$$\Delta y_{t+1} = y_{t+2} - y_{t+1} = f(t+2) - f(t+1).$$

$$\Delta y_{t-1} = y_t - y_{t-1} = f(t) - f(t-1).$$

$$\cdots\cdots$$

同样，可以定义 $y_t = f(t)$ 在时刻 t 的二阶差分 $\Delta^2 y_t$，二阶差分是一阶差分的差分，即

$$\Delta^2 y_t = \Delta y_{t+1} - \Delta y_t = (y_{t+2} - y_{t+1}) - (y_{t+1} - y_t) = y_{t+2} - 2y_{t+1} + y_t.$$

三阶差分

$$\Delta^3 y_t = \Delta^2 y_{t+1} - \Delta^2 y_t = y_{t+3} - 3y_{t+2} + 3y_{t+1} - y_t.$$

一般地，k 阶差分定义为

$$\Delta^k y_t = \Delta^{k-1} y_{t+1} - \Delta^{k-1} y_t = \sum_{i=0}^{k} (-1)^i C_k^i y_{t+k-i}.$$

其中　$C_k^i = \dfrac{k!}{i!(k-i)!}$.

二阶及二阶以上的差分称为高阶差分.

例 1　已知 $y_t = C,(C$ 是常数)，求 Δy_t.

解　$\Delta y_t = y_{t+1} - y_t = C - C = 0$.

例 2　已知 $y_t = t^2$，求 Δy_t，$\Delta^2 y_t$，$\Delta^3 y_t$.

解
$$\Delta y_t = y_{t+1} - y_t = (t+1)^2 - t^2 = 2t + 1.$$
$$\Delta^2 y_t = \Delta y_{t+1} - \Delta y_t = (2t+2+1) - (2t+1) = 2.$$
$$\Delta^3 y_t = \Delta^2 y_{t+1} - \Delta^2 y_t = 2 - 2 = 0.$$

例 3　已知 $y_t = a^t$（其中 $a > 0$，且 $a \neq 1$），求 Δy_t.

解　$\Delta y_t = y_{t+1} - y_t = a^{t+1} - a^t = a^t(a-1)$.

例 4　设 $t^{(n)} = t(t-1)(t-2)\cdots(t-n+1)$，且 $t^{(0)} = 1$，求 Δy_t.

解　设
$$y_t = t(t-1)(t-2)\cdots(t-n+1),$$
$$\Delta y_t = y_{t+1} - y_t$$
$$= (t+1)t(t-1)(t-2)\cdots(t-n) - t(t-1)(t-2)\cdots(t-n+1).$$
$$= t(t-1)(t-2)\cdots(t-n)[t+1-(t-n+1)].$$
$$= t(t-1)(t-2)\cdots(t-n)n = nt^{(n-1)}.$$

一阶差分的性质如下.

性质 1　若 $y_t = C,(C$ 是常数)，则 $\Delta y_t = 0$.

性质 2　对于任意的常数 k，$\Delta(ky_t) = k\Delta y_t$.

性质 3　$\Delta(y_t + z_t) = \Delta y_t + \Delta z_t$.

性质 4　$^*\Delta(y_t z_t) = y_{t+1}\Delta z_t + z_t \Delta y_t = y_t \Delta z_t + z_{t+1} \Delta y_t$.

性质 5　$^*\Delta\left(\dfrac{y_t}{z_t}\right) = \dfrac{z_t \Delta y_t - y_t \Delta z_t}{z_t \cdot z_{t+1}} = \dfrac{z_{t+1}\Delta y_t - y_{t+1}\Delta z_t}{z_t \cdot z_{t+1}}$.

利用差分的定义可以对以上的性质进行证明，这里只给出性质 4 的证明，其余的相类似，请读者自行证明.

证
$$\Delta(y_t z_t) = y_{t+1}z_{t+1} - y_t z_t$$
$$= y_{t+1}z_{t+1} - y_{t+1}z_t + y_{t+1}z_t - y_t z_t$$
$$= y_{t+1}(z_{t+1} - z_t) + (y_{t+1} - y_t)z_t$$
$$= y_{t+1}\Delta z_t + z_t \Delta y_t.$$

二、差分方程的基本概念

定义 2　含有未知函数 $y_t = f(t)$ 以及 y_t 的差分 Δy_t，$\Delta^2 y_t$，$\Delta^3 y_t$，$\cdots$ 的函数方程，

称为常差分方程，简称差分方程，出现在方程中差分的最高阶数称为差分方程的阶.

n 阶差分方程的一般形式为

$$F(t, y_t, \Delta y_t, \Delta^2 y_t, \cdots, \Delta^n y_t) = 0. \tag{1}$$

其中 F 是已知函数，且 $\Delta^n y_t$ 一定要在方程中出现.

从前面差分的定义可以看出，函数的差分可以表示成函数在不同时刻函数值的代数和，则差分方程的定义可以写成以下的另一种形式.

定义 3　含有自变量 t 以及两个或两个以上函数值的函数方程，称为常差分方程，简称差分方程；出现在差分方程中未知函数的最大下标和最小下标之差，称为差分方程的阶.

n 阶差分方程的一般形式为

$$F(t, y_t, y_{t+1}, \cdots, y_{t+n}) = 0$$

或

$$G(t, y_t, y_{t-1}, \cdots, y_{t-n}) = 0. \tag{2}$$

注：① 差分方程的两种定义形式可以相互转换.

例如，$\Delta^2 y_t - \Delta y_t + y_t = t$ 是按照公式（1）定义的二阶差分方程，又可以写成公式（2）的形式，即 $y_{t+2} - 3y_{t+1} + 3y_t = t$.

② 差分方程的阶数在两种差分方程的定义中是不完全相等的.

例如，差分方程 $\Delta^2 y_t + \Delta y_t = 0$ 按照公式（1）是二阶差分方程；如将方程写成

$$(y_{t+2} - 2y_{t+1} + y_t) + (y_{t+1} - y_t) = y_{t+2} - y_{t+1} = 0,$$

则按照公式（2）中方程的阶数定义是一阶差分方程.

在经济问题中，经常遇到的是公式（2）定义的差分方程，因此本节主要讨论形如公式（2）的差分方程.

如果把一个函数 $y_t = \varphi(t)$ 代入差分方程，方程两端相等，则称函数 $y_t = \varphi(t)$ 是差分方程的解；如果在差分方程的解中含有相互独立的任意常数的个数等于差分方程的阶数，则称为差分方程的通解；在通解中给任意常数以确定的值，则称为差分方程的特解. 确定特解时所需要满足的条件称为定解条件.

例如，对于差分方程

$$5y_{t+1} + 2y_t = 0,$$

把方程 $y_t = C\left(-\dfrac{2}{5}\right)^t$ 代入差分方程有

$$5C\left(-\frac{2}{5}\right)^{t+1} + 2C\left(-\frac{2}{5}\right)^t = C\left(-\frac{2}{5}\right)^t\left(-\frac{2}{5} \times 5 + 2\right) = 0,$$

所以 $y_t = C\left(-\dfrac{2}{5}\right)^t$ 是差分方程的解，且为差分方程的通解.

而 $y_t = \left(\dfrac{2}{5}\right)^t$ 是方程满足条件 $y_0 - 1$ 的特解.

常见的定解条件为初始条件：$y_0 = a_0, y_1 = a_1, \cdots, y_{n-1} = a_{n-1}$.

习题 9-5

1. 判断下列差分方程的阶数.

（1）$3y_{t+3} - 5y_{t+1} = 2t^2$；　（2）$y_{t+5} - 7y_{t-1} = 0$；　（3）$2y_{t+2} - 3y_{t-6} = y_{t-3}$.

2. 求下列函数的差分 Δy_t，$\Delta^2 y_t$.

（1）$y_t = e^t$；　（2）$y_t = \sin t$；　（3）$y_t = \ln t$；　（4）$y_t = t^3 + 2t + \sin t$.

第6节　一阶常系数线性差分方程

一阶常系数线性差分方程的一般形式为

$$y_{t+1} + ay_t = f(t) \tag{1}$$

和

$$y_{t+1} + ay_t = 0. \tag{2}$$

$f(t)$ 是 t 的函数，$a \neq 0$，称方程（1）为一阶常系数非齐次线性差分方程，方程（2）为其对应的齐次线性差分方程.

一、一阶常系数齐次线性差分方程的解法

把齐次线性差分方程 $y_{t+1} + ay_t = 0$ 改写为

$$y_{t+1} = -ay_t. \tag{3}$$

假设 y_0 已知，则将 $t = 1, 2, \cdots$ 依次代入差分方程（3）中，有

$$y_1 = -ay_0, y_2 = -ay_1 = (-a)^2 y_0, y_3 = -ay_2 = (-a)^3 y_0, \cdots.$$

一般地，有　$y_t = (-a)^t y_0$，

则差分方程的通解为

$$y_t = C(-a)^t. \tag{4}$$

其中 C 为任意常数，这种求解一阶常系数齐次线性差分方程的方法称为迭代法.

例1　求方程 $5y_{t+1} - y_t = 0$ 的通解.

解　方程可以化为　$y_{t+1} = \dfrac{1}{5} y_t$.

则由公式（4）得方程的通解为

$$y_t = C\left(\dfrac{1}{5}\right)^t.$$

二、一阶常系数非齐次线性差分方程的解法

定理 设 $\bar{y}_t$ 是一阶齐次线性差分方程（2）的通解，y_t^* 是常系数非齐次线性差分方程（1）的一个特解，则 $y_t = \bar{y}_t + y_t^*$ 是非齐次线性差分方程的通解.

求解一阶常系数非齐次线性差分方程通解常用的方法有迭代法和待定系数法，而求解一阶常系数非齐次线性差分方程特解的方法主要为待定系数法.

1. 迭代法

将方程（1）改写为

$$y_{t+1} = -ay_t + f(t),$$

逐步进行迭代有

$$y_1 = -ay_0 + f(0).$$
$$y_2 = -ay_1 + f(1) = (-a)^2 y_0 + (-a)f(0) + f(1).$$
$$y_3 = -ay_2 + f(2) = (-a)^3 y_0 + (-a)^2 f(0) + (-a)f(1) + f(2).$$
$$\cdots\cdots$$

由数学归纳法有

$$y_t = (-a)^t y_0 + (-a)^{t-1} f(0) + \cdots + (-a)f(t-2) + f(t-1)$$
$$= (-a)^t y_0 + y_t^*. \tag{5}$$

其中

$$y_t^* = (-a)^{t-1} f(0) + (-a)^{t-2} f(1) + \cdots + (-a)f(t-2) + f(t-1) = \sum_{i=0}^{t-1} (-a)^i f(t-i-1). \tag{6}$$

可见 y_t^* 是方程（1）的特解，$y_t = C(-a)^t$ 是方程（2）的通解.

例2 求差分方程 $y_{t+1} + ay_t = b$ 的通解.

解 代入公式（5）得方程的通解为

当 $a \neq -1$ 时，$y_t = (-a)^t y_0 + \sum_{i=0}^{t-1} (-a)^i b = C(-a)^t + \dfrac{1-(-a)^t}{1+a} b$.

当 $a = -1$ 时，$y_t = C + bt$.

综上所述，差分方程的通解为

$$y_t = \bar{y}_t + y_t^* = \begin{cases} C(-a)^t + \dfrac{1-(-a)^t}{1+a} b, & a \neq -1, \\ C + bt, & a = -1. \end{cases}$$

2. 待定系数法

迭代法虽然可以求出一阶非齐次线性差分方程的通解，但是实际应用起来比较复杂. 在求解非齐次线性差分方程时选取和解常微分方程相类似的方法，根据右端自由项 $f(t)$ 的一些特殊形式，利用待定系数法来求解差分方程的特解，常见的 $f(t)$ 有以下几种表达式.

（1） $f(t) = C$（常数）.

（2） $f(t) = P_n(t)$ 是 t 的 n 次多项式.

（3） $f(t) = \mu^t P_n(t)$，$\mu > 0, \mu \neq 1$，是多项式和指数函数的乘积.

情形 I $\quad f(t) = C$ 为常值函数

方程变形为

$$y_{t+1} + ay_t = b, (a, \ b \text{ 为常数}).$$

设差分方程的特解为 $y_t^* = \mu$，（μ 为待定常数），代入差分方程得

$$\mu + a\mu = b.$$

即当 $a \neq -1$ 时

$$\mu = \frac{b}{1+a}.$$

当 $a = -1$ 时，设差分方程的特解为

$$y_t^* = \mu t,$$

代入方程有

$$\mu(t+1) - \mu t = b,$$

即

$$\mu = b.$$

综上所述，差分方程的通解为

$$y_t = \overline{y_t} + y_t^* = \begin{cases} C(-a)^t + \dfrac{b}{1+a}, & a \neq -1, \\ C + bt, & a = -1. \end{cases}$$

例 3 求方程 $y_{t+1} - 2y_t = 4$ 的通解.

解 因为 $a = -2 \neq -1$，所以方程的通解为

$$y_t = C2^t - 4.$$

例 4 求方程 $y_{t+1} - y_t = 3$ 的通解.

解 因为 $a = -1$，所以方程的通解为

$$y_t = C + 3t.$$

情形 II $\quad f(t) = P_n(t)$ 是 t 的 n 次多项式

此时方程为

$$y_{t+1} + ay_t = P_n(t), (a \neq 0).$$

由差分

$$y_{t+1} = \Delta y_t + y_t,$$

有

$$\Delta y_t + (1+a)y_t = P_n(t). \tag{7}$$

因为右端 $f(t) = P_n(t)$ 是多项式，所以特解 y_t^* 也是多项式，且由前面差分性质

有，当 y_t^* 是多项式时，y_t^* 多项式的次数比 Δy_t^* 这个多项式的次数高出 1 次，故对式 (7) 有以下两种情况.

（1）当 $a+1 \neq 0$，即 $a \neq -1$ 时，右端是 n 次多项式，则左端也是 n 次多项式，即设特解为

$$y_t^* = Q_n(t) = b_0 + b_1 t + \cdots + b_n t^n.$$

其中系数 $b_0, b_1, \cdots, b_n$ 是待定系数，将 y_t^* 代入到差分方程（7）中，通过比较两端 t 的同次幂的系数，可以确定出系数 $b_0, b_1, \cdots, b_n$，即可以求出特解 y_t^*.

（2）当 $a+1 = 0$，即 $a = -1$ 时，有

$$\Delta y_t = P_n(t).$$

则设特解为

$$y_t^* = t Q_n(t) = t(b_0 + b_1 t + \cdots + b_n t^n).$$

其中系数 $b_0, b_1, \cdots, b_n$ 是待定系数，将 y_t^* 代入到差分方程中，通过比较两端 t 的同次幂的系数，可以确定出系数 $b_0, b_1, \cdots, b_n$，即可以求出特解 y_t^*.

综上所述，对于一阶非齐次线性差分方程（7），设特解 $y_t^* = t^k Q_n(t)$，其中当 $a \neq -1$ 时，$k=0$，当 $a = -1$ 时，$k=1$.

例 5 求方程 $y_{t+1} - 2y_t = t^2$ 的通解.

解 对应齐次差分方程的通解为 $y_t = C 2^t$.
因为 $a = -2 \neq -1$，设非齐次差分方程的特解为 $y_t^* = b_0 + b_1 t + b_2 t^2$.

代入差分方程有

$$b_0 + b_1(t+1) + b_2(t+1)^2 - 2(b_0 + b_1 t + b_2 t^2) = t^2.$$

整理得

$$-b_2 t^2 + (2b_2 - b_1)t + (b_2 + b_1 - b_0) = t^2.$$

即

$$b_2 = -1, b_1 = -2, b_0 = -3.$$

则特解为

$$y_t^* = -3 - 2t - t^2.$$

所求差分方程的通解为

$$y_t = C 2^t - 3 - 2t - t^2.$$

例 6 求方程 $y_{t+1} - y_t = 2t$ 满足条件 $y_0 = 1$ 的特解.

解 对应齐次差分方程的通解为 $y_t = C$.

因为 $a = -1$，设非齐次差分方程的特解为 $y_t^* = t(b_0 + b_1 t)$.

代入差分方程有

$$(t+1)[b_0 + b_1(t+1)] - t(b_0 + b_1 t) = 2t.$$

整理得

$$2b_1 t + b_1 + b_0 = 2t.$$

即

$$b_1 = 1, b_0 = -1.$$

则特解为

$$y_t^* = t(t-1).$$

所求差分方程的通解为

$$y_t^* = C + t(t-1).$$

满足条件 $y_0 = 1$ 的特解为

$$y_t = 1 + t(t-1).$$

情形Ⅲ $f(t) = \mu^t P_n(t)$，$\mu > 0, \mu \neq 1$，是多项式和指数函数的乘积

此时方程为

$$y_{t+1} + a y_t = \mu^t P_n(t), (a \neq 0). \tag{8}$$

设变换

$$y_t = \mu^t z_t,$$

代入差分方程（8）有

$$\mu^{t+1} z_{t+1} + a \mu^t z_t = \mu^t P_n(t).$$

由 $\mu^t \neq 0$ 有

$$\mu z_{t+1} + a z_t = P_n(t),$$

即

$$z_{t+1} + \frac{a}{\mu} z_t = \frac{1}{\mu} P_n(t).$$

由前面情形Ⅱ，此时可设特解为 $z_t^* = t^k Q_n(t)$，其中当 $\frac{a}{\mu} \neq -1$，即 $a + \mu \neq 0$ 时，$k=0$，当 $\frac{a}{\mu} = -1$ 即 $a + \mu = 0$ 时，$k=1$.

则此时差分方程（8）的特解可以设为 $y_t^* = \mu^t t^k Q_n(t)$，其中当 $a + \mu \neq 0$ 时，$k=0$，$a + \mu = 0$ 时，$k=1$.

例 7 求方程 $y_{t+1} - 3y_t = t5^t$ 的通解.

解 对应齐次差分方程的通解为 $y_t = C3^t$.

因为 $a + \mu = -3 + 5 = 2 \neq 0$，，设非齐次差分方程的特解为 $y_t^* = (At + B)5^t$.

代入差分方程有

$$(At + A + B)5^{t+1} - 3(At + B)5^t = t5^t.$$

整理得

$$(2At + 5A + 2B)5^t = t5^t,$$

即

$$A = \frac{1}{2}, B = -\frac{5}{4}.$$

则特解为

$$y_t^* = \left(\frac{t}{2} - \frac{5}{4}\right)5^t.$$

所求差分方程的通解为

$$y_t = C3^t + \left(\frac{t}{2} - \frac{5}{4}\right)5^t.$$

例 8 求方程 $y_{t+1} - 2y_t = 3 \times 2^t$ 的通解.

解 对应齐次差分方程的通解为 $y_t = C2^t$.

因为 $a + \mu = -2 + 2 = 0$，设非齐次差分方程的特解为 $y_t^* = At \times 2^t$.

代入差分方程有

$$(At + A)2^{t+1} - 2At \times 2^t = 3 \times 2^t.$$

整理得

$$2A \times 2^t = 3 \times 2^t,$$

即

$$A = \frac{3}{2}.$$

则特解为

$$y_t^* = \frac{3t}{2} \times 2^t.$$

所求差分方程的通解为

$$y_t = C2^t + \frac{3t}{2} \times 2^t.$$

习题 9-6

求下列方程的解.

（1） $3y_{t+1} + 2y_t = 1$；   （2） $4y_{t+1} - 4y_t = 7$；   （3） $2y_{t+1} - 3y_t = 3 + t$；

（4） $y_{t+1} - y_t = t^2$ 满足条件 $y_0 = 2$ 的特解；   （5） $y_{t+1} + y_t = t3^t$.

本 章 小 结

本章首先给出了常微分方程的概念，微分方程的解、通解、初始条件和特解的
定义；介绍了可分离变量的微分方程、齐次微分方程、一阶线性微分方程以及这几
种一阶微分方程的解法；给出了可降阶的高阶微分方程的变量代换法，二阶常系数
齐次线性微分方程的特征根法，二阶常系数非齐次线性微分方程的待定系数法；在
最后两节给出了差分方程以及一阶齐次和非齐次差分方程的待定系数法.

学习本章，要求了解微分方程的解、通解、初始条件和特解等概念；掌握可分
离变量的微分方程、齐次微分方程和一阶线性微分方程的求解方法；掌握二阶常系
数（非）齐次线性微分方程的解法；了解差分与差分方程及其通解与特解的概念；
掌握一阶常系数线性差分方程的解法.

总习题 9

（A）

1．判断对错．

（1）在微分方程的解中，含有任意常数的解称为微分方程的通解；

（2）若 y_1, y_2 是 $y'' + Py' + Qy = 0$ 的两个特解，则此方程的通解为 $y = C_1 y_1 + C_2 y_2$；

（3）若 y^* 是二阶线性齐次方程 $y'' + Py' + Qy = f$ 的一个特解，y_* 是对应的齐次方程 $y'' + Py' + Qy = 0$ 的解，则 $y^* + y_*$ 是上述非齐次方程的通解；

（4）对于以 $y = y(x)$ 为未知函数的二阶微分方程，确定其特解的初始条件为 $y_0 = y(x_0), y_1 = y'(x_0)$；

（5）常系数二阶微分方程 $y'' + Py' + Q = 0$ 的特征方程有重根 r 时，$y_1 = \mathrm{e}^{rx}$ 和 $y_2 = x\mathrm{e}^{rx}$ 是其线性无关解．

2．求下列一阶微分方程的解．

（1）$x\mathrm{e}^{2y}\mathrm{d}y = (x^2 + 1)\mathrm{d}x$；

（2）$y' = \dfrac{y}{x}(1 + \ln y - \ln x)$；

（3）$\dfrac{\mathrm{d}y}{\mathrm{d}x} - 2xy = x\mathrm{e}^{-x^2}$；

（4）$y - xy' = a(y^2 + y')$；

（5）$(2x^2 + 3y^2)\mathrm{d}y + xy\mathrm{d}x = 0$；

（6）$x^2\mathrm{d}y + (2xy - x + 1)\mathrm{d}x = 0$；

（7）$y' = \dfrac{y}{2x - y^2}$．

3．求下列二阶微分方程的解．

（1）方程 $y'' = 2yy'$ 满足条件 $y\big|_{x=0} = y'\big|_{x=0} = 1$ 的特解；

（2）方程 $y'' = \dfrac{1}{x}y' + x\mathrm{e}^x$ 满足条件 $y\big|_{x=1} = 1, y'\big|_{x=1} = \mathrm{e}$ 的特解；

（3）方程 $y'' - 6y' + 9y = 14$ 的通解；

（4）方程 $2y'' + 5y' + 2y = 5x^2 - 2x + 1$ 的通解；

（5）方程 $y'' + y' = \mathrm{e}^{-x}$ 的通解；

（6）方程 $y'' - 2y' - 3y = \mathrm{e}^{-x} + 3x + 1$ 的通解；

（7）方程 $y'' + a^2 y = \sin x$ 的通解；

（8）方程 $y'' + 2y' + 5y = 5\mathrm{e}^{-x}\cos 2x$ 的通解；

（9）方程 $y'' + y' - 2y = 8\sin 2x + 5$ 的通解；

（10）方程 $yy'' - 2yy'\ln y = (y')^2$ 满足条件 $y\big|_{x=0} = y'\big|_{x=0} = 1$ 的特解．

4．求下列差分方程的解．

（1）$y_{t+1} - y_t = t2^t$；

（2）$y_{t+1} - 5y_t = 4$；

（3）$y_{t+1} - ay_t = \mathrm{e}^{bt}$；

(4) $y_{t+1} - y_t = 5$；　　　(5) $y_{t+1} + 2y_t = t^2$；　　　(6) $y_{t+1} - y_t = 4t$．

（B）

1. 选择题.

(1) 设非齐次线性微分方程 $y' + p(x)y = q(x)$ 有两个不同的解 $y_1(x), y_2(x), C$ 为任意常数，则该方程的通解是（　　）.

A. $C[y_1(x) - y_2(x)]$　　　　B. $y_1(x) + C[y_1(x) - y_2(x)]$

C. $C[y_1(x) + y_2(x)]$　　　　D. $y_1(x) + C[y_1(x) + y_2(x)]$

(2) 设 y_1, y_2 是一阶线性非齐次微分方程 $y' + p(x)y = q(x)$ 的两个特解，若常数 λ, μ 使 $\lambda y_1 + \mu y_2$ 是该方程的解，$\lambda y_1 - \mu y_2$ 是该方程所对应的齐次方程的解，则（　　）.

A. $\lambda = \dfrac{1}{2}, \mu = \dfrac{1}{2}$　　　　B. $\lambda = -\dfrac{1}{2}, \mu = -\dfrac{1}{2}$

C. $\lambda = \dfrac{2}{3}, \mu = \dfrac{1}{3}$　　　　D. $\lambda = \dfrac{2}{3}, \mu = \dfrac{2}{3}$

2. 填空题.

(1) 差分方程 $y_{t+1} - y_t = t2^t$ 的通解为_____.

(2) 微分方程 $xy' + y = 0$ 满足初始条件 $y(1) = 2$ 的特解为_____.

(3) 微分方程 $\dfrac{dy}{dx} = \dfrac{y}{x} - \dfrac{1}{2}\left(\dfrac{y}{x}\right)^3$ 满足 $y|_{x=1} = 1$ 的特解为_____.

(4) 微分方程 $xy' + y = 0$ 满足初始条件 $y(1) = 1$ 的特解为_____.

3. 计算题.

(1) 已知函数 $f(x)$ 满足方程 $f''(x) + f'(x) - 2f(x) = 0$ 及 $f'(x) + f(x) = 2e^x$，求 $f(x)$ 的表达式及曲线 $y = f(x^2)\displaystyle\int_0^x f(-t^2)dt$ 的拐点；

(2) 设级数 $\dfrac{x^4}{2\cdot 4} + \dfrac{x^6}{2\cdot 4\cdot 6} + \dfrac{x^8}{2\cdot 4\cdot 6\cdot 8} + \cdots (-\infty < x < +\infty)$ 的和函数为 $S(x)$，求 $S(x)$ 所满足的一阶微分方程以及 $S(x)$ 的表达式；

(3) 设 $F(x) = f(x)g(x)$，其中 $f(x), g(x)$ 在 $(-\infty, +\infty)$ 内满足以下条件：$f'(x) = g(x)$，$g'(x) = f(x)$，且 $f(0) = 0$，$f(x) + g(x) = 2e^x$，求 $F(x)$ 所满足的一阶微分方程，并求出 $F(x)$ 的表达式；

(4) 验证函数 $y = 1 + \dfrac{x^3}{3!} + \dfrac{x^6}{6!} + \dfrac{x^9}{9!} + \cdots + \dfrac{x^{3n}}{(3n)!} + \cdots$ 满足微分方程 $y'' + y' + y = e^x$，并利用此结果求幂级数 $\displaystyle\sum_{n=0}^{\infty} \dfrac{x^{3n}}{(3n)!}$ 的和函数；

(5) 已知 $f_n(x)$ 满足 $f_n'(x) = f_n(x) + x^{n-1}e^x$ (n 为正整数)，且 $f_n(1) = \dfrac{e}{n}$，求函数项

级数 $\sum_{n=1}^{\infty} f_n(x)$ 之和；

（6）求微分方程 $y'' - 2y' - e^{2x} = 0$ 满足条件 $y(0) = y'(0) = 1$ 的解；

（7）设有微分方程 $y' - 2y = \varphi(x)$，其中 $\varphi(x) = \begin{cases} 2, & x < 1, \\ 0, & x > 1, \end{cases}$ 求在 $(-\infty, +\infty)$ 内的 $y = y(x)$，使之在 $(-\infty, 1)$，$(1, +\infty)$ 都满足所给方程，且满足条件 $y(0) = 0$；

（8）求微分方程 $\dfrac{\mathrm{d}y}{\mathrm{d}x} = \dfrac{y - \sqrt{x^2 + y^2}}{x}$ 的通解；

（9）求连续函数 $f(x)$，使它满足 $f(x) + 2\int_0^x f(t)\mathrm{d}t = x^2$；

（10）求微分方程 $xy\dfrac{\mathrm{d}y}{\mathrm{d}x} = x^2 + y^2$ 满足条件 $y\big|_{x=1} = 2e$ 的特解.

第 10 章　微积分在经济学中的应用

局部求近似和极限求精确的基本思想贯穿于整个微积分学体系中，而微积分在各个领域中又有广泛的应用. 随着市场经济的不断发展，经济学的定量分析的重要性日益凸显. 本章将着重介绍微分在经济活动的边际分析、弹性分析、最值分析中的应用，以及积分在最优化问题、资金流量的现值问题中的应用.

第 1 节　常用经济函数

在应用数学方法解决经济问题时，首先需要建立变量之间的函数关系，即构建该问题的数学模型，继而分析模型的特性，因此必须了解一些经济分析中常见的函数.

一、利息函数

利息是指借款者向贷款者支付的报酬，它是根据本金的数额按一定比例计算出来的. 利息又有存款利息、贷款利息、债券利息、贴现利息等几种主要形式.

1. 单利

假设在期初投资1单位，在每个时期末得到完全相同的利息金 r，即只有本金产生利息，而利息不会产生新的利息，这种计息方式称为单利，r 称为单利率.

设初始本金为 $p(元)$，利率为 r，则按照单利计息如下.

第一年末的本利和为　$s_1 = p + rp = p(1+r)$，

第二年末的本利和为　$s_2 = s_1 + rp = p(1+2r)$，

……

第 n 年末的本利和为　$s_n = s_{n-1} + rp = p(1+nr)$．

2. 复利

在单利情形下，前面时期所获得的利息并没有在后面的时期获取利息. 而复利则是将利息收入再次计入下一期的本金，即所谓的"利滚利".

设初始本金为 p（元），利率为 r，则按照复利计息如下.

第一年末的本利和为　$s_1 = p + rp = p(1+r)$，

第二年末的本利和为　$s_2 = s_1 + rs_1 = s_1(1+r) = p(1+r)^2$，

……

第 n 年末的本利和为　$s_n = s_{n-1} + rs_{n-1} = p(1+r)^n$．

3. 多次付息

（1）单利付息情形.

因每次的利息都不计入本金，故若一年分 m 次付息，则一年末的本利和为

$$s = p\left(1 + m\frac{r}{m}\right) = p(1+r)，$$

即年末的本利和与支付利息的次数无关.

（2）复利付息情形.

因每次支付的利息都记入本金，故年末的本利和与支付利息的次数是有关系的.

设初始本金为 p（元），利率为 r，若一年分 m 次付息，则一年末的本利和为

$$s = p\left(1 + \frac{r}{m}\right)^{m}，$$

易见本利和是随付息次数 m 的增大而增加的.

而第 n 年末的本利和为

$$s_n = p\left(1 + \frac{r}{m}\right)^{mn}.$$

4. 连续复利

设初始本金为 p（元），利率为 r，若一年分 m 次付息，则第 t 年末的本利和为

$$s_t = p\left(1 + \frac{r}{m}\right)^{mt}.$$

利用二项展开式 $(1+x)^m = 1 + mx + \frac{m(m-1)}{2}x^2 + \cdots + x^m$，有

$$\left(1 + \frac{r}{m}\right)^m = 1 + m\cdot\frac{r}{m} + \frac{m(m-1)}{2}\cdot\left(\frac{r}{m}\right)^2 + \cdots > 1 + r，$$

因而

$$p\left(1 + \frac{r}{m}\right)^{mt} > p(1+r)^t.$$

这表明一年计算 m 次复利的本利和比一年计算一次复利的本利和要大，而且随着 m 越大，本利和数额就越大. 上面讨论的为离散情况——计息的"期"是确定的时间间隔，因而计息次数 m 有限. 那么是不是随着 m 的无限增大，本利和也会无限增大呢？答案是否定的. 若计息的"期"的时间间隔无限缩短，从而计息次数 $m \to \infty$，由于

$$\lim_{m\to\infty} p\left(1 + \frac{r}{m}\right)^{mt} = p\lim_{m\to\infty}\left(1 + \frac{r}{m}\right)^{\frac{m}{r}\cdot rt} = p\mathrm{e}^{rt}，$$

所以，若以连续复利计算利息，其复利公式是

$$s_t = p\mathrm{e}^{rt}.$$

例 1 现有初始本金 100 元，若银行年储蓄利率为 5%，问：

（1）按单利计算，3 年末的本利和为多少？

（2）按复利计算，3 年末的本利和为多少？

（3）以季度计复利，3 年末的本利和为多少？

（4）按连续复利计算，3 年末的本利和为多少？

（5）按复利计算，需多少年能使本利和超过初始本金的一倍？

解 （1）已知 $p = 100$ 元，$r = 5\%$，由单利计算公式得

$$s_3 = p(1 + 3r) = 100 \times (1 + 3 \times 0.05) = 115 \,(\text{元}).$$

（2）由复利计算公式得

$$s_3 = p(1 + r)^3 = 100 \times (1 + 0.05)^3 \approx 115.76 \,(\text{元}).$$

（3）以季度计复利

$$s_3 = 100 \times \left(1 + \frac{0.05}{4}\right)^{4 \times 3} \approx 116.08 \,(\text{元}).$$

（4）按连续复利计算

$$s_3 = 100 \times \mathrm{e}^{0.05 \times 3} \approx 116.18 \,(\text{元}).$$

（5）若 n 年后的本利和超过初始本金的一倍，即要

$$s_n = p(1 + r)^n > 2p,$$

由于 $r = 0.05$，则 $n \ln 1.05 > \ln 2$，$n > \dfrac{\ln 2}{\ln 1.05} \approx 14.2$，即需 15 年本利和可超过初始本金一倍.

5. 贴现率

设初始本金为 $p\,(\text{元})$，利率为 r，第 t 年末的本利和为 s_t. 则以年为期的复利公式是 $s_t = p(1 + r)^t$；一年分 m 次付息的复利公式是 $s_t = p\left(1 + \dfrac{r}{m}\right)^{mt}$；连续复利公式是 $s_t = p\mathrm{e}^{rt}$.

若称 p 为现在值，s_t 为未来值，已知现在值求未来值是利率问题；与此相反，若已知未来值 s_t 求现在值 p，则称为贴现问题，这时利率 r 称为贴现率.

由利息公式，容易推得：

离散复利的贴现公式为

$$p = s_t(1 + r)^{-t}, \quad p = s_t\left(1 + \frac{r}{m}\right)^{-mt};$$

连续复利的贴现公式为

$$p = s_t\mathrm{e}^{-rt}.$$

例 2 有一笔年利率为 6.5% 的投资，按连续复利计算，投资多少 16 年后可得 1200 元？

解 利用公式 $p = s_t \mathrm{e}^{-rt}$，由题意得

$$p = s_t \mathrm{e}^{-rt} = 1200 \cdot \mathrm{e}^{-0.065 \times 16} = \frac{1200}{\mathrm{e}^{1.04}} = 424.15 \text{（元）}.$$

二、需求函数、供给函数与市场均衡

1. 需求函数

需求函数是指在某一特定时期内，市场上某种商品的各种可能的购买量和决定这些购买量的诸因素之间的数量关系.

假定其他因素（如消费者的货币收入、偏好和相关商品的价格等）不变，则决定某种商品需求量的因素就是这种商品的价格. 此时，需求函数表示的就是商品需求量和价格这两个经济量之间的数量关系

$$Q_{\mathrm{d}} = f_{\mathrm{d}}(P),$$

其中，Q_{d} 表示需求量，P 表示价格. 一般说来，当商品价格提高时，需求量会减少；当商品价格降低时，需求量会增加，也就是说需求函数是关于价格的单调减少函数.

需求函数的反函数 $P = f_{\mathrm{d}}^{-1}(Q_{\mathrm{d}})$ 称为价格函数，习惯上将价格函数也统称为需求函数.

2. 供给函数

供给函数是指在某一特定时期内，市场上某种商品的各种可能的供给量和决定这些供给量的诸因素之间的数量关系.

假定其他因素（如生产技术水平、生产成本等）不变，则决定某种商品供给量的因素就是这种商品的价格. 此时，供给函数表示的就是商品供给量和价格这两个经济量之间的数量关系

$$Q_{\mathrm{s}} = f_{\mathrm{s}}(P),$$

其中，Q_{s} 表示供给量，P 表示价格. 一般说来，当商品价格提高时，供给量会增加；当商品价格降低时，供给量会减少，也就是说供给函数是关于价格的单调增加函数.

3. 市场均衡

对一种商品而言，如果需求量等于供给量，则这种商品就达到了市场均衡.

假设需求函数和供给函数均为线性函数，即 $Q_{\mathrm{d}} = aP + b$，$Q_{\mathrm{s}} = cP + d$，令 $Q_{\mathrm{d}} = Q_{\mathrm{s}}$，则

$$P = \frac{d - b}{a - c} \equiv P_0,$$

这个价格 P_0 称为该商品的市场均衡价格（图 10-1）.

市场均衡价格就是需求函数和供给函数两条直线的交点的横坐标. 当市场价格高于均衡价格时，将出现供过于求的现象；而当市场价格低于均衡价格时，将出现供不应求的现象；当市场均衡时有

$$Q_d = Q_s = Q_0,$$

称 Q_0 为市场均衡数量.

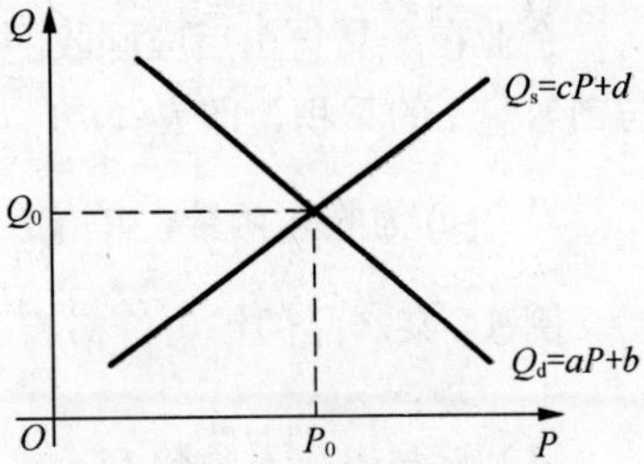

图 10-1

根据市场的不同情况，需求函数与供给函数还有二次函数、多项式函数与指数函数等. 但其基本规律是相同的，都可找到相应的市场均衡点 (P_0, Q_0).

例 3　某种商品的需求函数和供给函数分别为

$$Q_d = 170 - 5P, \quad Q_s = 25P - 10,$$

求该商品的市场均衡价格和市场均衡数量.

解　由均衡条件 $Q_d = Q_s$，得

$$170 - 5P = 25P - 10,$$

即 $30P = 180$，因此，市场均衡价格为 $P_0 = 6$，市场均衡数量为 $Q_0 = 25P_0 - 10 = 140$.

三、成本函数、收入函数与利润函数

1. 成本函数

企业为生产和销售产品所支出费用的总和称为成本. 成本函数表示费用总额与产量（或销售量）之间的关系. 产品成本通常可分为固定成本和变动成本两部分. 固定成本是指不受产量变化影响的那部分成本，而变动成本是指随产量变化而变化的那部分成本. 一般地，总成本 C 是产量 x 的函数，即

$$C = C(x), \quad (x \geqslant 0),$$

上式称为成本函数. 当产量 $x = 0$ 时，对应的成本函数值 $C(0)$ 就是产品的固定成本值，记为 C_0. 而变动成本是产量 x 的函数，记为 $C_1(x)$. 于是 $C(x) = C_0 + C_1(x)$.

设 $C(x)$ 为成本函数，单位产品的成本 $\overline{C} = \dfrac{C(x)}{x}$ $(x > 0)$ 称为平均成本函数.

例 4　设某产品每日产量为 200 单位. 其中，日固定成本为 150 元，生产一个单位产品的变动成本为 15 元. 求该产品的日总成本函数及平均成本函数.

解　由 $C(x) = C_0 + C_1(x)$，可得总成本函数为

$$C(x) = 150 + 15x, \ x \in [0, 200],$$

平均成本函数为

$$\overline{C}(x) = \frac{C(x)}{x} = 15 + \frac{150}{x}.$$

2. 收入函数

企业在产品售出后应回收的款项称为收入，记为 R ，它等于产品的单位价格 P 与销售量 x 的乘积，即 $R = Px$ ，称为收入函数.

设 $R(x)$ 为收入函数，单位产品的收入 $\overline{R} = \dfrac{R(x)}{x}$ $(x > 0)$ 称为平均收入函数.

例 5 某产品的销售价格为 P ，其销售量 x 是价格 P 的函数，

$$x = 400 - 5P .$$

（1）试写出收入函数 $R(x)$ ；

（2）当销售量 $x = 50$ 时，试求其收入与平均收入；

（3）试问销售量是多少时，收入取得最大值？

解 （1）由 $x = 400 - 5P$ 可得 $P = 80 - \dfrac{x}{5}$ ，于是

$$R(x) = Px = \left(80 - \dfrac{x}{5}\right)x = 80x - \dfrac{x^2}{5} .$$

（2）$R(50) = 80 \times 50 - \dfrac{50^2}{5} = 3500$ ，$\overline{R}(50) = \dfrac{R(50)}{50} = 70$.

（3）收入函数 $R(x) = 80x - \dfrac{x^2}{5}$ 是关于 x 的二次函数，当 $x = -\dfrac{80}{2 \times \left(-\dfrac{1}{5}\right)} = 200$ 时

有最大值，为 $R(200) = 80 \times 200 - \dfrac{200^2}{5} = 8000$.

3. 利润函数

收入减去成本后的剩余部分叫作利润，记为 L ，等于收入 R 减去成本 C ，即 $L = R - C$ ，称为利润函数.

当 $L = R - C > 0$ 时，生产者盈利；

当 $L = R - C < 0$ 时，生产者亏损；

当 $L = R - C = 0$ 时，生产者盈亏平衡，使 $L(x) = 0$ 的点 x_0 称为盈亏平衡点（又称为保本点）.

例 6 已知某厂单位产品的变动成本为 15 元，每天的固定成本为 150 元，如这种产品出厂价为 20 元，求：

（1）利润函数；

（2）若不亏本，该厂每天至少生产多少单位这种产品.

解 （1）因为 $L(x) = R(x) - C(x)$ ，$C(x) = 150 + 15x$ ，$R(x) = 20x$ ，所以

$$L(x) = 20x - (150 + 15x) = 5x - 150 .$$

（2）当 $L(x) = 0$ 时，不亏本，于是有 $5x - 150 = 0$ ，得 $x = 30$ （单位）.

例 7 某厂家生产一种产品，在定价时不仅要根据生产成本而定，还要请各销

售单位来出价，即客户愿意以什么价格来购买．根据调查得出需求函数为 $x = -900P + 45000$．厂家生产该产品的固定成本是 270000 元，而单位产品的变动成本为 10 元．为获得最大利润，出厂价格应为多少？

解 收入函数为 $R(P) = P(-900P + 45000) = -900P^2 + 45000P$，

成本函数为 $C(P) = 270000 + 10x = -9000P + 720000$，

利润函数为 $L(P) = R(P) - C(P) = -900(P^2 - 60P + 800) = -900(P - 30)^2 + 90000$．

利润是一个二次函数，易知，当价格 $P = 30$ 元时，利润 $L = 90000$ 元为最大利润．在此价格下，可望销售量为

$$x = -900 \times 30 + 45000 = 18000 \text{ (单位)}.$$

例 8 已知某商品的成本函数与收入函数分别是

$$C(x) = 12 + 3x + x^2, \quad R(x) = 11x.$$

求该商品的盈亏平衡点，并说明盈亏情况．

解 由 $L(x) = R(x) - C(x) = 0$ 和已知条件得

$$11x = 12 + 3x + x^2,$$

即 $x^2 - 8x + 12 = 0$，从而得到两个盈亏平衡点分别为 $x_1 = 2, x_2 = 6$．由利润函数

$$L(x) = R(x) - C(x) = 11x - (12 + 3x + x^2) = 8x - 12 - x^2 = (x - 2)(6 - x),$$

易见当 $x < 2$ 时亏损，$2 < x < 6$ 时盈利，而当 $x > 6$ 时又转为亏损．

习题 10-1

1．现有初始本金 100 元，若银行年储蓄利率为 7%，问：

（1）按单利计算，3 年末的本利和为多少？

（2）按复利计算，3 年末的本利和为多少？

（3）按复利计算，需多少年能使本利和超过初始本金的一倍？

2．小孩出生之后，父母拿出 p 元作为初始投资，希望到孩子 20 岁生日时增长到 100000 元，如果投资按 8% 连续复利计算，则初始投资应该是多少？

3．某商品的需求函数为 $Q_d = 25 - P$，供给函数为 $Q_s = \dfrac{20P}{3} - \dfrac{40}{3}$，试求市场均衡价格和市场均衡数量．

4．某商品若定价 5 元可卖出 1000 件，若每件价格降低 0.01 元，可多卖出 10 件，假定需求量 Q 是价格 P 的线性函数，试求此函数表达式及收入函数的表达式．

5．某厂家生产某种产品，年产量为 x（百台），总成本为 C（万元），其中固定成本为 2 万元，每生产 100 台成本增加 1 万元．市场上每年可销售此种产品 400 台，其销售总收入是 x 的函数 $R(x) = \begin{cases} 4x - \dfrac{x^2}{2}, & 0 \leqslant x \leqslant 4, \\ 8, & x > 4, \end{cases}$ 求利润函数．

6. 某玩具厂每天生产 60 个玩具的成本为 300 元，每天生产 80 个玩具的成本为 340 元．设成本是玩具个数的线性函数．问每天的固定成本和生产一个玩具的变动成本各为多少？

第 2 节　导数在经济学中的应用

上节介绍了常用的成本函数、收入函数、利润函数等经济函数，在实际应用中，常常会遇到求这些函数的最值问题，如使成本最低、收入和利润最大等．导数和微分在经济学中有着十分广泛的应用，本节着重讨论两个常用的应用——边际分析和弹性分析．

一、经济学中的最值问题

1. 平均成本最小化问题

设成本函数 $C = C(x)$，相应的平均成本函数为 $\overline{C} = \dfrac{C(x)}{x}$．由

$$\overline{C}'(x) = \frac{xC'(x) - C(x)}{x^2} = 0 ，$$

得 $C'(x) = \dfrac{C(x)}{x}$，即当 $C'(x)$ 等于平均成本时，平均成本达到最小．

例 1　某工厂在一段时期内，生产某种产品 Q t 的成本函数为

$$C(Q) = \frac{1}{4}Q^2 + 8Q + 4900 ，$$

求最低平均成本．

解　平均成本为

$$\overline{C} = \frac{C(Q)}{Q} = \frac{1}{4}Q + 8 + \frac{4900}{Q} ，$$

令 $\overline{C}'(Q) = \dfrac{1}{4} - \dfrac{4900}{Q^2} = 0$，解得唯一驻点 $Q = 140$．

又 $\overline{C}''(140) = \dfrac{9800}{140^3} > 0$，故 $Q = 140$ 是 $\overline{C}$ 的极小值点，也是最小值点．因此，当产量为 140 t 时，平均成本最低，其最低平均成本为

$$\overline{C}(140) = \frac{1}{4} \times 140 + 8 + \frac{4900}{140} = 78 \,(元)．$$

2. 收入和利润最大化问题

销售某商品的收入 R，等于产品的单位价格 P 乘以销售量 x，即 $R = Px$，而销售利润 $L = R - C$．

例 2　某产品的需求函数是 $Q = 20000 - 100P$，求需求量为多少单位时，总收

入最大，并求最大总收入.

解 由需求函数 $Q = 20000 - 100P$，得 $P = 200 - \dfrac{Q}{100}$，则收入函数为

$$R = PQ = \left(200 - \frac{Q}{100}\right)Q,$$

令 $R'(Q) = 200 - \dfrac{Q}{50} = 0$，解得唯一驻点 $Q = 10000$.

又 $R''(10000) = -\dfrac{1}{50} < 0$，故 $Q = 10000$ 是 R 的极大值点，也是最大值点. 因此，当产量为 10000 单位时，总收入最大，最大总收入为

$$R = \left(200 - \frac{10000}{100}\right) \cdot 10000 = 1000000\,(\text{元}).$$

例 3 某房地产公司有 50 套公寓要出租，当租金定为每月 180 元时，公寓会全部租出去；当租金每月增加 10 元时，就有一套公寓租不出去，而租出去的房子每月需花费 20 元的整修维护费. 试问房租定为多少可获得最大收入？

解 设房租为每月 x 元，租出去的公寓有 $50 - \dfrac{x-180}{10}$ 套，每月总收入为

$$R(x) = (x-20)\left(50 - \frac{x-180}{10}\right) = (x-20)\left(68 - \frac{x}{10}\right),$$

令 $R'(x) = \left(68 - \dfrac{x}{10}\right) + (x-20)\left(-\dfrac{1}{10}\right) = 70 - \dfrac{x}{5} = 0$，得唯一驻点 $x = 350$.

又 $R''(350) = -\dfrac{1}{5} < 0$，故 $x = 350$ 为唯一极大值点，即最大值. 故房租定为 350 元时可获得最大收入 $R(350) = 10890$ 元.

二、边际分析

边际是经济学中的一个重要概念，通常指经济变量的变化率，即经济函数的导数称为边际. 在经济学中，习惯上用平均和边际这两个概念来描述一个经济变量 y 对于另一个经济变量 x 的变化. 如果函数 $y = f(x)$ 在 $x = x_0$ 处可导，则在 $(x_0, x_0 + \Delta x)$ 内的平均变化为 $\dfrac{\Delta y}{\Delta x}$；在 $x = x_0$ 处的瞬时变化率为

$$\lim_{\Delta x \to 0} \frac{f(x_0 + \Delta x) - f(x_0)}{\Delta x} = f'(x_0),$$

经济学中称它为 $f(x)$ 在 $x = x_0$ 处的边际函数值. 利用导数研究经济变量的边际变化的方法，就是边际分析方法.

1. 边际成本

在经济学中，边际成本定义为产量增加或减少一个单位产品时所增加或减少的

总成本，即有如下定义.

定义 1 设总成本函数 $C = C(x)$，且其他条件不变，产量为 x_0 时，增加（减少）1 个单位产量所增加（减少）的成本叫做产量为 x_0 时的边际成本. 即

$$\frac{C(x_0 + \Delta x) - C(x_0)}{\Delta x},$$

其中 $\Delta x = 1$ 或 $\Delta x = -1$.

注意到总成本函数中自变量 x 的取值，按经济意义产品的产量通常是取正整数. 如汽车的产量单位"辆"，机器的产量单位"台"，服装的产量单位"件"等，都是正整数. 因此，产量 x 是一个离散的变量. 若在经济学中，假定产量的单位是无限可分的，就可以把产量 x 看作一个连续变量，从而可以引入极限的方法，用导数表示边际成本.

事实上，如果总成本函数 $C(x)$ 是可导函数，则有

$$C'(x_0) = \lim_{\Delta x \to 0} \frac{C(x_0 + \Delta x) - C(x_0)}{\Delta x}.$$

由极限存在与无穷小量的关系可知

$$\frac{C(x_0 + \Delta x) - C(x_0)}{\Delta x} = C'(x_0) + \alpha,$$

其中 $\lim_{\Delta x \to 0} \alpha = 0$，当 $|\Delta x|$ 很小时有

$$\frac{C(x_0 + \Delta x) - C(x_0)}{\Delta x} \approx C'(x_0).$$

产品的增加 $|\Delta x| = 1$ 时，相对于产品的总产量而言，已经是很小的变化了，故当 $|\Delta x| = 1$ 时，其误差也满足实际问题的需要. 这表明可以用总成本函数在 x_0 处的导数近似地代替产量为 x_0 时的边际成本. 因此，现代经济学把边际成本定义为总成本函数 $C(x)$ 在 x_0 处的导数，这样不仅克服了定义 1 边际成本不唯一的缺点，也使边际成本的计算更为简便.

定义 2 设总成本函数 $C(x)$ 为可导函数，称

$$C'(x_0) = \lim_{\Delta x \to 0} \frac{C(x_0 + \Delta x) - C(x_0)}{\Delta x}$$

为产量是 x_0 时的边际成本.

其经济意义是：$C'(x_0)$ 近似地等于产量为 x_0 时再增加（减少）一个单位产品所增加（减少）的总成本.

例 4 已知某商品的成本函数为

$$C(Q) = 100 + \frac{1}{4}Q^2,（Q 表示产量）.$$

求：（1）当 $Q = 10$ 时的平均成本及 Q 为多少时，平均成本最小？

（2）$Q = 10$ 时的边际成本，并解释其经济意义.

解 （1）由 $C(Q)=100+\dfrac{1}{4}Q^2$ 得平均成本函数为

$$\overline{C}=\frac{C(Q)}{Q}=\frac{100+\dfrac{1}{4}Q^2}{Q}=\frac{100}{Q}+\frac{1}{4}Q,$$

所以，$\overline{C}(10)=\dfrac{100}{10}+\dfrac{1}{4}\times10=12.5$．

$\overline{C}'=-\dfrac{100}{Q^2}+\dfrac{1}{4}$，令 $\overline{C}'=0$，得 $Q=20$，

而 $\overline{C}''(20)=\dfrac{200}{(20)^3}=\dfrac{1}{40}>0$，所以当 $Q=20$ 时，平均成本最小．

（2）由 $C(Q)=100+\dfrac{1}{4}Q^2$ 得边际成本函数为

$$C'(Q)=\frac{1}{2}Q,$$

所以，$C'(Q)\big|_{Q=10}=\dfrac{1}{2}\times10=5$．

即当产量 $Q=10$ 时的边际成本为 5．其经济意义为：当产量为 10 时，若再增加（减少）一个单位产品，总成本将近似地增加（减少）5 个单位．

2. 边际收入

设总收入函数为 $R(x)$，则平均收入函数 $\dfrac{R(x)}{x}$ 表示销售量为 x 时单位销售量的平均收入．

在经济学中，边际收入指生产者每多（少）销售一个单位产品所增加（减少）的销售总收入．

按照如上边际成本的讨论，可得如下定义．

定义 3 若总收入函数 $R(x)$ 可导，称

$$R'(x_0)=\lim_{\Delta x\to0}\frac{R(x_0+\Delta x)-R(x_0)}{\Delta x}$$

为销售量为 x_0 时该产品的边际收入．

其经济意义为：在销售量为 x_0 时，再增加（减少）一个单位的销售量，总收入将近似地增加（减少）$R'(x_0)$ 个单位．

$R'(x)$ 称为边际收入函数，且 $R'(x_0)=R'(x)\big|_{x=x_0}$．

3. 边际利润

总利润 $L(x)$ 是指销售 x 个单位的产品所获得的净收入，即总收益与总成本之差，

$$L(x)=R(x)-C(x),$$

$\dfrac{L(x)}{x}$ 称为平均利润函数．

定义 4 若总利润函数 $L(x)$ 为可导函数，称

$$L'(x_0) = \lim_{\Delta x \to 0} \frac{L(x_0 + \Delta x) - L(x_0)}{\Delta x}$$

为 $L(x)$ 在 x_0 处的边际利润.

其经济意义为：在销售量为 x_0 时，再多（少）销售一个单位产品所近似地增加（减少）的利润.

根据总利润函数、总收入函数、总成本函数的定义及函数取得最大值的必要条件与充分条件可得如下结论.

定理 1 函数取得最大利润的必要条件是边际收入等于边际成本.

定理 2 函数取得最大利润的充分条件是：边际收入等于边际成本且边际收入的变化率小于边际成本的变化率.

定理 1 与定理 2 称为最大利润原则.

例 5 某工厂生产某种产品，固定成本为 20000 元，每生产一单位产品，成本增加 100 元. 已知总收入 R 为年产量 Q 的函数，且

$$R = R(Q) = \begin{cases} 400Q - \dfrac{1}{2}Q^2, & 0 \leqslant Q \leqslant 400, \\ 80000, & Q > 400, \end{cases}$$

问每年生产多少产品时，总利润最大？此时总利润是多少？

解 由题意知总成本函数为

$$C(Q) = 20000 + 100Q,$$

从而可得利润函数为

$$L(Q) = R(Q) - C(Q) = \begin{cases} 300Q - \dfrac{1}{2}Q^2 - 20000, & 0 \leqslant Q \leqslant 400, \\ 60000 - 100Q, & Q > 400, \end{cases}$$

令 $L'(Q) = 0$，得 $Q = 300$，且 $L''(Q)\big|_{Q=300} = -1 < 0$，

所以 $Q = 300$ 时总利润最大，此时 $L(300) = 25000$，即当年产量为 300 个单位时，总利润最大，此时总利润为 25000 元.

4. 边际需求

若已知某产品的需求函数 $x = f(P)$ 存在反函数 $P = P(x)$，则由收入函数

$$R(x) = Px,$$

可知 $R'(x) = P(x) + xP'(x) = P(x) + \dfrac{x}{f'(P)}$.

其中 $f'(P)$ 为边际需求，表示当价格为 P 时，再上涨（下降）一个单位的价格，产品的需求量近似地减少（增加）$f'(P)$ 个单位.

例 6 设某产品的需求函数为 $x = 100 - 5P$，其中 P 为价格，x 为需求量，求边际收入函数以及 $x = 20$、50 和 70 时的边际收入，解释所得结果的经济意义，并求销

售量为多少时收入最大.

解 由题设有 $P = \dfrac{1}{5}(100 - x)$，于是，总收入函数为

$$R(x) = xP = x \cdot \frac{1}{5}(100 - x) = 20x - \frac{1}{5}x^2 ,$$

边际收入函数为

$$R'(x) = 20 - \frac{2}{5}x = \frac{1}{5}(100 - 2x) ,$$

所以

$$R'(20) = 12, \quad R'(50) = 0, \quad R'(70) = -8 .$$

由所得结果可知，当销售量（即需求量）为 20 个单位时，再增加销售可使总收入增加，多销售一个单位产品，总收入约增加 12 个单位；当销售量为 50 个单位时，总收入的变化率为零，这时总收入达到最大值，增加一个单位的销售量，总收入基本不变；当销售量为 70 个单位时，再多销售一个单位产品，反而使总收入约减少 8 个单位，或者说，再少销售一个单位产品，将使总收入少损失约 8 个单位.

因为 $R''(50) = -\dfrac{2}{5} < 0$，所以收入函数在驻点 $x = 50$ 处取得极大值，也是函数唯一的一个极大值，所以当销售量为 50 个单位时，收入达到最大.

三、弹性分析

弹性是经济学中的另一个重要概念，用来定量地描述一个经济变量对另一个经济变量变化的反应程度.

1. 弹性的概念

在边际分析中，研究的是函数的绝对改变量与绝对变化率，而在一些实际问题中常常需要研究函数的相对变化率.

设某商品的需求函数为 $Q = f(P)$，其中 P 为价格. 当价格 P 获得一个增量 ΔP 时，相应地需求量获得增量 ΔQ，比值 $\dfrac{\Delta Q}{\Delta P}$ 表示 Q 对 P 的平均变化率，但这个比值是一个与度量单位有关的量.

比如，假定该商品价格增加 1 元，引起需求量降低 10 个单位，则 $\dfrac{\Delta Q}{\Delta P} = \dfrac{-10}{1} = -10$；若以分为单位，则价格增加 100 分（1 元），引起需求量降低 10 个单位，则 $\dfrac{\Delta Q}{\Delta P} = \dfrac{-10}{100} = -\dfrac{1}{10}$. 可见，当价格的计算单位不同时，比值 $\dfrac{\Delta Q}{\Delta P}$ 也会不同. 为了弥补这一缺点，采用价格与需求量的相对增量 $\Delta P / P$ 及 $\Delta Q / Q$，它们分别表示价格和需求量的相对改变量，这时无论价格和需求量的计算单位怎样变化，比

值 $\dfrac{\Delta Q\big/ Q}{\Delta P\big/ P}$ 都不会发生变化，它表示 Q 对 P 的平均相对变化率，反映了需求变化对价格变化的反应程度.

为此引出下面的定义.

定义 5 设函数 $y=f(x)$ 在点 $x_0(x_0 \neq 0)$ 可导，且 $y_0 = f(x_0) \neq 0$，称比值

$$\frac{\Delta y / y_0}{\Delta x / x_0} = \frac{[f(x_0+\Delta x)-f(x_0)]/f(x_0)}{\Delta x / x_0}$$

为函数 $y=f(x)$ 在 x_0 与 $x_0+\Delta x$ 之间的平均相对变化率，经济上也叫作点 x_0 到 $x_0+\Delta x$ 两点间的（弧）弹性；如果极限

$$\lim_{\Delta x \to 0} \frac{\Delta y / y_0}{\Delta x / x_0} = \lim_{\Delta x \to 0} \frac{[f(x_0+\Delta x)-f(x_0)]/f(x_0)}{\Delta x / x_0}$$

存在，则称此极限值为函数 $y=f(x)$ 在点 x_0 处的（点）弹性，记为 $\left.\dfrac{Ey}{Ex}\right|_{x=x_0}$.

注：①由定义可知，$\left.\dfrac{Ey}{Ex}\right|_{x=x_0} = \left.\dfrac{x_0}{f(x_0)}\dfrac{\mathrm{d}y}{\mathrm{d}x}\right|_{x=x_0}$，且当 $|\Delta x| \ll 1$ 时，有

$$\left.\frac{Ey}{Ex}\right|_{x=x_0} \approx \frac{\Delta y / f(x_0)}{\Delta x / x_0},$$

即点弹性近似地等于弧弹性.

②如果函数 $y=f(x)$ 在区间 (a,b) 内可导，且 $f(x) \neq 0$，则称 $\dfrac{Ey}{Ex} = \dfrac{x}{f(x)}f'(x)$ 为函数 $y=f(x)$ 在区间 (a,b) 内的点弹性函数，简称为弹性函数.

函数 $y=f(x)$ 在点 x_0 处的点弹性与 $f(x)$ 在 x_0 与 $x_0+\Delta x$ 之间的弧弹性的数值可以是正数，也可以是负数，取决于变量 y 与变量 x 是同方向变化（正数）还是反方向变化（负数）. 弹性数值绝对值的大小表示变量变化程度的大小，且弹性数值与变量的度量单位无关.

定理 3 设 $y=f(x)$ 为一经济函数，变量 x 与 y 的度量单位发生变化后，自变量由 x 变为 x^*，函数值由 y 变为 y^*，且 $x^* = \lambda x$，$y^* = \mu y$，则 $\dfrac{Ey^*}{Ex^*} = \dfrac{Ey}{Ex}$.

证 $\dfrac{Ey^*}{Ex^*} = \dfrac{x^*}{y^*} \cdot \dfrac{\mathrm{d}y^*}{\mathrm{d}x^*}$

$$= \frac{\lambda x}{\mu y} \cdot \frac{\mathrm{d}(\mu y)}{\mathrm{d}(\lambda x)} = \frac{\lambda}{\mu} \cdot \frac{\mu}{\lambda} \cdot \frac{x}{y} \cdot \frac{\mathrm{d}y}{\mathrm{d}x} = \frac{x}{y}\frac{\mathrm{d}y}{\mathrm{d}x} = \frac{Ey}{Ex},$$

即弹性不变.

由此可见，函数的弹性（点弹性与弧弹性）与量纲，即各有关变量所用的计量单位无关. 这使得弹性概念在经济学中得到广泛应用，因为经济中各种商品的计算

单位是不尽相同的，比较不同商品的弹性时，可不受计量单位的限制．

下面介绍几个常用的经济函数的弹性．

2. 需求的价格弹性

（1）需求弹性的概念．

消费者对某种商品的需求受多种因素影响，如价格、个人收入、消费喜好等，其中价格是主要因素．因此在这里我们假设除价格以外的因素不变，讨论需求对价格的弹性．

定义 6 设某商品的市场需求量为 Q，价格为 P，需求函数 $Q = f(P)$ 可导，则称

$$\frac{EQ}{EP} = \lim_{\Delta P \to 0} \frac{\Delta Q / Q}{\Delta P / P} = \frac{P}{Q} \cdot \frac{\mathrm{d}Q}{\mathrm{d}P} = P \cdot \frac{f'(P)}{f(P)}$$

为该商品的**需求价格弹性**，简称为**需求弹性**，通常记为 ε_P．

需求弹性 ε_P 表示商品需求量 Q 对价格 P 变动的反应强度或灵敏度．由于需求量随着价格的提高而减少，即需求函数为价格的减函数，故需求弹性为负值，即 $\varepsilon_P < 0$．因此需求价格弹性表明当商品的价格上涨（下降）1%时，其需求量将减少(增加)约 $|\varepsilon_P|\%$．

例 7 设某商品的需求函数为 $Q = \dfrac{10000}{P^2}$，求需求价格弹性，并说明其经济含义．

解 $\varepsilon_P = P \cdot \dfrac{f'(P)}{f(P)} = P \cdot \dfrac{P^2}{10000} \cdot \left(-2\dfrac{10000}{P^3}\right) = -2$，

其经济含义是：价格每上涨 1%，需求量减少 2%．

（2）需求弹性的比较．

在经济学中，为了便于比较需求弹性的大小，通常取 ε_P 的绝对值 $|\varepsilon_P|$，并根据 $|\varepsilon_P|$ 的大小，将需求弹性划分为以下几个范围．

① 当 $|\varepsilon_P| = 1$（即 $\varepsilon_P = -1$）时，称为单位弹性，此时当商品价格增加（减少）1%时，需求量相应地减少（增加）1%，即需求量变动的百分比等于价格变动的百分比．

② 当 $|\varepsilon_P| > 1$（即 $\varepsilon_P < -1$）时，称为高弹性（或富于弹性），这时当商品的价格变动 1%时，需求量变动的百分比大于 1%，价格的变动对需求量的影响较大．

③ 当 $|\varepsilon_P| < 1$（即 $-1 < \varepsilon_P < 0$）时，称为低弹性（或缺乏弹性），这时当商品的价格变动 1%，需求量变动的百分比小于 1%，价格的变动对需求量的影响不大．

④ 当 $|\varepsilon_P| = 0$（即 $\varepsilon_P = 0$）时，称为需求完全缺乏弹性，这时，不论价格如何变动，需求量固定不变，即需求函数的形式为 $Q = K$（K 为任何既定常数）．如果以纵坐标表示价格，横坐标表示需求量，则需求曲线是垂直于横坐标轴的一条直线（图 10-2）．

⑤ 当 $|\varepsilon_P| = \infty$（即 $\varepsilon_P = -\infty$）时，称为需求完全富于弹性．表示在既定价格下，

需求量可以任意变动，即需求函数的形式是 $P = K$ （K 为任何既定常数）. 这时需求曲线是与横轴平行的一条直线（图 10-3）.

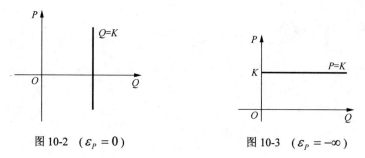

图 10-2 （$\varepsilon_P = 0$）　　　　图 10-3 （$\varepsilon_P = -\infty$）

例 8　设某商品的需求函数为 $Q = 35 - P$，试求需求价格弹性，并问价格在什么范围时是高弹性、低弹性、单位弹性，计算 $P = 10$ 时的需求弹性，并解释其经济意义.

解　$\varepsilon_P = P \cdot \dfrac{f'(P)}{f(P)} = \dfrac{P}{35 - P} \cdot (-1) = \dfrac{P}{P - 35}$，

因市场对此商品有需求时，$Q > 0$，所以 $Q = 35 - P > 0$，即 $P < 35$.

由 $|\varepsilon_P| > 1$，即 $\dfrac{P}{P - 35} < -1$，得 $P > 17.5$，所以当 $17.5 < P < 35$ 时，需求价格弹性是高弹性；当 $0 < P < 17.5$ 时，需求价格弹性是低弹性；当 $P = 17.5$ 时，需求价格弹性是单位弹性.

$$P = 10 \text{ 时}, \quad \varepsilon_P = \left. \dfrac{P}{P - 35} \right|_{P = 10} = -0.4,$$

其经济含义是：价格为 10 时，价格上涨 1%，需求量下降 0.4%.

（3）需求弹性和总收入.

在商品经济中，商品经营者关心的是提价（$\Delta P > 0$）或降价（$\Delta P < 0$）对总收入的影响. 下面我们就利用弹性的概念，来分析需求的价格弹性与销售者的收入之间的关系.

事实上，由于

$$\varepsilon_P = \dfrac{P}{Q} \cdot \dfrac{\mathrm{d}Q}{\mathrm{d}P},$$

可知 $P\mathrm{d}Q = \varepsilon_P Q\mathrm{d}P$，可见，由价格 P 的微小变化（$|\Delta P|$ 很小）而引起的销售收入 $R = PQ$ 的改变量为

$$\Delta R \approx \mathrm{d}R = \mathrm{d}(P \cdot Q) = Q\mathrm{d}P + P\mathrm{d}Q = Q\mathrm{d}P + \varepsilon_P Q\mathrm{d}P = (1 + \varepsilon_P)Q\mathrm{d}P,$$

由 $\varepsilon_P < 0$ 可知，$\varepsilon_P = -|\varepsilon_P|$，于是

$$\Delta R \approx (1 - |\varepsilon_P|)Q\mathrm{d}P.$$

① 当 $|\varepsilon_P|=1$ 时（单位弹性），收入的改变量 ΔR 是价格改变量 ΔP 的高阶无穷小，价格的变动对收入没有明显的影响.

② 当 $|\varepsilon_P|>1$ 时（高弹性），需求量增加（减少）的幅度百分比大于价格下降（上浮）的百分比，降低价格（$\Delta P<0$），需求量增加即购买商品的支出增加，即销售者总收入增加（$\Delta R>0$），可以采取薄利多销多收入的经济策略；提高价格（$\Delta P>0$）会使消费者用于购买商品的支出减少，即销售收入减少（$\Delta R<0$）.

③ 当 $|\varepsilon_P|<1$ 时（低弹性），需求量增加（减少）的百分比低于价格下降（上浮）的百分比，降低价格（$\Delta P<0$）会使消费者用于购买商品的支出减少，即销售收入减少（$\Delta R<0$）；提高价格会使总收入增加（$\Delta R>0$）.

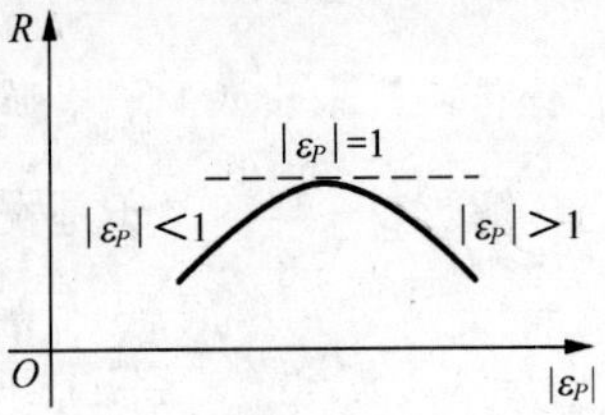

综上所述，总收入的变化受需求弹性的制约，随着需求弹性的变化而变化，其关系如图 10-4 所示.

图 10-4

例 9 设某商品的需求函数为 $Q=f(P)=12-\dfrac{1}{2}P$.

（1）求需求弹性函数及 $P=6$ 时的需求弹性，并给出经济解释；

（2）当 P 取什么值时，总收入最大？最大总收入是多少？

解 （1）$\varepsilon_P=\dfrac{EQ}{EP}=\dfrac{P}{Q}\cdot\dfrac{\mathrm{d}Q}{\mathrm{d}P}=\dfrac{P}{12-\dfrac{1}{2}P}\cdot\left(-\dfrac{1}{2}\right)=-\dfrac{P}{24-P}$,

于是 $\varepsilon(6)=-\dfrac{6}{24-6}=-\dfrac{1}{3}$ ，$|\varepsilon(6)|=\dfrac{1}{3}<1$ ，为低弹性.

经济意义为：当价格 $P=6$ 时，若价格增加 1%，则需求量下降 $\dfrac{1}{3}\%$，而总收入增加（$\Delta R>0$）.

（2）$R=PQ=P\left(12-\dfrac{1}{2}P\right)$ ，$R'=12-P$,

令 $R'=0$ ，则 $P=12$ ，$R(12)=72$ ，且当 $P=12$ 时，$R''=-1<0$ ，

故当价格 $P=12$ 时，总收入最大，最大总收入为 72.

3. 收入弹性

利用需求价格弹性 $\dfrac{EQ}{EP}$ 可以计算收入的价格弹性 $\dfrac{ER}{EP}$ ：

$$\dfrac{ER}{EP}=\lim_{\Delta P\to 0}\dfrac{\Delta R/R}{\Delta P/P}=\dfrac{P}{R}\cdot\dfrac{\mathrm{d}R}{\mathrm{d}P}=\dfrac{P}{P\cdot f(P)}\cdot\dfrac{\mathrm{d}R}{\mathrm{d}P}=\dfrac{1}{f(P)}\cdot[P\cdot f(P)]'$$

$$=\dfrac{1}{f(P)}\cdot[f(P)+Pf'(P)]=1+P\cdot\dfrac{f'(P)}{f(P)}=1+\varepsilon_P=1-|\varepsilon_P|.$$

类似地，还可以计算收入的销售量弹性 $\dfrac{ER}{EQ}$:

$$\frac{ER}{EQ} = \lim_{\Delta R \to 0} \frac{\Delta R / R}{\Delta Q / Q} = \frac{Q}{R} \cdot \frac{\mathrm{d}R}{\mathrm{d}Q} = \frac{Q}{PQ} \cdot \frac{\mathrm{d}(PQ)}{\mathrm{d}Q} = \frac{1}{P} \cdot \frac{Q\mathrm{d}P + P\mathrm{d}Q}{\mathrm{d}Q}$$

$$= 1 + \frac{Q}{P} \frac{\mathrm{d}P}{\mathrm{d}Q} = 1 + \frac{1}{\varepsilon_P} = 1 - \frac{1}{|\varepsilon_P|} .$$

例 10 假设某产品的需求函数为 $\sqrt{Q} = \dfrac{100}{P}$，其中 Q 为产量（假定等于需求量），P 为价格，求收入的价格弹性.

解 $Q = \dfrac{100^2}{P^2}$，于是收入函数 $R = PQ = \dfrac{10^4}{P}$，则收入的价格弹性为

$$\frac{ER}{EP} = \frac{\mathrm{d}(10^4 / P)}{\mathrm{d}P} \times \frac{P}{10^4 / P} = \frac{P^2}{10^4} \cdot \frac{10^4}{-P^2} = -1 .$$

4. 供给的价格弹性

设某商品供给函数 $Q = Q(P)$ 可导，其中 P 表示价格，Q 表示供给量，则称

$$\frac{EQ}{EP} = \frac{P}{Q} \cdot \frac{\mathrm{d}Q}{\mathrm{d}P}$$

为该商品的供给价格弹性，简称供给弹性，通常用 ε_s 表示.

由于 ΔP 和 ΔQ 同方向变化，故 $\varepsilon_s > 0$. 它表明当商品价格上涨 1%时，供给量将增加 ε_s %.

对 ε_s 的讨论，完全类似于需求弹性 ε_P，这里不再重复.

至于其他经济变量的弹性，可根据上面介绍的需求弹性、收入弹性和供给弹性，进行类似的讨论.

四、偏导数在经济中的应用

前面我们讨论的例子，都是一元函数的导数在经济中的应用问题，与一元函数的导数类似，多元经济函数的偏导数也有着其经济意义.

下面我们来看一个多元函数极值的例子.

例 11 假设某企业在两个相互分割的市场上出售同一种产品，两个市场的需求函数分别是 $P_1 = 18 - 2Q_1$, $P_2 = 12 - Q_2$，其中 P_1 和 P_2 分别表示该产品在两个市场的价格（单位：万元/吨），Q_1 和 Q_2 分别表示该产品在两个市场的销售量（即需求量，单位：吨），并且该企业生产这种产品的总成本函数为 $C = 2Q + 5$，其中 Q 表示该产品在两个市场的销售量，即 $Q = Q_1 + Q_2$.

（1）如果该企业实行价格差别策略，试确定两个市场上该产品的销售量和价格，使该企业获得最大利润；

（2）如果该企业实行价格无差别策略，试确定两个市场上产品的销售量及其统

一的价格，使该企业的总利润最大化．

解　（1）总利润函数为
$$L = R - C = P_1 Q_1 + P_2 Q_2 - 2(Q_1 + Q_2) - 5$$
$$= -2Q_1^2 - Q_2^2 + 16Q_1 + 10Q_2 - 5,$$

解驻点方程组
$$\begin{cases} L'_{Q_1} = -4Q_1 + 16 = 0 \\ L'_{Q_2} = -2Q_2 + 10 = 0 \end{cases} \Rightarrow \begin{cases} Q_1 = 4 \\ Q_2 = 5 \end{cases} \Rightarrow \begin{cases} P_1 = 10, \\ P_2 = 7. \end{cases}$$

利润存在最大值，而驻点又唯一，故最大利润必在驻点 $(4,5)$ 处达到，最大利润为 52 万元．

（2）因 $P_1 = P_2$，则原问题就是在约束条件 $\varphi(Q_1, Q_2) = 2Q_1 - Q_2 - 6 = 0$ 下，求目标函数 $L(Q_1, Q_2) = -2Q_1^2 - Q_2^2 + 16Q_1 + 10Q_2 - 5$ 的最大值．拉格朗日函数为
$$F(Q_1, Q_2) = L(Q_1, Q_2) + \lambda \varphi(Q_1, Q_2).$$

解驻点方程组
$$\begin{cases} F'_{Q_1} = -4Q_1 + 16 + 2\lambda = 0 \\ F'_{Q_2} = -2Q_2 + 10 - \lambda = 0 \\ \varphi(Q_1, Q_2) = 2Q_1 - Q_2 - 6 = 0 \end{cases} \Rightarrow \begin{cases} Q_1 = 5 \\ Q_2 = 4 \end{cases} \Rightarrow P = 8.$$

故最大利润必在驻点 $(5,4)$ 处达到，最大利润为 49 万元．

定义 7　设函数 $z = f(x, y)$ 在点 x 的偏导数存在，则称比值
$$\frac{\Delta_x z / z_0}{\Delta x / x_0} = \frac{[f(x_0 + \Delta x, y_0) - f(x_0, y_0)] / f(x_0, y_0)}{\Delta x / x_0} = \frac{f(x_0 + \Delta x, y_0) - f(x_0, y_0)}{\Delta x} \cdot \frac{x_0}{z_0}$$

为函数 $z = f(x, y)$ 在点 (x_0, y_0) 处对 x 从 x_0 到 $x_0 + \Delta x$ 两点间的弹性；如果极限
$$\lim_{\Delta x \to 0} \frac{\Delta_x z / z_0}{\Delta x / x_0} = \lim_{\Delta x \to 0} \frac{f(x_0 + \Delta x, y_0) - f(x_0, y_0)}{\Delta x} \cdot \frac{x_0}{z_0} = f_x(x_0, y_0) \cdot \frac{x_0}{f(x_0, y_0)}$$

存在，则称此极限值为函数 $z = f(x, y)$ 在点 (x_0, y_0) 处对 x 的偏弹性，记为 E_x．

类似地，可定义 $z = f(x, y)$ 在点 (x_0, y_0) 处对 y 的偏弹性，记为 E_y，即
$$E_y = \lim_{\Delta y \to 0} \frac{\Delta_y z / z_0}{\Delta y / y_0} = \lim_{\Delta y \to 0} \frac{f(x_0, y_0 + \Delta y) - f(x_0, y_0)}{\Delta y} \cdot \frac{y_0}{z_0} = f_y(x_0, y_0) \cdot \frac{y_0}{f(x_0, y_0)}.$$

例 12　设某房地产公司计划建设一批住房，如果价格（单位：百元/平方米）为 P，需求量（单位：百间）为 Q，当地居民年均收入（单位：万元）为 y，根据分析调研得到需求函数为
$$Q = 10 + Py - \frac{P^2}{10}.$$

求当 $P = 30, y = 3$ 时，需求 Q 对价格 P 和收入 y 的偏弹性，并解释其经济含义．

解　因为 $\dfrac{\partial Q}{\partial P} = y - \dfrac{2P}{10}, \dfrac{\partial Q}{\partial y} = P$，代入 $P = 30, y = 3$，得 $\dfrac{\partial Q}{\partial P}\Big|_{(30,3)} = -3, \dfrac{\partial Q}{\partial y}\Big|_{(30,3)} = 30.$

又 $Q(30,3)=10+30\times3-\dfrac{30^2}{10}=10$ ，因此，需求 Q 对价格 P 和收入 y 的偏弹性分别为

$$E_P=-3\times\dfrac{30}{10}=-9,E_y=30\times\dfrac{3}{10}=9.$$

其经济含义为：当价格定在每平方米 3000 元，人均年收入 3 万元的条件下，若价格每平方米提高 30 元而人均年收入不变，则需求量将减少 9%；若价格不变而人均年收入增加 300 元，则需求量将增加 9%.

习题 10-2

1．某企业的收入函数为 $R=40Q-4Q^2$ ，总成本函数为 $C=2Q^2+4Q+10$ ，如果政府对该企业征收产品税 $y=tQ$ ，其中 t 为税率. 试确定税率，使企业的利润和政府税收最大化，并求最大税收和此时企业的产量及企业最大利润.

2．某产品的销售利润 L 与月销售量 Q 的关系是 $L=250Q-5Q^2$ ，试确定 $Q=20,25,35$ 时的边际利润，并指出其经济含义.

3．某种玩具的定价为每个 10 元，每天的总成本函数 $C(Q)=0.01Q^2+2Q+10$ ，假定产品全部卖完，问每天生产多少个，才能使生产企业的利润最大？并求最大利润.

4．已知某企业的总收入函数为 $R=26x-2x^2-4x^3$ ，总成本函数为 $C=8x+x^2$ ，其中 x 表示产品的产量. 求利润函数、边际收入函数、边际成本函数以及企业获最大利润时的产量和最大利润.

5．某种商品的需求量 Q 与价格 P（单位：元）的关系式为 $Q=f(P)=1600\left(\dfrac{1}{4}\right)^P$.

（1）求需求弹性函数 ε_P ；

（2）当价格 $P=10$ 元时，若价格变化 1%，该商品的需求量 Q 如何变化？

6．设某商品的需求弹性为 1.5～2.0，现打算明年将该商品的价格下调 10%，那么明年该商品的需求量将如何变化？变化多少？

7．设某商品的需求量 Q 与价格 P 和收入 y 的关系为

$$Q=400-2P+0.03y.$$

求当 $P=25,y=5000$ 时，需求 Q 对价格 P 和收入 y 的偏弹性.

第3节　定积分在经济中的应用

一、由边际函数求总量经济函数

在经济管理中，由边际函数求总函数，一般采用不定积分或求一个变上限的定积分来解决. 这种方法可以求总需求函数、总成本函数、总收入函数以及总利润函数等.

设经济应用函数 $u(x)$ 的边际函数为 $u'(x)$ ，则有

$$u(x) = u(0) + \int_0^x u'(x)\mathrm{d}x .$$

例 1 某产品的边际成本函数为 $C'(x) = 3x^2 - 14x + 100$，固定成本 $C(0) = 10000$，求生产 x 个产品的总成本函数.

解 总成本函数为

$$\begin{aligned} C(x) &= C(0) + \int_0^x C'(x)\mathrm{d}x = 10000 + \int_0^x (3x^2 - 14x + 100)\mathrm{d}x \\ &= 10000 + [x^3 - 7x^2 + 100x] \big|_0^x \\ &= 10000 + x^3 - 7x^2 + 100x . \end{aligned}$$

如果求总函数在某个范围的改变量，则直接采用定积分来解决.

例 2 已知某产品总产量的变化率为 $Q'(t) = 40 + 12t$（件/天），求从第 5 天到第 10 天产品的总产量.

解 所求的总产量为

$$Q = \int_5^{10} Q'(t)\mathrm{d}t = \int_5^{10} (40 + 12t)\,\mathrm{d}t = (40t + 6t^2)\big|_5^{10} = 650 \text{（件）.}$$

二、由边际函数求最值问题

例 3 设生产 x 个产品的边际成本 $C'(x) = 100 + 2x$，其固定成本为 $C(0) = 1000$ 元，产品单价规定为 500 元. 假设生产出的产品能完全销售，问生产量为多少时利润最大？并求出最大利润.

解 总成本函数为 $C(x) = \int_0^x (100 + 2t)\,\mathrm{d}t + C(0) = 100x + x^2 + 1000$，

总收入函数为 $R(x) = 500x$，

总利润函数为

$$L(x) = R(x) - C(x) = 400x - x^2 - 1000,$$

令 $L' = 400 - 2x = 0$，得 $x = 200$.

因为 $L''(200) = -2 < 0$，所以，生产量为 200 个时利润最大，最大利润为

$$L(200) = 400 \times 200 - 200^2 - 1000 = 39000 \text{（元）.}$$

例 4 某企业生产 x 吨产品时的边际成本为 $C'(x) = \dfrac{1}{50}x + 30$（元/吨），且固定成本为 900 元，试求产量为多少时平均成本最低.

解 首先求出成本函数

$$C(x) = \int_0^x C'(x)\mathrm{d}x + C_0 = \int_0^x \left(\frac{1}{50}x + 30 \right)\mathrm{d}x + 900 = \frac{1}{100}x^2 + 30x + 900,$$

得平均成本函数为 $\overline{C}(x) = \dfrac{C(x)}{x} = \dfrac{1}{100}x + 30 + \dfrac{900}{x}$，

令 $\overline{C}'(x) = \dfrac{1}{100} - \dfrac{900}{x^2} = 0$，解得唯一驻点 $x_1 = 300$（$x_2 = -300$ 舍去）.

由实际问题本身可知 $\overline{C}(x)$ 有最小值，故当产量为 300 吨时，平均成本最低.

三、求消费者剩余与生产者剩余

消费者剩余是经济学中的重要概念，它的具体定义就是：消费者对某种商品所愿意付出的代价，超过它实际付出的代价的余额．即

消费者剩余 = 愿意付出的金额 − 实际付出的金额

类似可以定义生产者剩余．

例 5　设某产品的需求函数是 $P = 30 - 0.2\sqrt{Q}$．如果价格固定在每件 10 元，试计算消费者剩余．

解　已知需求函数 $P = f^{-1}(Q) = 30 - 0.2\sqrt{Q}$，于是当 $P^* = 10$ 时，$Q^* = 10000$．故消费者剩余为

$$\int_0^{Q^*} f^{-1}(Q)\mathrm{d}Q - P^* Q^* = \int_0^{10000} (30 - 0.2\sqrt{Q})\mathrm{d}Q - 10 \times 10000$$

$$= \left(30Q - \frac{2}{15}Q^{3/2}\right)\Bigg|_0^{10000} - 100000 = 66666.67\,(\text{元}).$$

例 6　设某商品的供给函数为 $P = 250 + 3Q + 0.01Q^2$，如果产品的单价为 425 元，计算生产者剩余．

解　已知供给函数 $P = g^{-1}(Q) = 250 + 3Q + 0.01Q^2$，于是当 $P^* = 425$ 时，$Q^* = 50$．故生产者剩余为

$$P^* Q^* - \int_0^{Q^*} g^{-1}(Q)\mathrm{d}Q = 425 \times 50 - \int_0^{50} (250 + 3Q + 0.01Q^2)\mathrm{d}Q$$

$$= 425 \times 50 - \left[250Q + \frac{3}{2}Q^2 + 0.01 \times \frac{1}{3}Q^3\right]\Bigg|_0^{50} = 4583.34\,(\text{元}).$$

四、计算资本现值和投资

若有一笔收益流的收入率为 $f(t)$，假设连续收益流以连续复利率 r 计息，从而总现值为 $\int_0^T f(t)\mathrm{e}^{-rt}\mathrm{d}t$．

例 7　现对某企业给予一笔投资 A，经测算，该企业在 T 年中可以按每年 a 元的均匀收入率获得收入，若年利润为 r，试求：

（1）该投资的纯收入贴现值；

（2）收回该笔投资的时间为多少．

解　（1）投资后的 T 年中获总收入的现值为

$$y = \int_0^T a\mathrm{e}^{-rt}\mathrm{d}t = \frac{a}{r}(1 - \mathrm{e}^{-rT}),$$

从而投资所获得的纯收入的贴现值为

$$R = y - A = \frac{a}{r}(1 - \mathrm{e}^{-rT}) - A.$$

（2）收回投资，即为总收入的现值等于投资，$\dfrac{a}{r}(1-e^{-rT})=A$，则收回投资的时间为

$$T=\frac{1}{r}\ln\frac{a}{a-Ar}.$$

例8 有一个大型投资项目，投资成本为 $A=10000$（万元），投资年利率为 5%，每年的年均收入率为 $a=2000$（万元），求该投资为无限期时的纯收入的贴现值（或称为投资的资本价值）.

解 由已知条件收入率为 $a=2000$（万元），年利率 $r=5\%$，故无限期投资的总收入的贴现值为

$$y=\int_0^{+\infty}ae^{-rt}\mathrm{d}t=\int_0^{+\infty}2000e^{-0.05t}\mathrm{d}t=\lim_{b\to+\infty}\int_0^b 2000e^{-0.05t}\mathrm{d}t$$

$$=\lim_{b\to+\infty}\frac{2000}{0.05}[1-e^{-0.05b}]=2000\times\frac{1}{0.05}=40000\,(万元).$$

从而投资为无限期时的纯收入贴现值为

$$R=y-A=40000-10000=30000\,(万元).$$

习题 10-3

1．某煤矿投资 2000 万元建成，在时刻 t 的追加成本和增加收入分别为 $C'(t)=6+2t^{\frac{2}{3}}$，$R'(t)=18-t^{\frac{2}{3}}$（单位：百万元/年）. 试确定该矿何时停止生产可获得最大利润？最大利润是多少？

2．已知生产某产品 Q 单位时的边际收入为 $R'(Q)=100-2Q$（元/单位），求生产 40 单位时的总收入及平均收入，并求再增加生产 10 个单位时所增加的总收入.

3．某产品的边际收入函数为 $R'(x)=9-x$，边际成本函数为 $C'(x)=4+x/4$（单位：万元/万台），其中产量 x 以万台为单位.

（1）试求当产量由 4 万台增加到 5 万台时利润的变化量；

（2）当产量为多少时利润最大？

（3）已知固定成本为 1 万元，求总成本函数和利润函数.

4．一对夫妇准备为孩子存款积攒学费，目前银行存款的年利率为 5%，以连续复利计算，若他们打算 10 年后攒够 5 万元，这对夫妇每年应等额地为其孩子存入多少钱？

第 4 节　微积分在经济学中的其他应用举例

一、级数在经济学中的应用

1. 存款和放贷问题

商业银行吸收存款后，必须按照法定的比例保留规定数额的法定准备金，其余

部分才能用作放款. 得到一笔贷款的企业把它作为活期存款, 存入另一家银行, 这家银行也按比例保留法定准备金, 其余部分作为放款. 如此继续下去, 这就是银行通过存款和放款"创造"货币.

设 R 表示最初存款, D 表示存款总额, r 表示法定准备金占存款的比例. 当 $n \to \infty$ 时, 有

$$D = R + R(1-r) + R(1-r)^2 + \cdots + R(1-r)^n + \cdots = R \cdot \frac{1}{1-(1-r)} = \frac{R}{r}.$$

记 $K_m = \dfrac{1}{r}$, 称为货币创造乘数. 显然, 若最初存款是既定的, 法定准备率 r 越低, 银行存款和放款的总额越大. 这是一个等比级数问题.

例 1 设最初存款为 1000 万元, 法定准备金比例为 20%, 求银行存款总额和贷款总额.

解 这里 $R = 1000$, $r = 0.2$, 存款总额为

$$D_1 = 1000 + 1000(1-0.2) + 1000(1-0.2)^2 + \cdots = \frac{1000}{1-(1-0.2)} = \frac{1000}{0.2} = 5000 \text{（万元）}.$$

贷款总额为

$$D_2 = 1000(1-0.2) + 1000(1-0.2)^2 + \cdots = \frac{800}{1-(1-0.2)} = \frac{800}{0.2} = 4000 \text{（万元）}.$$

2. 投资费用

这里, 投资费用是指每隔一定时期重复一次的一系列服务或购进设备所需费用的现值. 将各次费用化为现值, 用以比较间隔时间不同的服务项目或具有不同使用寿命的设备.

设初期投资为 p, 年利率为 r, t 年重复一次投资. 这样, 第一次更新费用的现值为 pe^{-rt}, 第二次更新费用的现值为 pe^{-2rt}, 以此类推. 因此, 投资费用 D 为下列等比级数之和:

$$D = p + pe^{-rt} + pe^{-2rt} + \cdots + pe^{-nrt} + \cdots = \frac{p}{1-e^{-rt}} = \frac{pe^{rt}}{e^{rt}-1}.$$

例 2 建造一座钢桥的费用为 38 万元, 每隔 10 年需要油漆一次, 每次费用为 4 万元, 桥的期望寿命为 40 年; 建造一座木桥的费用为 20 万元, 每隔 2 年需油漆一次, 每次费用为 2 万元, 其期望寿命为 15 年, 若年利率为 10%, 问建造哪一种桥较为经济?

解 钢桥费用包括两部分: 建桥的系列费用和油漆的系列费用.

对建钢桥, $p = 38$, $r = 0.1$, $t = 40$, 因 $rt = 0.1 \times 40 = 4$, 则建桥费用为

$$D_1 = p + pe^{-4} + pe^{-2 \cdot 4} + \cdots = p \frac{1}{1-e^{-4}} = \frac{pe^4}{e^4-1} = \frac{38 \times 54.598}{54.598-1} = 38.7091 \text{（万元）},$$

同样, 油漆钢桥费用为

$$D_2 = \frac{4 \cdot e^{0.1 \cdot 10}}{e^{0.1 \cdot 10} - 1} = \frac{4 \times 2.7183}{2.7183 - 1} = 6.3279 \ (万元),$$

故建钢桥总费用的现值为

$$D_3 = D_1 + D_2 = 45.0370 \ (万元).$$

类似地，建木桥费用为

$$D_4 = \frac{20 \cdot e^{0.1 \cdot 15}}{e^{0.1 \cdot 15} - 1} = \frac{20 \times 4.482}{4.482 - 1} = 25.7440 \ (万元),$$

油漆木桥费用为

$$D_5 = \frac{2 \cdot e^{0.1 \cdot 2}}{e^{0.1 \cdot 2} - 1} = \frac{2 \times 1.2214}{1.2214 - 1} = 11.0244 \ (万元),$$

故建木桥总费用的现值为

$$D_6 = D_4 + D_5 = 36.7684 \ (万元).$$

由计算知，建木桥较为经济.

二、微分方程在经济学中的应用

例3 某商品市场价格 $P = P(t)$ 随时间变化，而需求函数 $Q_d = b - aP(a, b > 0)$，供给函数 $Q_s = -d + cP(c, d > 0)$，且 P 随时间的变化率与超额需求 $Q_d - Q_s$ 成正比，求价格函数 $P = P(t)$.

解 设 $\dfrac{dP}{dt} = k(Q_d - Q_s) = -k(a + c)P + k(b + d)$，其中 $P(t)\big|_{t=0} = P(0)$，

由一阶线性微分方程的通解公式有

$$P(t) = e^{-\int k(a+c)dt} \left[\int k(b+d) e^{\int k(a+c)dt} dt + C \right],$$

得到 $C = P(0) - \dfrac{b+d}{a+c}$，故 $P(t) = \left(P(0) - \dfrac{b+d}{a+c} \right) e^{-k(a+c)t} + \dfrac{b+d}{a+c}$.

例4 已知某商品的需求对价格的弹性为 $\varepsilon_P = P(\ln P + 1)$，且当 $P = 1$ 时，需求量 $Q = 1$.

（1）试求商品对价格的需求函数；

（2）当价格 $P \to \infty$ 时，需求是否趋于稳定？

解 （1）由 $\varepsilon_P = -P\dfrac{Q'(P)}{Q(P)} = P(\ln P + 1)$，得 $\dfrac{dQ}{dP} = -Q(\ln P + 1)$，即

$$\frac{dQ}{Q} = -(\ln P + 1)dP,$$

积分得 $\ln Q = \ln C - P \ln P$，故 $Q = CP^{-P} = P^{-P}$；

（2）$\lim\limits_{P \to \infty} Q = \lim\limits_{P \to \infty} P^{-P} = 0$，故需求趋于稳定.

三、差分方程在经济学中的应用

例5 设国民收入的开支主要用于消费资金、投入再生产的积累资金及政府用于公共设施的开支. 设第 t 周期的国民收入为 y_t，第 t 周期的消费资金 C_t 与前一周期的国民收入成正比，比例系数为 $k_1(0 < k_1 < 1)$. 投入再生产资金 D_t 与第 t 周期和第 $t-1$ 周期的国民收入的改变量成正比，比例系数为 $k_2(0 < k_2 < 1)$. 设政府用于公共设施的开支为一个常数 G，$k_1 + 1 > 2k_2$.

（1）试建立 y_t 满足的关系式，并求出 y_t；

（2）求 $\lim_{t \to +\infty} y_t$.

解 （1）由题意，得

$$y_t = C_t + D_t + G = k_1 y_{t-1} + k_2(y_t - y_{t-1}) + G,$$

于是 $y_t + \dfrac{k_2 - k_1}{1 - k_2} y_{t-1} = \dfrac{G}{1 - k_2}$，这是一个一阶常系数非齐次线性差分方程，对应的齐次方程的通解为

$$\tilde{y}_t = C\left(\frac{k_2 - k_1}{1 - k_2}\right)^t.$$

由于 $\dfrac{k_2 - k_1}{1 - k_2} \neq 1$，故可设原非齐次方程的一个特解为 $\bar{y}_t = A = \dfrac{G}{1 - k_1}$.

所以原非齐次方程的通解为

$$y_t = C\left(\frac{k_2 - k_1}{1 - k_2}\right)^t + \frac{G}{1 - k_1}.$$

（2）由条件 $k_1 + 1 > 2k_2$ 及 $0 < k_1 < 1$，知 $-(1 - k_2) < k_1 - k_2 < 1 - k_2$，故 $\left|\dfrac{k_2 - k_1}{1 - k_2}\right| < 1$，所以

$$\lim_{t \to +\infty} y_t = \frac{G}{1 - k_1}.$$

总习题 10

（A）

1．需求曲线是一条＿＿＿＿＿＿＿＿倾斜的曲线.

2．均衡价格是指一种商品的＿＿＿＿＿＿＿与＿＿＿＿＿＿＿相等时的价格，它在图形上是＿＿＿＿＿＿＿和＿＿＿＿＿＿＿相交时的价格.

3．保持所有其他因素不变，某种商品的价格下降，将导致（　　　）.

A．需求量增加　　　　　　　　B．需求量减少

C．需求增加　　　　　　　　　　　D．需求减少

4．使总收入增加的情况是（　　）．

A．价格上升，需求缺乏弹性　　　B．价格下降，需求缺乏弹性

C．价格上升，需求富有弹性　　　D．价格下降，需求单位弹性

5．投资者按 6% 的年利率投资 1000 元，试问当按以下方式计息时，5 年之后该投资者应得的本利和．

（1）按单利；

（2）按复利；

（3）以季度计复利；

（4）按连续复利．

6．一家银行的报价如下：年利率 14%，按季度计复利．

（1）等价的连续复利利率为多少？

（2）按年计复利的利率为多少？

7．某种微波炉每台售价为 500 元时，每月可销售 2000 台，每台售价降为 450 元时，每月可增加销售 400 台．试求这种微波炉的线性需求函数．

8．已知某产品的成本函数与收入函数分别是

$$C = 5 - 4x + x^2, R = 2x,$$

其中 x 表示产量，试求该产品的盈亏平衡点并说明盈亏情况．

9．某商品的成本函数是线性函数，并已知产量为零时成本为 100 元，产量为 100 时成本为 400 元，试求：

（1）成本函数和固定成本；

（2）产量为 200 时的总成本和平均成本．

10．已知某企业某种产品的需求弹性在 1.3~2.1 之间，如果该企业准备明年将价格降低 10%，问这种商品的需求量预期会增加多少？总收入预期会增加多少？

11．若一企业生产某产品的边际成本是产量 Q 的函数

$$C'(Q) = 2e^{0.2Q},$$

固定成本 $C_0 = 90$，求总成本函数．

（B）

1．设某商品的需求函数为 $Q = 160 - 2P$，其中 Q, P 分别表示需求量和价格，如果该商品需求弹性的绝对值等于 1，则商品的价格是（　　）．

A．10　　　　　B．20　　　　　C．30　　　　　D．40

2．设某商品的需求函数为 $Q = Q(P)$，其对价格的弹性 $\varepsilon_P = 0.2$，则当需求量为 10000 件时，价格增加 1 元会使产品收入增加（　　）元．

3．设某商品的收入函数为 $R(P)$，收入弹性为 $1 + P^3$，其中 P 为价格，且 $R(1) = 1$，则 $R(P) = （　　）$．

4. 设某商品的需求函数为 $Q = 100 - 5P$，其中价格 $P \in (0,20)$，Q 为需求量.

（1）求需求量对价格的弹性 $\varepsilon_P (\varepsilon_P > 0)$；

（2）推导 $\dfrac{dR}{dP} = Q(1 - \varepsilon_P)$，其中 R 为收入，并用弹性 ε_P 说明价格在何范围内变化时，降低价格反而使收入增加.

5. 设银行存款的年利率为 $r = 0.05$，并依年复利计算，某基金会希望通过存款 A 万元实现第一年提取 19 万元，第二年提取 28 万元，…，第 n 年提取（$10+9n$）万元，并能按此规律一直提取下去，问 A 至少应为多少万元？

6. 某企业为生产甲、乙两种型号的产品投入固定成本为 10000 万元，设该企业生产甲、乙两种产品的产量分别为 x, y 件，且这两种产品的边际成本分别为 $20 + \dfrac{x}{2}$ 万元/件与 $6 + y$ 万元/件.

（1）求生产甲、乙两种产品的总成本函数 $C(x, y)$.

（2）当总产量为 50 件时，甲、乙两种产品的产量各为多少时可使总成本最小？求最小成本.

（3）求总产量为 50 件且总成本最少时甲产品的边际成本，并解释其经济意义.

参 考 答 案

习题 5-1

1. $-\dfrac{x^2}{2}+3x-3\ln x-\dfrac{1}{x}+C$；2. $\dfrac{\left(\dfrac{5}{3}\right)^x}{\ln\dfrac{5}{3}}-\dfrac{\left(\dfrac{2}{3}\right)^x}{\ln\dfrac{2}{3}}+C$；3. $\ln x+\arctan x+C$；

4. $\dfrac{x^3}{3}-x+2\arctan x+C$；5. $\sin x-\cos x+C$；6. $-4\cot x+C$；7. $x-\cos x+C$；

8. $\tan x-\cot x+C$；9. $\dfrac{8}{5}x^2\sqrt{x}-\dfrac{8}{3}x\sqrt{x}+2\sqrt{x}+C$.

习题 5-2

1. $\dfrac{x}{2}-\dfrac{1}{4}\sin 2x+C$；2. $\dfrac{1}{8}\arctan\left(\dfrac{x}{2}+\dfrac{1}{4}\right)+C$；3. $\dfrac{1}{2}\ln(x^2+1)+C$；4. $-\dfrac{1}{2}\mathrm{e}^{-x^2}+C$；

5. $\dfrac{1}{2}\ln(x^2+2x+10)-\dfrac{1}{3}\arctan\dfrac{x+1}{3}+C$；6. $\arctan\mathrm{e}^x+C$；7. $\ln|\ln x|+C$；

8. $\dfrac{1}{10}(2\ln x+5)^5+C$；9. $\mathrm{e}^{\sin x}+C$；10. $2\sqrt{\arcsin x}+C$；11. $\ln|x+\cos x|+C$；

12. $-\ln|\cos x|+C$；13. $x\sin x+\cos x+C$；14. $x\tan x+\ln|\cos x|+C$；

15. $2\left(x\sin\dfrac{x}{2}+2\cos\dfrac{x}{2}\right)+C$；16. $-\mathrm{e}^{-x}\left(x+1\right)+C$.

习题 5-3

1. $\dfrac{2}{5}\ln(1+2x)-\dfrac{1}{5}\ln(1+x^2)+\dfrac{1}{5}\arctan x+C$；2. $2\ln\left(\sqrt{x}+1\right)+C$；

3. $-\dfrac{8}{x^2+2x+2}-5\left[\dfrac{x+1}{2(x^2+2x+2)}+\dfrac{1}{2}\arctan(x+1)\right]+C$；

4. $\dfrac{2}{3}\arctan\left(3\tan\dfrac{x}{2}\right)+C$；5. $\dfrac{2}{\sqrt{3}}\arctan\dfrac{2\tan\dfrac{x}{2}+1}{\sqrt{3}}+C$；

6. $\dfrac{x}{2}+\ln\left|\sec\dfrac{x}{2}\right|-\ln\left|1+\tan\dfrac{x}{2}\right|+C$；7. $\dfrac{1}{4\cos x}+\dfrac{1}{4}\ln\left|\tan\dfrac{x}{2}\right|+\dfrac{1}{4}\tan x+C$.

总习题5

（A）

1. $\dfrac{1}{a}\arctan\dfrac{x}{a}+C$； 2. $-\dfrac{1}{3(3x+2)}+C$； 3. $x-\ln(e^x+1)+C$；

4. $\tan x-2\cot x-\dfrac{1}{3}\cot^3 x+C$； 5. $\dfrac{x}{2}-\dfrac{1}{2}\ln|\sin x+\cos x|+C$； 6. $x\ln x-x+C$；

7. $\dfrac{x^2}{4}+\dfrac{x}{4}\sin 2x+\dfrac{1}{8}\cos 2x+C$； 8. $-\dfrac{\ln x}{x}-\dfrac{1}{x}+C$； 9. $\dfrac{x}{\sqrt{1-x^2}}+C$；

10. $\sqrt{x^2-9}-3\arccos\dfrac{3}{x}+C$； 11. $\dfrac{1}{2\sqrt{3}}\arctan\dfrac{2\tan x}{\sqrt{3}}+C$； 12. $-\dfrac{1}{2}\cot^2 x+C$.

（B）

1. $\mathrm{d}[\int f(x)\mathrm{d}x]=f(x)\mathrm{d}x$.   2. $f(x)=x-e^x+C$.

3. $\ln|x|-\dfrac{1}{2}\ln|x+1|-\dfrac{1}{4}\ln(x^2+1)-\dfrac{1}{2}\arctan x+C$.

4. $-\dfrac{1}{3}\cdot\left(\dfrac{\sqrt{1+x^2}}{x}\right)^3+\dfrac{\sqrt{1+x^2}}{x}+C$.   5. $\begin{cases}-\dfrac{x^2}{2}+C, & x<-1,\\[2mm] x+\dfrac{1}{2}+C, & -1\leqslant x\leqslant 1,\\[2mm] \dfrac{x^2}{2}+1+C, & x>1.\end{cases}$

6. $\dfrac{1}{2}\ln\left|(x-y)^2-1\right|+C$.

习题 6-1

1. （1）6；   （2）π.

2. （1）$\leqslant$；   （2）$\geqslant$；   （3）$\leqslant$.

3. （1）$[6,18]$；   （2）$[3e^{-\frac{1}{4}},3e^6]$；   （3）$\left[\dfrac{3}{10},\dfrac{1}{2}\right]$；   （4）$[2e,6e^3]$.

习题 6-2

1. （1）$\sqrt{1+x^3}$；   （2）$\dfrac{2\sin x^2}{x^3}$；   （3）$\sin(\pi\sin x)\cos x+\sin(\pi\cos x)\sin x$.

2. （1）1；   （2）1；   （3）2.

3. （1）$\dfrac{9}{2}$；   （2）$\dfrac{\pi}{2}$；   （3）$\dfrac{29}{6}$；   （4）$\dfrac{2}{3}\sqrt{3}-\dfrac{\pi}{6}$.

4. $\dfrac{\sin 2x}{4y\ln y}$.   5. $1+\dfrac{\pi^2}{8}$.

习题 6-3

1. (1) $\dfrac{1}{66}$;　　(2) $\dfrac{1}{4}$;　　(3) $4-\ln 5$;　　(4) 2 ;　　(5) $\dfrac{3}{4}\pi$;

　 (6) $\dfrac{4}{3}$;　　(7) $2-\sqrt{2}$;　　(8) $\dfrac{1}{2}\ln 2$;　　(9) $\dfrac{1}{3}\ln \dfrac{5}{4}$.

2. (1) $8\ln 2-4$;　(2) $\dfrac{\pi}{4}-\dfrac{1}{2}$;　　(3) $1-\dfrac{2}{e}$;

　 (4) $\left(\dfrac{1}{4}-\dfrac{\sqrt{3}}{9}\right)\pi+\dfrac{1}{2}\ln \dfrac{3}{2}$;　　(5) $2-\dfrac{2}{e}$;　　(6) 4π .

3. (1) π ;　　(2) $\ln 3$;　　(3) $\dfrac{\pi}{3}-\dfrac{\sqrt{3}}{4}$.

习题 6-4

1. $\dfrac{32}{3}$.　　2. $4-3\ln 3$.　　3. $\dfrac{\pi}{2}-1$.

4. $2\pi+\dfrac{4}{3}$.　5. $\dfrac{\pi^2}{4}$.　　6. $\dfrac{15}{2}\pi, 24\dfrac{4}{5}\pi$.　　7. $\dfrac{8\pi}{3}$.

习题 6-5

1. (1) $\dfrac{1}{3}$;　(2) $\dfrac{1}{3}$;　(3) π ;　(4) $\dfrac{1}{2}\ln 2$;　(5) $\dfrac{\pi}{4e}$;　(6) $\ln 2$.

2. (1) π ;　(2) $-\dfrac{1}{4}$;　(3) 1 ;　(4) $\dfrac{\pi}{2}$.

3. (1) 发散;　(2) 发散;　(3) 发散;　(4) 收敛.

总习题 6

（A）

1. (1) $2(e^2+1)$;　(2) $\dfrac{11}{2}$;　(3) π ;　(4) $\dfrac{\pi}{8}$;　(5) 2 ;　(6) $-\dfrac{9}{2}\pi$;

　 (7) $2-\dfrac{6}{e^2}$;　(8) $-\dfrac{1}{8}\ln 2$;　(9) $\dfrac{\pi}{2}+\ln(2+\sqrt{3})$;　(10) $\dfrac{1}{2}$.

2. 收敛　发散.

3. $F(x)=\begin{cases} \dfrac{x^3}{3}, & 0\leqslant x\leqslant 1, \\ -\dfrac{x^2}{2}+2x-\dfrac{7}{6}, & 1<x\leqslant 2. \end{cases}$

4. $\dfrac{3}{2}$.　　5. 1 .　　6. $\dfrac{1}{2t}+2t^3$.　　7. $2;9\pi$.

（B）

1. $\dfrac{\pi}{4-\pi}$.　　2. $-\dfrac{1}{2}$.　　3. 1 .　　4. D .　　5. C .

6. $\dfrac{\pi}{6}$.　　7. $\dfrac{\pi}{6}$.　　8. $x=0$ 处连续，可导 .　　9. $f(x)=\dfrac{5}{2}(\ln x+1)$.

11. $\dfrac{\pi^2}{2}-\dfrac{2\pi}{3}$.

习题 7-1

1. 2π .

2. 分析：由二重积分的几何意义可知，$\displaystyle\iint\limits_{D} f(x,y)\mathrm{d}\sigma$ 是半个球体的体积，其值为 $\dfrac{2}{3}\pi R^3$. D 的面积 $A=\pi R^2$ ，故在 D 上，$f(x,y)$ 的平均值为 $f(\xi,\eta)=\dfrac{1}{A}\displaystyle\iint\limits_{D} f(x,y)\mathrm{d}\sigma=\dfrac{2}{3}R$.

3. $\displaystyle\iint\limits_{D}\ln(x+y)\mathrm{d}x\mathrm{d}y<\iint\limits_{D}\big[\ln(x+y)\big]^2\mathrm{d}x\mathrm{d}y$.　　4. $0\leqslant\displaystyle\iint\limits_{D}xy(x+y)\mathrm{d}x\mathrm{d}y\leqslant 2$.

习题 7-2

1. （1）$\displaystyle\int_{-1}^{0}\mathrm{d}x\int_{0}^{1+x}f(x,y)\mathrm{d}y+\int_{0}^{1}\mathrm{d}x\int_{0}^{1-x}f(x,y)\mathrm{d}y$ 或 $\displaystyle\int_{0}^{1}\mathrm{d}y\int_{y-1}^{1-y}f(x,y)\mathrm{d}x$ ；

（2）$\displaystyle\int_{1}^{3}\mathrm{d}x\int_{\frac{1}{x}}^{x}f(x,y)\mathrm{d}y$ 或 $\displaystyle\int_{\frac{1}{3}}^{1}\mathrm{d}y\int_{\frac{1}{y}}^{3}f(x,y)\mathrm{d}x+\int_{1}^{3}\mathrm{d}y\int_{y}^{3}f(x,y)\mathrm{d}x$ ；

（3）$\displaystyle\int_{a}^{b}\mathrm{d}y\int_{y}^{b}f(x,y)\mathrm{d}x$ 或 $\displaystyle\int_{a}^{b}\mathrm{d}x\int_{a}^{x}f(x,y)\mathrm{d}y$.

2. （1）$\dfrac{\pi^2}{4}$ ；　（2）$\pi^2-\dfrac{40}{9}$ ；　（3）$\mathrm{e}-\mathrm{e}^{-1}$ ；　（4）$\dfrac{9}{8}\ln 3-\ln 2-\dfrac{1}{2}$ ；

（5）$\dfrac{1}{2}$ ；　（6）$\dfrac{1}{15}$ ；　（7）$\dfrac{5}{6}$ ；　（8）$\dfrac{51}{20}$.

3. （1）$\displaystyle\int_{0}^{1}\mathrm{d}x\int_{x^2}^{x}f(x,y)\mathrm{d}y=\int_{0}^{1}\mathrm{d}y\int_{y}^{\sqrt{y}}f(x,y)\mathrm{d}x$ ；

（2）$\displaystyle\int_{0}^{4}\mathrm{d}x\int_{2-\frac{x}{2}}^{\sqrt{4-x}}f(x,y)\mathrm{d}y=\int_{0}^{2}\mathrm{d}y\int_{4-2y}^{4-y^2}f(x,y)\mathrm{d}x$ ；

（3）$\displaystyle\int_{0}^{1}\mathrm{d}x\int_{0}^{x}f(x,y)\mathrm{d}y+\int_{1}^{2}\mathrm{d}x\int_{0}^{2-x}f(x,y)\mathrm{d}y=\int_{0}^{1}\mathrm{d}y\int_{y}^{2-y}f(x,y)\mathrm{d}x$ ；

（4）$\displaystyle\int_{-R}^{R}\mathrm{d}x\int_{0}^{\sqrt{R^2-x^2}}f(x,y)\mathrm{d}y=\int_{0}^{R}\mathrm{d}y\int_{-\sqrt{R^2-x^2}}^{\sqrt{R^2-x^2}}f(x,y)\mathrm{d}x$ ；

(5) $\int_0^2 dx \int_0^x f(x,y)dy + \int_2^{2\sqrt{2}} dx \int_0^{\sqrt{8-x^2}} f(x,y)dy = \int_0^2 dy \int_y^{\sqrt{8-y^2}} f(x,y)dx$.

4. πa^2 .　　5. $\dfrac{55}{6}$.

习题 7-3

1. $\dfrac{\pi}{4} a^6$.　2. $\dfrac{\pi}{4}(e-1)$. 3. $\dfrac{15}{16}$. 4. $\dfrac{\pi}{2} - \ln 2$. 5. $\int_0^{\frac{\pi}{3}} d\phi \int_0^2 f(\rho\cos\phi, \rho\sin\phi)\rho d\rho$.

总习题 7

（A）

2. $\iint\limits_D (x+y)^2 \, dxdy \geqslant \iint\limits_D (x+y)^3 \, dxdy$.　　　3. $\dfrac{1}{2} \leqslant \iint\limits_D (1+x+y) \, dxdy \leqslant 1$.

4. $\dfrac{1}{24}$.　　　　　　　5. $-6\pi^2$.　　6. $\int_1^4 dy \int_{\sqrt{y}}^2 f(x,y)dx$.

7. $\int_{\frac{\pi}{4}}^{\frac{\pi}{3}} d\theta \int_0^{\tan\theta} f(r^2) rdr$.　　8. $\pi(1-e^{-1})$.　　9. $\dfrac{A^2}{2}$.

（B）

1. $\dfrac{1}{6} - \dfrac{1}{3e}$.　　2. $\dfrac{7}{8} + \arctan 2 - \dfrac{\pi}{4}$.　　3. $\dfrac{4}{3}\left(\dfrac{\pi}{2} - \dfrac{2}{3}\right) R^3$.　　5. 9π .

习题 8-1

1. (1) $n\ln\dfrac{n}{n+1}$; (2) $(-1)^{n-1}\dfrac{n+1}{n}$; (3) $\dfrac{a^{n-1}}{(3n-2)\times(3n+1)}$; (4) $\dfrac{2n-1}{2^n}$.

2. (1) 收敛, 和为 $\dfrac{1}{2}$; (2) 发散; (3) 收敛, 和为 $\dfrac{5}{3}$; (4) 发散;

(5) 发散;　　(6) 发散;　　(7) 收敛, 和为 $\dfrac{1}{4}$; (8) 发散.

习题 8-2

1. (1) 发散; (2) 收敛; (3) $\begin{cases} a>1, 收敛, \\ a\leqslant 1, 发散; \end{cases}$　(4) 收敛; (5) 收敛; (6) 收敛;

(7) 收敛; (8) 发散.

2. (1) 收敛; (2) 发散; (3) 收敛; (4) $\begin{cases} a>1, 收敛, \\ a\leqslant 1, 发散; \end{cases}$　(5) 发散;

(6) 收敛; (7) 收敛; (8) 发散.

3. (1) 收敛; (2) 发散; (3) 收敛.

习题 8-3

（1）$p>1$时绝对收敛，$p \leq 1$时条件收敛；

（2）$|a|<1$时绝对收敛，$|a|>1$时发散，$a=1$时条件收敛，$a=-1$时发散；

（3）条件收敛；（4）绝对收敛；（5）绝对收敛；（6）绝对收敛；（7）发散；

（8）绝对收敛；

（9）绝对收敛；（10）条件收敛；（11）绝对收敛；（12）发散；（13）条件收敛.

习题 8-4

1.（1）$(-\infty<x<+\infty)$；（2）$[-3<x<3)$；（3）$(-1<x<1)$；（4）$[-1<x<1]$；

（5）$(-2<x<0]$；（6）$x=-3$；（7）$(-1<x<1)$；（8）$\left(-\dfrac{3}{2}<x<\dfrac{1}{2}\right)$；

（9）$(-2<x<0)$；（10）$\left(-\dfrac{1}{e},\dfrac{1}{e}\right)$.

2.（1）$s(x)=-\ln(1+x)$，$(-1,1]$；　　　（2）$s(x)=\dfrac{2x}{(1-x^2)^2}$，$(-1,1)$；

（3）$s(x)=\begin{cases}\dfrac{x}{1-x}+1+\dfrac{1}{x}\ln(1-x),-1<x<0\bigcup 0<x<1,\\0,\qquad\qquad\qquad\qquad x=0;\end{cases}$

（4）$s(x)=\dfrac{x^2}{(1-x)^3}$，$(-1,1)$；

（5）$s(x)=xe^{x^2}$，$(-\infty<x<+\infty)$；（6）$s(x)=\dfrac{3x-x^2}{(1-x)^2}$，$(-1,1)$.

3.（1）设 $f(x)=\displaystyle\sum_{n=2}^{\infty}\dfrac{1}{n(n-1)}x^n$，则 $s(x)=(1-x)\ln(1-x)+x,s\left(\dfrac{1}{3}\right)=\dfrac{2}{3}\ln\dfrac{2}{3}+\dfrac{1}{3}$；

（2）设 $f(x)=\displaystyle\sum_{n=1}^{\infty}nx^n$，则 $s(x)=\dfrac{x}{(1-x)^2},s\left(\dfrac{1}{a}\right)=\dfrac{a}{(a-1)^2}$；

（3）设 $f(x)=\displaystyle\sum_{n=1}^{\infty}n(n+1)x^n$，则 $s(x)=\dfrac{2x}{(1-x)^3},s\left(\dfrac{1}{2}\right)=8$.

习题 8-5

1.（1）$\dfrac{1}{\sqrt{1+x^2}}=1-\dfrac{1}{2}x^2+\dfrac{1\cdot 3}{2\cdot 4}x^4-\dfrac{1\cdot 3\cdot 5}{2\cdot 4\cdot 6}x^6+\cdots,(-1<x<1)$；

（2）$\dfrac{1}{x^2+4x-12}=\displaystyle\sum_{n=0}^{\infty}-\dfrac{1}{8}\left[\dfrac{1}{2^{n+1}}+(-1)^n\dfrac{1}{6^n}\right]x^n,(-1<x<1)$；

（3）$x^2e^{-x}=\displaystyle\sum_{n=0}^{\infty}\dfrac{(-x)^{n+2}}{n!},(-\infty<x<+\infty)$；

(4) $\cos^2 x = 1 - \dfrac{2}{2!}x^2 + \dfrac{2^3}{4!}x^4 + \cdots + (-1)^k \dfrac{2^{2k-1}}{(2k)!}x^{2k} + \cdots,$

$$(-\infty < x < +\infty);$$

(5) $\dfrac{x}{\sqrt{2-x}} = \dfrac{x}{\sqrt{2}}\left(1 + \dfrac{1}{2}\dfrac{x}{2} + \dfrac{1\cdot 3}{2\cdot 4}\dfrac{x^2}{2^2} + \dfrac{1\cdot 3\cdot 5}{2\cdot 4\cdot 6}\dfrac{x^3}{2^3} + \cdots\right),$

$$(-2 \leqslant x < 2);$$

(6) $\ln(1-x^2) = \ln(1+x) + \ln(1-x) = -x^2 - \dfrac{x^4}{2} - \dfrac{x^6}{3} - \cdots - \dfrac{x^{2n}}{n} + \cdots, (-1 < x \leqslant 1);$

(7) $\arctan\dfrac{1+x}{1-x} = x - \dfrac{x^3}{3} + \dfrac{x^5}{5} - \cdots + (-1)^n \dfrac{x^{2n+1}}{2n+1} + \cdots, (-1 \leqslant x < 1);$

(8) $\dfrac{e^x + e^{-x}}{2} = 1 + \dfrac{x^2}{2!} + \dfrac{x^4}{4!} + \cdots + \dfrac{x^{2n}}{(2n)!} + \cdots, (-\infty < x < +\infty).$

2. (1) $\ln x = \ln(1+x-1) = \displaystyle\sum_{n=0}^{\infty} (-1)^{n-1}\dfrac{(x-1)^n}{n}, (0 < x \leqslant 2);$

(2) $\dfrac{1}{x^2 + 4x - 12} = \displaystyle\sum_{n=0}^{\infty} -\dfrac{1}{8}\left[1 + \dfrac{(-1)^n}{7^{n+1}}\right](x-1)^n, (0 < x < 2).$

3. $\sin\dfrac{x}{3} = \dfrac{x}{3} - \dfrac{1}{3!}\left(\dfrac{x}{3}\right)^3 + \dfrac{1}{5!}\left(\dfrac{x}{3}\right)^5 + \cdots + (-1)^k \dfrac{1}{(2k+1)!}\left(\dfrac{x}{3}\right)^{2k+1} + \cdots, (-\infty < x < +\infty).$

总习题 8

（A）

1. （1）错；（2）错；（3）对；（4）错；（5）错；（6）对；（7）对；（8）对；
   （9）对；（10）对；（11）错；（12）错；（13）错；（14）错.

2. （1）必要，充要；（2）必要.

3. （1）C.（2）A.（3）B.（4）C.（5）C.（6）C.（7）C.（8）C D.（9）D.

4. （1）发散；（2）绝对收敛；（3）发散；（4）条件收敛；（5）绝对收敛；
   （6）条件收敛；（7）绝对收敛；（8）发散；（9）条件收敛.

5. （1）$(-1,1)$；（2）$(-3,3]$；（3）$\left[-\dfrac{1}{3}, \dfrac{1}{3}\right]$；（4）$\left[-\dfrac{1}{3}, \dfrac{1}{3}\right]$；（5）$(-1,1)$；

   （6）$\left(-\dfrac{1}{e}, \dfrac{1}{e}\right)$；（7）$\left[-\dfrac{1}{\sqrt{2}}, \dfrac{1}{\sqrt{2}}\right]$；（8）$\left(-\dfrac{1}{\sqrt[4]{2}}, \dfrac{1}{\sqrt[4]{2}}\right)$；（9）$[2,4]$；（10）$[3,5]$.

6. （1）$(-1,1)$，$s(x) = \begin{cases} \dfrac{x}{1-x} + \dfrac{1}{x}\ln(1-x), & x \neq 0, \\ 0, & x = 0; \end{cases}$（2）$(-1,1)$，$s(x) = \dfrac{1+x-x^2}{(1-x)^2}$；

（3）$(-1,1)$，$s(x)=\dfrac{-2x^2}{1+x^2}+\ln(1+x^2)$；（4）$(-1,1)$，$s(x)=\dfrac{x}{(1-x)^2}-\ln(1-x)$；

（5）$\left(-\dfrac{1}{\sqrt{2}},\dfrac{1}{\sqrt{2}}\right)$，$s(x)=\dfrac{2x}{(1-2x^2)^2}$；（6）$(-\sqrt{2},\sqrt{2})$，$s(x)=\dfrac{2x^2}{(2-x^2)^2}$；

（7）$[-5,1)$，$s(x)=\ln 3-\ln(1-x)$；（8）$[-1,1]$，$s(x)=2x^2\arctan x-x\ln(1+x^2)$.

7．（1）3；（2）$-\dfrac{1}{2}\ln\dfrac{3}{4}$；（3）2；（4）$\dfrac{3}{4}-\ln\dfrac{2}{3}$；（5）$\ln\dfrac{3}{2}$.

8．（1）$f(x)=\ln 4+\displaystyle\sum_{n=1}^{\infty}\dfrac{1}{n}\left[\dfrac{(-1)^{n-1}}{4^n}-1\right]x^n,\ (-1\leqslant x<1)$；

（2）$f(x)=\displaystyle\sum_{n=0}^{\infty}\dfrac{(-1)^n}{2n+1}x^{2n+2},\ (-1<x<1)$；

（3）$f(x)=\displaystyle\sum_{n=0}^{\infty}\left[1-\dfrac{(-1)^n}{2^{n+1}}\right]x^n,\ (-1<x<1)$；

（4）$f(x)=\displaystyle\sum_{n=0}^{\infty}\dfrac{(-1)^n}{n!}x^{n+3},\ (-\infty<x<+\infty)$；

（5）$f(x)=\displaystyle\sum_{n=0}^{\infty}\left(\dfrac{1}{4}-\dfrac{1}{4\times 5^{n+1}}\right)(x+2)^n,\ (-3<x<-1)$；

（6）$f(x)=\ln 3+\displaystyle\sum_{n=1}^{\infty}(-1)^{n-1}\dfrac{(x-3)^n}{3^n n},\ (0<x\leqslant 6)$.

（B）

1．（1）D. （2）C. （3）A. （4）A. （5）B. （6）B. （7）D.

（8）D. （9）A. （10）D.

2．（1）$0<x<4$. （2）$\dfrac{\ln 3}{2-\ln 3}$. （3）$\dfrac{1}{e}$.

3．（1）$y=\displaystyle\sum_{n=1}^{\infty}\dfrac{2^n+(-1)^n}{n}x^n,\ -\dfrac{1}{2}<x<\dfrac{1}{2}$；

（2）$\displaystyle\lim_{n\to\infty}a_n\neq 0$，$\displaystyle\lim_{n\to\infty}\sqrt[n]{\left(\dfrac{1}{a_n+1}\right)^n}=\lim_{n\to\infty}\dfrac{1}{a_n+1}<1$，收敛；

（3）$f(x)=1-\dfrac{1}{2}\ln(1+x^2),(|x|<1)$，极大值 $f(0)=1$；

（4）$s(x)=\begin{cases}\dfrac{1}{2x}\ln\dfrac{1+x}{1-x}+\dfrac{1}{x^2-1},&-1<x<0\text{或}0<x<1,\\[2mm]0,&x=0;\end{cases}$

（5）$s(x)=2x^2\arctan x-x\ln(1+x^2),\ x\in[-1,1]$；

（6）$\displaystyle\sum_{n=0}^{\infty}\dfrac{1}{5}\left[\left(-\dfrac{1}{2}\right)^{n+1}-\left(\dfrac{1}{3}\right)^{n+1}\right](x-1)^n,\ -1<x<3$.

习题 9-1

1．（1）二阶；（2）一阶；（3）一阶；（4）四阶．

2．（1）线性；（2）非线性；（3）线性．

3．（1）是方程的解；（2）不是方程的解；（3）是方程的解．

4．$C_1 = \dfrac{5}{3}, C_2 = \dfrac{1}{3}$，特解为 $y = \dfrac{5}{3}\mathrm{e}^{2x} + \dfrac{1}{3}\mathrm{e}^{-4x}$．

习题 9-2

1．（1）$y = \dfrac{1}{2x}\mathrm{e}^{2x} + \dfrac{C}{x}$；（2）$x = y^2 + Cy$；（3）$y = \dfrac{1}{2}(-\sin x - \cos x) + C\mathrm{e}^x$；

（4）$x = \dfrac{1}{2}y + \dfrac{1}{4} + C\mathrm{e}^{2y}$；（5）$y = -\dfrac{1}{2}\mathrm{e}^{-x} + C\mathrm{e}^x$；（6）$x = \ln y(-\ln\ln y + C)$；

（7）$y = C\mathrm{e}^{-25x}$；（8）$x = \dfrac{1}{4}y^3 + \dfrac{C}{y}$．

2．$f(x) = \dfrac{\sin x - 2\cos x}{5} + \dfrac{2}{5}\mathrm{e}^{2x}$．

3．（1）$y = 1$；（2）$y = (x-1)\mathrm{e}^{-x} + 2\mathrm{e}^{-2x}$．

习题 9-3

1．（1）$y = x\cos x - 3\sin x + C_1 x^2 + C_2 x + C_3$；（2）$y = 3C_1 x - C_1 x^3 + C_2$；

（3）$\mathrm{e}^y = C_1 x + C_2$．

2．（1）$y = \tan\left(x + \dfrac{\pi}{4}\right)$；（2）$y = \ln x + 1$．

3．（1）$y = \dfrac{x^3}{3}\ln x - \dfrac{1}{2}x^2 + C_1 x^3 + C_2$；（2）$y = (x+1+C_1)\ln(x+1) - 2x + C_2$；

（3）$y = -\dfrac{x^2}{8} + C_1 x^{-2} + C_2$；

（4）$x = \arctan\ln y$．

习题 9-4

（1）$y = C_1\mathrm{e}^{-x} + C_2\mathrm{e}^{3x} - \dfrac{1}{4}x\mathrm{e}^{-x}$；　　　　（2）$y = C_1\mathrm{e}^{-x} + C_2\mathrm{e}^{3x} - x + \dfrac{1}{3}$；

（3）$y = C_1\mathrm{e}^{-x} + C_2\mathrm{e}^{3x} - \dfrac{1}{4}x\mathrm{e}^{-x} - x + \dfrac{1}{3}$；（4）$y = C_1 + C_2\mathrm{e}^{-x} - \dfrac{1}{5}\cos 2x + \dfrac{1}{10}\sin 2x$；

（5）$y = C_1\mathrm{e}^{x} + C_2\mathrm{e}^{-2x} - \dfrac{5}{2} - \dfrac{6}{5}\sin 2x - \dfrac{2}{5}\cos 2x$；

（6） $y = \dfrac{1}{8}x + \dfrac{1}{8}x\sin 2x - \dfrac{1}{16}\sin 2x$ ；

（7） $y = C_1\cos 4x + C_2\sin 4x - \dfrac{1}{8}x\cos(4x+\alpha)$ ；

（8） $y = (C_1 + C_2 x)\mathrm{e}^{-x} + \dfrac{1}{4}(x-1)\mathrm{e}^x$ ；

（9） $y = \left[\dfrac{2}{\mathrm{e}} - \dfrac{1}{6} + \left(\dfrac{1}{2} - \dfrac{1}{\mathrm{e}}\right)x\right]\mathrm{e}^x + \left(\dfrac{1}{6}x^3 - \dfrac{1}{2}x^2\right)\mathrm{e}^x$ ；

（10） $y = \mathrm{e}^{-x}(C_1\cos 2x + C_2\sin 2x) + \dfrac{5}{4}x\mathrm{e}^{-x}\sin 2x$.

习题 9-5

1.（1）二阶差分方程；（2）六阶差分方程；（3）八阶差分方程.

2.（1） $\Delta y_t = \mathrm{e}^t(\mathrm{e}-1),\ \Delta^2 y_t = \mathrm{e}^t(\mathrm{e}-1)^2$ ；

（2） $\Delta y_t = 2\sin\dfrac{1}{2}\cos\left(t+\dfrac{1}{2}\right),\ \Delta^2 y_t = -\left(2\sin\dfrac{1}{2}\right)^2\sin(t+1)$ ；

（3） $\Delta y_t = \ln\dfrac{t+1}{t},\ \Delta^2 y_t = \ln\dfrac{(t+2)t}{(t+1)^2}$ ；

（4） $\Delta y_t = 3t^2 + 3t + 3 + 2\sin\dfrac{1}{2}\cos\left(t+\dfrac{1}{2}\right),\ \Delta^2 y_t = 6t + 6 - \left(2\sin\dfrac{1}{2}\right)^2\sin(t+1)$.

习题 9-6

（1） $y_t = C\left(-\dfrac{2}{3}\right)^t + \dfrac{1}{5}$ ；　（2） $y_t = C + \dfrac{7}{4}t$ ；　（3） $y_t = C\left(\dfrac{3}{2}\right)^t - 5 - t$ ；

（4） $y_t = 2 + \left(\dfrac{1}{3}t^3 - \dfrac{1}{2}t^2 + \dfrac{1}{6}t\right)$ ；　（5） $y_t = C(-1)^t + \left(\dfrac{1}{4}t - \dfrac{3}{16}\right)3^t$.

总习题 9

（A）

1.（1）错；　　（2）错；　　（3）错；　　（4）对；　　（5）对.

2.（1） $\mathrm{e}^{2y} = x^2 + 2\ln x + C$ ；（2） $y = Cx\mathrm{e}^x$ ；（3） $y = -\dfrac{1}{4}\mathrm{e}^{-x^2} + C\mathrm{e}^{x^2}$ ；

（4） $\dfrac{y}{1-ay} = C(a+x)$ ；（5） $y^2\sqrt{x^2+y^2} = C$ ；（6） $y = \dfrac{1}{2} - \dfrac{1}{x} + \dfrac{C}{x^2}$ ；

（7） $x = y^2(C - \ln y)$.

3.（1） $y = \dfrac{1}{1-x}$ ；（2） $y = (x-1)\mathrm{e}^x + 1$ ；（3） $y = \mathrm{e}^{3x}(C_1 + C_2 x) + \dfrac{14}{9}$ ；

（4）$y = C_1 e^{-\frac{1}{2}x} + C_2 e^{-2x} + \frac{5}{2}x^2 - \frac{27}{2}x + \frac{117}{4}$；　（5）$y = C_1 e^{-x} + C_2 - x e^{-x}$；

（6）$y = \left(C_1 - \frac{1}{4}x\right)e^{-x} + C_2 e^{3x} - x + \frac{1}{3}$；

（7）$a \neq 1$ 时，$y = C_1 \cos ax + C_2 \sin ax + \frac{1}{a^2 - 1}\sin x$；

　　　$a = 1$ 时，$y = C_1 \cos x + C_2 \sin x - \frac{1}{2}x \cos x$；

（8）$y = e^{-x}(C_1 \cos 2x + C_2 \sin 2x) + \frac{5}{4}x e^{-x}\sin 2x$；

（9）$y = C_1 e^x + C_2 e^{-2x} - \frac{5}{2} - \frac{6}{5}\sin 2x - \frac{2}{5}\cos 2x$；

（10）$x = \arctan(\ln y)$.

4.（1）$y_t = C + (t-2)\cdot 2^t$.　　　（2）$y_t = C5^t - 1$.

（3）$a \neq e^b$ 时，$y_t = Ca^t - \frac{1}{e^b - a}e^{bt}$；$a = e^b$ 时，$y_t = Ca^t + t e^{b(t-1)}$.

（4）$y_t = C + 5^t$.　　（5）$y_t = C(-2)^t + \frac{1}{3}t^2 - \frac{2}{9}t - \frac{1}{27}$.　（6）$y_t = C + t(-2 + 2t)$.

（B）

1.（1）B.　（2）A.

2.（1）$t_t = C + (t-2)2^t$.　（2）$y = \frac{2}{x}$.　　（3）$y = \frac{x}{\sqrt{1 + \ln x}}$.　　（4）$y = \frac{1}{x}$.

3.（1）$f(x) = e^x$，$(0, 0)$ 点是拐点；

（2）$S(x) = y$，$y' = xy + \frac{x^3}{2}$，$y(0) = 0$，　$S(x) = -\frac{x^2}{2} + e^{\frac{x^2}{2}} - 1$；

（3）$F'(x) + 2F(x) = 4e^{2x}$，　$F(x) = e^{2x} - e^{-2x}$；

（4）$y(x) = \frac{2}{3}e^{-\frac{x}{2}}\cos\frac{\sqrt{3}}{2}x + \frac{1}{3}e^x$，$(-\infty, +\infty)$；

（5）$f_n(x) = \frac{e^x}{n}x^n$，$\displaystyle\sum_{n=1}^{\infty} f_n(x) = -e^x \ln(1-x)$；　（6）$y = \frac{3}{4} + \frac{1}{4}e^{2x} + \frac{x}{2}e^{2x}$；

（7）$y(x) = \begin{cases} e^{2x} - 1, & x < 1, \\ Ce^{2x}, & x > 1; \end{cases}$　（8）$y + \sqrt{x^2 + y^2} = C$；（9）$f(x) = x - \frac{1}{2} + \frac{1}{2}e^{-2x}$；

（10）$y^2 = 2x^2(2e^2 + \ln x)$.

习题 10-1

1.（1）121 元；　（2）122.5 元；　（3）11 年.　2.　$p = 20189.65$ 元.

3. 5，20． 4. $Q = 6000 - 1000P$，$R = 6000P - 1000P^2$．

5. $C(x) = 2 + x$，$L(x) = R(x) - C(x) = \begin{cases} -\dfrac{x^2}{2} + 3x - 2, & 0 \leqslant x \leqslant 4, \\ 6 - x, & x > 4. \end{cases}$

6. 每天的固定成本为 180 元，生产一个玩具的变动成本为 2 元．

习题 10-2

1. 当税率 $t = 18$ 时，政府可获最大税收 $y = 27$，此时产量 $Q_0 = \dfrac{3}{2}$，最大利润为 $L = \dfrac{7}{2}$．

2. $L'(20) = 50$，当销售量是 20 单位时，再多销售一个单位的产品，增加利润 50 单位；

$L'(25) = 0$，当销售量是 25 单位时，扩大销售一个单位，利润基本不变；

$L'(35) = -100$，当销售量是 36 单位时，所得利润比销售量为 35 单位时减少 100 单位．

3. 每天生产 400 个，利润最大，为 1590 元．

4. 利润函数 $L = 18x - 3x^2 - 4x^3$，边际收入函数 $R' = 26 - 4x - 12x^2$，

边际成本函数 $C' = 8 + 2x$，边际利润函数 $L' = -6(x - 1)(2x + 3)$，

利润函数在 $x = 1$ 处取得最大值，最大利润为 $L(1) = 11$．

5. （1）$\varepsilon_P = P \ln \dfrac{1}{4} \approx -1.39P$；

（2）价格上涨 1%，商品的需求量将减少 13.9%；价格降低 1%，商品的需求量将增加 13.9%．

6. 需求量可增加 15%～20%．

7. -0.1，0.3．

习题 10-3

1. $t = 8$，18.4 百万元．

2. 2400，60，100．

3. （1）$-\dfrac{5}{8}$；（2）$x = 4$；

（3）总成本函数 $C(x) = \dfrac{1}{8}x^2 + 4x + 1$；利润函数 $L(x) = 5x - \dfrac{5}{8}x^2 - 1$．

4. 4517 元．

总习题 10

（A）

1．向下．   2．需求量，供给量，需求曲线，供给曲线．   3．A．   4．A．

5．（1）1300 元；（2）1338.2 元；（3）1346.9 元；（4）1349.9 元．

6．（1）等价的连续复利为 $4\ln\left(1+\dfrac{0.14}{4}\right)=0.1376$，即每年 13.76%；

（2）按年计复利的利率为 $\left(1+\dfrac{0.14}{4}\right)^4=0.1475$，即每年 14.75%．

7．$Q(P)=6000-8P$．

8．盈亏平衡点是 $x_1=1, x_2=5$．当 $x<1$ 时亏损，$1<x<5$ 时盈利，$x>5$ 时亏损．

9．（1）$C(Q)=100+3Q, C(0)=100$；   （2）$C(200)=700, \overline{C}(200)=3.5$．

10．降价 10%时，企业销售量预期将增加 13%～21%；总收益预期将增加 3%～11%．

11．$C(Q)=10e^{0.2Q}+90$．

（B）

1．D．   2．8000．   3．$Pe^{\frac{1}{3}P^3-\frac{1}{3}}$．

4．（1）$\varepsilon_P=\dfrac{P}{20-P}$；（2）当 $10<P<20$ 时，$\dfrac{\mathrm{d}R}{\mathrm{d}P}<0$，此时降低价格反而使收入增加．

5．$A=3980$ 万元．

6．（1）$C(x,y)=20x+\dfrac{x^2}{4}+6y+\dfrac{y^2}{2}+10000$；

（2）当 $y=26$ 时，$C(y)$ 取得最小值 11118，此时 $x=24$；

（3）当 $x+y=50$ 且总成本最小时，$x=24, y=26$，此时甲产品的边际成本为 $C'_x(x,y)=32$，表明在总产量为 50 件，甲产品为 24 件时，要改变一个单位产量，成本会发生 32 万元的改变．

附录　常用积分表

一、含有 $ax+b$ 的积分 $(a \neq 0)$

1. $\displaystyle\int \frac{\mathrm{d}x}{ax+b} = \frac{1}{a}\ln|ax+b| + C$

2. $\displaystyle\int (ax+b)^{\mu}\mathrm{d}x = \frac{1}{a(\mu+1)}(ax+b)^{\mu+1} + C \quad (\mu \neq -1)$

3. $\displaystyle\int \frac{x}{ax+b}\mathrm{d}x = \frac{1}{a^2}(ax+b-b\ln|ax+b|) + C$

4. $\displaystyle\int \frac{x^2}{ax+b}\mathrm{d}x = \frac{1}{a^3}\left[\frac{1}{2}(ax+b)^2 - 2b(ax+b) + b^2\ln|ax+b|\right] + C$

5. $\displaystyle\int \frac{\mathrm{d}x}{x(ax+b)} = -\frac{1}{b}\ln\left|\frac{ax+b}{x}\right| + C$

6. $\displaystyle\int \frac{\mathrm{d}x}{x^2(ax+b)} = -\frac{1}{bx} + \frac{a}{b^2}\ln\left|\frac{ax+b}{x}\right| + C$

7. $\displaystyle\int \frac{x}{(ax+b)^2}\mathrm{d}x = \frac{1}{a^2}\left(\ln|ax+b| + \frac{b}{ax+b}\right) + C$

8. $\displaystyle\int \frac{x^2}{(ax+b)^2}\mathrm{d}x = \frac{1}{a^3}\left(ax+b - 2b\ln|ax+b| - \frac{b^2}{ax+b}\right) + C$

9. $\displaystyle\int \frac{\mathrm{d}x}{x(ax+b)^2} = \frac{1}{b(ax+b)} - \frac{1}{b^2}\ln\left|\frac{ax+b}{x}\right| + C$

二、含有 $\sqrt{ax+b}$ 的积分

10. $\displaystyle\int \sqrt{ax+b}\,\mathrm{d}x = \frac{2}{3a}\sqrt{(ax+b)^3} + C$

11. $\displaystyle\int x\sqrt{ax+b}\,\mathrm{d}x = \frac{2}{15a^2}(3ax-2b)\sqrt{(ax+b)^3} + C$

12. $\displaystyle\int x^2\sqrt{ax+b}\,\mathrm{d}x = \frac{2}{105a^3}(15a^2x^2 - 12abx + 8b^2)\sqrt{(ax+b)^3} + C$

13. $\displaystyle\int \frac{x}{\sqrt{ax+b}}\mathrm{d}x = \frac{2}{3a^2}(ax-2b)\sqrt{ax+b} + C$

14. $\displaystyle\int \frac{x^2}{\sqrt{ax+b}}\mathrm{d}x = \frac{2}{15a^3}(3a^2x^2 - 4abx + 8b^2)\sqrt{ax+b} + C$

15. $\displaystyle\int\frac{\mathrm{d}x}{x\sqrt{ax+b}}=\begin{cases}\dfrac{1}{\sqrt{b}}\ln\left|\dfrac{\sqrt{ax+b}-\sqrt{b}}{\sqrt{ax+b}+\sqrt{b}}\right|+C&(b>0)\\[3mm]\dfrac{2}{\sqrt{-b}}\arctan\sqrt{\dfrac{ax+b}{-b}}+C&(b<0)\end{cases}$

16. $\displaystyle\int\frac{\mathrm{d}x}{x^2\sqrt{ax+b}}=-\frac{\sqrt{ax+b}}{bx}-\frac{a}{2b}\int\frac{\mathrm{d}x}{x\sqrt{ax+b}}$

17. $\displaystyle\int\frac{\sqrt{ax+b}}{x}\mathrm{d}x=2\sqrt{ax+b}+b\int\frac{\mathrm{d}x}{x\sqrt{ax+b}}$

18. $\displaystyle\int\frac{\sqrt{ax+b}}{x^2}\mathrm{d}x=-\frac{\sqrt{ax+b}}{x}+\frac{a}{2}\int\frac{\mathrm{d}x}{x\sqrt{ax+b}}$

三、含有 $x^2\pm a^2$ 的积分

19. $\displaystyle\int\frac{\mathrm{d}x}{x^2+a^2}=\frac{1}{a}\arctan\frac{x}{a}+C$

20. $\displaystyle\int\frac{\mathrm{d}x}{(x^2+a^2)^n}=\frac{x}{2(n-1)a^2(x^2+a^2)^{n-1}}+\frac{2n-3}{2(n-1)a^2}\int\frac{\mathrm{d}x}{(x^2+a^2)^{n-1}}$

21. $\displaystyle\int\frac{\mathrm{d}x}{x^2-a^2}=\frac{1}{2a}\ln\left|\frac{x-a}{x+a}\right|+C$

四、含有 $ax^2+b(a>0)$ 的积分

22. $\displaystyle\int\frac{\mathrm{d}x}{ax^2+b}=\begin{cases}\dfrac{1}{\sqrt{ab}}\arctan\sqrt{\dfrac{a}{b}}x+C&(b>0)\\[3mm]\dfrac{1}{2\sqrt{-ab}}\ln\left|\dfrac{\sqrt{a}x-\sqrt{-b}}{\sqrt{a}x+\sqrt{-b}}\right|+C&(b<0)\end{cases}$

23. $\displaystyle\int\frac{x}{ax^2+b}\mathrm{d}x=\frac{1}{2a}\ln\left|ax^2+b\right|+C$

24. $\displaystyle\int\frac{x^2}{ax^2+b}\mathrm{d}x=\frac{x}{a}-\frac{b}{a}\int\frac{\mathrm{d}x}{ax^2+b}$

25. $\displaystyle\int\frac{\mathrm{d}x}{x(ax^2+b)}=\frac{1}{2b}\ln\frac{x^2}{\left|ax^2+b\right|}+C$

26. $\displaystyle\int\frac{\mathrm{d}x}{x^2(ax^2+b)}=-\frac{1}{bx}-\frac{a}{b}\int\frac{\mathrm{d}x}{ax^2+b}$

27. $\displaystyle\int\frac{\mathrm{d}x}{x^3(ax^2+b)}=\frac{a}{2b^2}\ln\frac{\left|ax^2+b\right|}{x^2}-\frac{1}{2bx^2}+C$

28. $\int\dfrac{\mathrm{d}x}{(ax^2+b)^2}=\dfrac{x}{2b(ax^2+b)}+\dfrac{1}{2b}\int\dfrac{\mathrm{d}x}{ax^2+b}$

五、含有 $ax^2+bx+c\ (a>0)$ 的积分

29. $\int\dfrac{\mathrm{d}x}{ax^2+bx+c}=\begin{cases}\dfrac{2}{\sqrt{4ac-b^2}}\arctan\dfrac{2ax+b}{\sqrt{4ac-b^2}}+C & (b^2<4ac)\\[4mm]\dfrac{1}{\sqrt{b^2-4ac}}\ln\left|\dfrac{2ax+b-\sqrt{b^2-4ac}}{2ax+b+\sqrt{b^2-4ac}}\right|+C & (b^2>4ac)\end{cases}$

30. $\int\dfrac{x}{ax^2+bx+c}\mathrm{d}x=\dfrac{1}{2a}\ln\left|ax^2+bx+c\right|-\dfrac{b}{2a}\int\dfrac{\mathrm{d}x}{ax^2+bx+c}$

六、含有 $\sqrt{x^2+a^2}\ (a>0)$ 的积分

31. $\int\dfrac{\mathrm{d}x}{\sqrt{x^2+a^2}}=\operatorname{arsh}\dfrac{x}{a}+C_1=\ln(x+\sqrt{x^2+a^2})+C$

32. $\int\dfrac{\mathrm{d}x}{\sqrt{(x^2+a^2)^3}}=\dfrac{x}{a^2\sqrt{x^2+a^2}}+C$

33. $\int\dfrac{x}{\sqrt{x^2+a^2}}\mathrm{d}x=\sqrt{x^2+a^2}+C$

34. $\int\dfrac{x}{\sqrt{(x^2+a^2)^3}}\mathrm{d}x=-\dfrac{1}{\sqrt{x^2+a^2}}+C$

35. $\int\dfrac{x^2}{\sqrt{x^2+a^2}}\mathrm{d}x=\dfrac{x}{2}\sqrt{x^2+a^2}-\dfrac{a^2}{2}\ln(x+\sqrt{x^2+a^2})+C$

36. $\int\dfrac{x^2}{\sqrt{(x^2+a^2)^3}}\mathrm{d}x=-\dfrac{x}{\sqrt{x^2+a^2}}+\ln(x+\sqrt{x^2+a^2})+C$

37. $\int\dfrac{\mathrm{d}x}{x\sqrt{x^2+a^2}}=\dfrac{1}{a}\ln\dfrac{\sqrt{x^2+a^2}-a}{|x|}+C$

38. $\int\dfrac{\mathrm{d}x}{x^2\sqrt{x^2+a^2}}=-\dfrac{\sqrt{x^2+a^2}}{a^2x}+C$

39. $\int\sqrt{x^2+a^2}\,\mathrm{d}x=\dfrac{x}{2}\sqrt{x^2+a^2}+\dfrac{a^2}{2}\ln(x+\sqrt{x^2+a^2})+C$

40. $\int\sqrt{(x^2+a^2)^3}\,\mathrm{d}x=\dfrac{x}{8}(2x^2+5a^2)\sqrt{x^2+a^2}+\dfrac{3}{8}a^4\ln(x+\sqrt{x^2+a^2})+C$

41. $\int x\sqrt{x^2+a^2}\,\mathrm{d}x=\dfrac{1}{3}\sqrt{(x^2+a^2)^3}+C$

42. $\displaystyle\int x^2\sqrt{x^2+a^2}\,dx=\frac{x}{8}(2x^2+a^2)\sqrt{x^2+a^2}-\frac{a^4}{8}\ln(x+\sqrt{x^2+a^2})+C$

43. $\displaystyle\int\frac{\sqrt{x^2+a^2}}{x}\,dx=\sqrt{x^2+a^2}+a\ln\frac{\sqrt{x^2+a^2}-a}{|x|}+C$

44. $\displaystyle\int\frac{\sqrt{x^2+a^2}}{x^2}\,dx=-\frac{\sqrt{x^2+a^2}}{x}+\ln(x+\sqrt{x^2+a^2})+C$

七、含有 $\sqrt{x^2-a^2}$ $(a>0)$ 的积分

45. $\displaystyle\int\frac{dx}{\sqrt{x^2-a^2}}=\frac{x}{|x|}\operatorname{arch}\frac{|x|}{a}+C_1=\ln\left|x+\sqrt{x^2-a^2}\right|+C$

46. $\displaystyle\int\frac{dx}{\sqrt{(x^2-a^2)^3}}=-\frac{x}{a^2\sqrt{x^2-a^2}}+C$

47. $\displaystyle\int\frac{x}{\sqrt{x^2-a^2}}\,dx=\sqrt{x^2-a^2}+C$

48. $\displaystyle\int\frac{x}{\sqrt{(x^2-a^2)^3}}\,dx=-\frac{1}{\sqrt{x^2-a^2}}+C$

49. $\displaystyle\int\frac{x^2}{\sqrt{x^2-a^2}}\,dx=\frac{x}{2}\sqrt{x^2-a^2}+\frac{a^2}{2}\ln\left|x+\sqrt{x^2-a^2}\right|+C$

50. $\displaystyle\int\frac{x^2}{\sqrt{(x^2-a^2)^3}}\,dx=-\frac{x}{\sqrt{x^2-a^2}}+\ln\left|x+\sqrt{x^2-a^2}\right|+C$

51. $\displaystyle\int\frac{dx}{x\sqrt{x^2-a^2}}=\frac{1}{a}\arccos\frac{a}{|x|}+C$

52. $\displaystyle\int\frac{dx}{x^2\sqrt{x^2-a^2}}=\frac{\sqrt{x^2-a^2}}{a^2x}+C$

53. $\displaystyle\int\sqrt{x^2-a^2}\,dx=\frac{x}{2}\sqrt{x^2-a^2}-\frac{a^2}{2}\ln\left|x+\sqrt{x^2-a^2}\right|+C$

54. $\displaystyle\int\sqrt{(x^2-a^2)^3}\,dx=\frac{x}{8}(2x^2-5a^2)\sqrt{x^2-a^2}+\frac{3}{8}a^4\ln\left|x+\sqrt{x^2-a^2}\right|+C$

55. $\displaystyle\int x\sqrt{x^2-a^2}\,dx=\frac{1}{3}\sqrt{(x^2-a^2)^3}+C$

56. $\displaystyle\int x^2\sqrt{x^2-a^2}\,dx=\frac{x}{8}(2x^2-a^2)\sqrt{x^2-a^2}-\frac{a^4}{8}\ln\left|x+\sqrt{x^2-a^2}\right|+C$

57. $\displaystyle\int\frac{\sqrt{x^2-a^2}}{x}\,dx=\sqrt{x^2-a^2}-a\arccos\frac{a}{|x|}+C$

58. $\int \dfrac{\sqrt{x^2-a^2}}{x^2}dx = -\dfrac{\sqrt{x^2-a^2}}{x} + \ln\left|x+\sqrt{x^2-a^2}\right| + C$

八、含有 $\sqrt{a^2-x^2}$ $(a>0)$ 的积分

59. $\int \dfrac{dx}{\sqrt{a^2-x^2}} = \arcsin\dfrac{x}{a} + C$

60. $\int \dfrac{dx}{\sqrt{(a^2-x^2)^3}} = \dfrac{x}{a^2\sqrt{a^2-x^2}} + C$

61. $\int \dfrac{x}{\sqrt{a^2-x^2}}dx = -\sqrt{a^2-x^2} + C$

62. $\int \dfrac{x}{\sqrt{(a^2-x^2)^3}}dx = \dfrac{1}{\sqrt{a^2-x^2}} + C$

63. $\int \dfrac{x^2}{\sqrt{a^2-x^2}}dx = -\dfrac{x}{2}\sqrt{a^2-x^2} + \dfrac{a^2}{2}\arcsin\dfrac{x}{a} + C$

64. $\int \dfrac{x^2}{\sqrt{(a^2-x^2)^3}}dx = \dfrac{x}{\sqrt{a^2-x^2}} - \arcsin\dfrac{x}{a} + C$

65. $\int \dfrac{dx}{x\sqrt{a^2-x^2}} = \dfrac{1}{a}\ln\dfrac{a-\sqrt{a^2-x^2}}{|x|} + C$

66. $\int \dfrac{dx}{x^2\sqrt{a^2-x^2}} = -\dfrac{\sqrt{a^2-x^2}}{a^2x} + C$

67. $\int \sqrt{a^2-x^2}\,dx = \dfrac{x}{2}\sqrt{a^2-x^2} + \dfrac{a^2}{2}\arcsin\dfrac{x}{a} + C$

68. $\int \sqrt{(a^2-x^2)^3}\,dx = \dfrac{x}{8}(5a^2-2x^2)\sqrt{a^2-x^2} + \dfrac{3}{8}a^4\arcsin\dfrac{x}{a} + C$

69. $\int x\sqrt{a^2-x^2}\,dx = -\dfrac{1}{3}\sqrt{(a^2-x^2)^3} + C$

70. $\int x^2\sqrt{a^2-x^2}\,dx = \dfrac{x}{8}(2x^2-a^2)\sqrt{a^2-x^2} + \dfrac{a^4}{8}\arcsin\dfrac{x}{a} + C$

71. $\int \dfrac{\sqrt{a^2-x^2}}{x}dx = \sqrt{a^2-x^2} + a\ln\dfrac{a-\sqrt{a^2-x^2}}{|x|} + C$

72. $\int \dfrac{\sqrt{a^2-x^2}}{x^2}dx = -\dfrac{\sqrt{a^2-x^2}}{x} - \arcsin\dfrac{x}{a} + C$

九、含有 $\sqrt{\pm ax^2 + bx + c}$ $(a>0)$ 的积分

73. $\displaystyle\int \frac{\mathrm{d}x}{\sqrt{ax^2+bx+c}} = \frac{1}{\sqrt{a}}\ln\left|2ax+b+2\sqrt{a}\sqrt{ax^2+bx+c}\right| + C$

74. $\displaystyle\int \sqrt{ax^2+bx+c}\,\mathrm{d}x = \frac{2ax+b}{4a}\sqrt{ax^2+bx+c}$

$\qquad\qquad + \dfrac{4ac-b^2}{8\sqrt{a^3}}\ln\left|2ax+b+2\sqrt{a}\sqrt{ax^2+bx+c}\right| + C$

75. $\displaystyle\int \frac{x}{\sqrt{ax^2+bx+c}}\,\mathrm{d}x = \frac{1}{a}\sqrt{ax^2+bx+c}$

$\qquad\qquad - \dfrac{b}{2\sqrt{a^3}}\ln\left|2ax+b+2\sqrt{a}\sqrt{ax^2+bx+c}\right| + C$

76. $\displaystyle\int \frac{\mathrm{d}x}{\sqrt{c+bx-ax^2}} = -\frac{1}{\sqrt{a}}\arcsin\frac{2ax-b}{\sqrt{b^2+4ac}} + C$

77. $\displaystyle\int \sqrt{c+bx-ax^2}\,\mathrm{d}x = \frac{2ax-b}{4a}\sqrt{c+bx-ax^2} + \frac{b^2+4ac}{8\sqrt{a^3}}\arcsin\frac{2ax-b}{\sqrt{b^2+4ac}} + C$

78. $\displaystyle\int \frac{x}{\sqrt{c+bx-ax^2}}\,\mathrm{d}x = -\frac{1}{a}\sqrt{c+bx-ax^2} + \frac{b}{2\sqrt{a^3}}\arcsin\frac{2ax-b}{\sqrt{b^2+4ac}} + C$

十、含有 $\sqrt{\pm\dfrac{x-a}{x-b}}$ 或 $\sqrt{(x-a)(b-x)}$ 的积分

79. $\displaystyle\int \sqrt{\frac{x-a}{x-b}}\,\mathrm{d}x = (x-b)\sqrt{\frac{x-a}{x-b}} + (b-a)\ln(\sqrt{|x-a|}+\sqrt{|x-b|}) + C$

80. $\displaystyle\int \sqrt{\frac{x-a}{b-x}}\,\mathrm{d}x = (x-b)\sqrt{\frac{x-a}{b-x}} + (b-a)\arcsin\sqrt{\frac{x-a}{b-x}} + C$

81. $\displaystyle\int \frac{\mathrm{d}x}{\sqrt{(x-a)(b-x)}} = 2\arcsin\sqrt{\frac{x-a}{b-x}} + C \qquad (a<b)$

82. $\displaystyle\int \sqrt{(x-a)(b-x)}\,\mathrm{d}x = \frac{2x-a-b}{4}\sqrt{(x-a)(b-x)} + \frac{(b-a)^2}{4}\arcsin\sqrt{\frac{x-a}{b-x}} + C$

$\qquad\qquad\qquad\qquad\qquad\qquad\qquad\qquad\qquad (a<b)$

十一、含有三角函数的积分

83. $\displaystyle\int \sin x\,\mathrm{d}x = -\cos x + C$

84. $\int \cos x dx = \sin x + C$

85. $\int \tan x dx = -\ln|\cos x| + C$

86. $\int \cot x dx = \ln|\sin x| + C$

87. $\int \sec x dx = \ln\left|\tan\left(\dfrac{\pi}{4} + \dfrac{x}{2}\right)\right| + C = \ln|\sec x + \tan x| + C$

88. $\int \csc x dx = \ln\left|\tan\dfrac{x}{2}\right| + C = \ln|\csc x - \cot x| + C$

89. $\int \sec^2 x dx = \tan x + C$

90. $\int \csc^2 x dx = -\cot x + C$

91. $\int \sec x \tan x dx = \sec x + C$

92. $\int \csc x \cot x dx = -\csc x + C$

93. $\int \sin^2 x dx = \dfrac{x}{2} - \dfrac{1}{4}\sin 2x + C$

94. $\int \cos^2 x dx = \dfrac{x}{2} + \dfrac{1}{4}\sin 2x + C$

95. $\int \sin^n x dx = -\dfrac{1}{n}\sin^{n-1} x \cos x + \dfrac{n-1}{n}\int \sin^{n-2} x dx$

96. $\int \cos^n x dx = \dfrac{1}{n}\cos^{n-1} x \sin x + \dfrac{n-1}{n}\int \cos^{n-2} x dx$

97. $\int \dfrac{dx}{\sin^n x} = -\dfrac{1}{n-1} \cdot \dfrac{\cos x}{\sin^{n-1} x} + \dfrac{n-2}{n-1}\int \dfrac{dx}{\sin^{n-2} x}$

98. $\int \dfrac{dx}{\cos^n x} = \dfrac{1}{n-1} \cdot \dfrac{\sin x}{\cos^{n-1} x} + \dfrac{n-2}{n-1}\int \dfrac{dx}{\cos^{n-2} x}$

99. $\int \cos^m x \sin^n x dx = \dfrac{1}{m+n}\cos^{m-1} x \sin^{n+1} x + \dfrac{m-1}{m+n}\int \cos^{m-2} x \sin^n x dx$

$$= -\dfrac{1}{m+n}\cos^{m+1} x \sin^{n-1} x + \dfrac{n-1}{m+n}\int \cos^m x \sin^{n-2} x dx$$

100. $\int \sin ax \cos bx dx = -\dfrac{1}{2(a+b)}\cos(a+b)x - \dfrac{1}{2(a-b)}\cos(a-b)x + C$

101. $\int \sin ax \sin bx dx = -\dfrac{1}{2(a+b)}\sin(a+b)x + \dfrac{1}{2(a-b)}\sin(a-b)x + C$

102. $\int \cos ax \cos bx dx = \dfrac{1}{2(a+b)}\sin(a+b)x + \dfrac{1}{2(a-b)}\sin(a-b)x + C$

103. $\displaystyle\int \frac{\mathrm{d}x}{a+b\sin x} = \frac{2}{\sqrt{a^2-b^2}} \arctan \frac{a\tan\frac{x}{2}+b}{\sqrt{a^2-b^2}} + C \quad (a^2 > b^2)$

104. $\displaystyle\int \frac{\mathrm{d}x}{a+b\sin x} = \frac{1}{\sqrt{b^2-a^2}} \ln\left|\frac{a\tan\frac{x}{2}+b-\sqrt{b^2-a^2}}{a\tan\frac{x}{2}+b+\sqrt{b^2-a^2}}\right| + C \quad (a^2 < b^2)$

105. $\displaystyle\int \frac{\mathrm{d}x}{a+b\cos x} = \frac{2}{a+b}\sqrt{\frac{a+b}{a-b}} \arctan\left(\sqrt{\frac{a-b}{a+b}}\tan\frac{x}{2}\right) + C \quad (a^2 > b^2)$

106. $\displaystyle\int \frac{\mathrm{d}x}{a+b\cos x} = \frac{1}{a+b}\sqrt{\frac{a+b}{b-a}} \ln\left|\frac{\tan\frac{x}{2}+\sqrt{\frac{a+b}{b-a}}}{\tan\frac{x}{2}-\sqrt{\frac{a+b}{b-a}}}\right| + C \quad (a^2 < b^2)$

107. $\displaystyle\int \frac{\mathrm{d}x}{a^2\cos^2 x+b^2\sin^2 x} = \frac{1}{ab}\arctan\left(\frac{b}{a}\tan x\right) + C$

108. $\displaystyle\int \frac{\mathrm{d}x}{a^2\cos^2 x-b^2\sin^2 x} = \frac{1}{2ab}\ln\left|\frac{b\tan x+a}{b\tan x-a}\right| + C$

109. $\displaystyle\int x\sin ax\,\mathrm{d}x = \frac{1}{a^2}\sin ax - \frac{1}{a}x\cos ax + C$

110. $\displaystyle\int x^2\sin ax\,\mathrm{d}x = -\frac{1}{a}x^2\cos ax + \frac{2}{a^2}x\sin ax + \frac{2}{a^3}\cos ax + C$

111. $\displaystyle\int x\cos ax\,\mathrm{d}x = \frac{1}{a^2}\cos ax + \frac{1}{a}x\sin ax + C$

112. $\displaystyle\int x^2\cos ax\,\mathrm{d}x = \frac{1}{a}x^2\sin ax + \frac{2}{a^2}x\cos ax - \frac{2}{a^3}\sin ax + C$

十二、含有反三角函数的积分（其中 $a>0$ ）

113. $\displaystyle\int \arcsin\frac{x}{a}\,\mathrm{d}x = x\arcsin\frac{x}{a} + \sqrt{a^2-x^2} + C$

114. $\displaystyle\int x\arcsin\frac{x}{a}\,\mathrm{d}x = \left(\frac{x^2}{2}-\frac{a^2}{4}\right)\arcsin\frac{x}{a} + \frac{x}{4}\sqrt{a^2-x^2} + C$

115. $\displaystyle\int x^2\arcsin\frac{x}{a}\,\mathrm{d}x = \frac{x^3}{3}\arcsin\frac{x}{a} + \frac{1}{9}(x^2+2a^2)\sqrt{a^2-x^2} + C$

116. $\displaystyle\int \arccos\frac{x}{a}\,\mathrm{d}x = x\arccos\frac{x}{a} - \sqrt{a^2-x^2} + C$

117. $\displaystyle\int x\arccos\frac{x}{a}\,\mathrm{d}x = \left(\frac{x^2}{2}-\frac{a^2}{4}\right)\arccos\frac{x}{a} - \frac{x}{4}\sqrt{a^2-x^2} + C$

118. $\int x^2 \arccos \dfrac{x}{a} dx = \dfrac{x^3}{3} \arccos \dfrac{x}{a} - \dfrac{1}{9}(x^2 + 2a^2)\sqrt{a^2 - x^2} + C$

119. $\int \arctan \dfrac{x}{a} dx = x \arctan \dfrac{x}{a} - \dfrac{a}{2} \ln(a^2 + x^2) + C$

120. $\int x \arctan \dfrac{x}{a} dx = \dfrac{1}{2}(a^2 + x^2) \arctan \dfrac{x}{a} - \dfrac{a}{2} x + C$

121. $\int x^2 \arctan \dfrac{x}{a} dx = \dfrac{x^3}{3} \arctan \dfrac{x}{a} - \dfrac{a}{6} x^2 + \dfrac{a^3}{6} \ln(a^2 + x^2) + C$

十三、含有指数函数的积分

122. $\int a^x dx = \dfrac{1}{\ln a} a^x + C$

123. $\int e^{ax} dx = \dfrac{1}{a} e^{ax} + C$

124. $\int x e^{ax} dx = \dfrac{1}{a^2}(ax - 1) e^{ax} + C$

125. $\int x^n e^{ax} dx = \dfrac{1}{a} x^n e^{ax} - \dfrac{n}{a} \int x^{n-1} e^{ax} dx$

126. $\int x a^x dx = \dfrac{x}{\ln a} a^x - \dfrac{1}{(\ln a)^2} a^x + C$

127. $\int x^n a^x dx = \dfrac{1}{\ln a} x^n a^x - \dfrac{n}{\ln a} \int x^{n-1} a^x dx$

128. $\int e^{ax} \sin bx dx = \dfrac{1}{a^2 + b^2} e^{ax}(a \sin bx - b \cos bx) + C$

129. $\int e^{ax} \cos bx dx = \dfrac{1}{a^2 + b^2} e^{ax}(b \sin bx + a \cos bx) + C$

130. $\int e^{ax} \sin^n bx dx = \dfrac{1}{a^2 + b^2 n^2} e^{ax} \sin^{n-1} bx(a \sin bx - nb \cos bx)$
$$+ \dfrac{n(n-1)b^2}{a^2 + b^2 n^2} \int e^{ax} \sin^{n-2} bx dx$$

131. $\int e^{ax} \cos^n bx dx = \dfrac{1}{a^2 + b^2 n^2} e^{ax} \cos^{n-1} bx(a \cos bx + nb \sin bx)$
$$+ \dfrac{n(n-1)b^2}{a^2 + b^2 n^2} \int e^{ax} \cos^{n-2} bx dx$$

十四、含有对数函数的积分

132. $\int \ln x dx = x \ln x - x + C$

133. $\int \dfrac{\mathrm{d}x}{x\ln x} = \ln|\ln x| + C$

134. $\int x^n \ln x\mathrm{d}x = \dfrac{1}{n+1}x^{n+1}\left(\ln x - \dfrac{1}{n+1}\right) + C$

135. $\int (\ln x)^n \mathrm{d}x = x(\ln x)^n - n\int (\ln x)^{n-1}\mathrm{d}x$

136. $\int x^m (\ln x)^n \mathrm{d}x = \dfrac{1}{m+1}x^{m+1}(\ln x)^n - \dfrac{n}{m+1}\int x^m (\ln x)^{n-1}\mathrm{d}x$

十五、含有双曲函数的积分

137. $\int \mathrm{sh}x\mathrm{d}x = \mathrm{ch}x + C$

138. $\int \mathrm{ch}x\mathrm{d}x = \mathrm{sh}x + C$

139. $\int \mathrm{th}x\mathrm{d}x = \ln \mathrm{ch}x + C$

140. $\int \mathrm{sh}^2 x\mathrm{d}x = -\dfrac{x}{2} + \dfrac{1}{4}\mathrm{sh}2x + C$

141. $\int \mathrm{ch}^2 x\mathrm{d}x = \dfrac{x}{2} + \dfrac{1}{4}\mathrm{sh}2x + C$

十六、定积分

142. $\int_{-\pi}^{\pi} \cos nx\mathrm{d}x = \int_{-\pi}^{\pi} \sin nx\mathrm{d}x = 0$

143. $\int_{-\pi}^{\pi} \cos mx \sin nx\mathrm{d}x = 0$

144. $\int_{-\pi}^{\pi} \cos mx \cos nx\mathrm{d}x = \begin{cases} 0, & m \neq n \\ \pi, & m = n \end{cases}$

145. $\int_{-\pi}^{\pi} \sin mx \sin nx\mathrm{d}x = \begin{cases} 0, & m \neq n \\ \pi, & m = n \end{cases}$

146. $\int_{0}^{\pi} \sin mx \sin nx\mathrm{d}x = \int_{0}^{\pi} \cos mx \cos nx\mathrm{d}x = \begin{cases} 0, m \neq n \\ \dfrac{\pi}{2}, m = n \end{cases}$

147. $I_n = \int_{0}^{\frac{\pi}{2}} \sin^n x\mathrm{d}x = \int_{0}^{\frac{\pi}{2}} \cos^n x\mathrm{d}x$

$I_n = \dfrac{n-1}{n}I_{n-2}$

$I_n = \dfrac{n-1}{n}\cdot\dfrac{n-3}{n-2}\cdot \cdots \cdot\dfrac{4}{5}\cdot\dfrac{2}{3}$ （n 为大于 1 的正奇数），$I_1 = 1$

$I_n = \dfrac{n-1}{n}\cdot\dfrac{n-3}{n-2}\cdot \cdots \cdot\dfrac{3}{4}\cdot\dfrac{1}{2}\cdot\dfrac{\pi}{2}$ （n 为正偶数），$I_0 = \dfrac{\pi}{2}$

参 考 文 献

[1]　陈文灯，等．高等数学复习指导——思路、方法与技巧．北京：清华大学出版社，2003．

[2]　朱雯，张朝伦．高等数学．北京：科学出版社，2011．

[3]　范周田，张汉林．高等数学教程．北京：机械工业出版社，2011．

[4]　刘玉琏．数学分析讲义．4版．北京：高等教育出版社，2006．

[5]　同济大学应用数学系．高等数学．6版．北京：高等教育出版社，2007．

[6]　吴赣昌．微积分（经管类）．3版．北京：中国人民大学出版社，2009．

[7]　傅英定．微积分．北京：高等教育出版社，2006．

[8]　复旦大学数学系．数学分析．2版．北京：高等教育出版社，1983．

[9]　朱雯，张朝伦，等．高等数学．北京：科学出版社，2011．